新加坡水故事

城市型国家的可持续发展

塞西莉亚·托塔哈达
约加尔·乔希　著
阿斯特·K·彼斯瓦斯
杨尚宝　译

中国计划出版社

图书在版编目（CIP）数据

新加坡水故事：城市型国家的可持续发展／（墨）托塔哈达（Tortajada，C.），（印）乔希（Joshi，Y.），（墨）彼斯瓦斯（Biswas，A. K.）著；杨尚宝译．—北京：中国计划出版社，2015. 1（2015. 6 重印）
The Singapore water story：sustainable development in an urban city－state
ISBN 978-7-5182-0081-8

Ⅰ．①新…　Ⅱ．①托…②乔…③彼…④杨…　Ⅲ．①水资源管理—研究—新加坡　Ⅳ．①TV213. 4

中国版本图书馆 CIP 数据核字（2014）第 305087 号

北京市版权局著作权合同登记章：图字 01－2014－8080 号

新加坡水故事：城市型国家的可持续发展
塞西莉亚·托塔哈达
约 加 尔 · 乔 希 著
阿斯特·K·彼斯瓦斯
杨尚宝　译

中国计划出版社出版
网址：www. jhpress. com
地址：北京市西城区木樨地北里甲 11 号国宏大厦 C 座 3 层
邮政编码：100038　电话：（010）63906433（发行部）
新华书店北京发行所发行
北京京华虎彩印刷有限公司印刷

787mm×1092mm　1/16　17 印张　293 千字
2015 年 1 月第 1 版　2015 年 6 月第 2 次印刷

ISBN 978-7-5182-0081-8
定价：45. 00 元

谨以此书献给尊敬的卓越政治家李光耀阁下。

新加坡已成为全球城市水管理的成功典范，

此书正是他非凡成就的一个真实写照。

目　录

序

生活中充满了不可能的故事，也存在着非常不可能的故事。当然，还有一些真正不可思议、几乎不可能的故事。很明显，新加坡水务故事属于这一类。正因为如此，记录下这个卓越故事的塞西莉亚、约加尔和阿斯特，为世界做出了一大贡献。

为什么这个故事不可思议？让我们以基本事实开篇。1965 年，新加坡被迫脱离马来西亚，宣布独立。这种不情愿是可以理解的。把一座城市从它的腹地中切断分离出来，就像心脏从身体中切割分离。然而，新加坡存活下来了，并且成为一个繁荣昌盛的经济体。这是因为新加坡将其经济动脉与世界相连，但是新加坡却未能从世界那里获得水资源。基于附带明确有效期限的两份协议，新加坡只能从马来西亚取水。

1965 年，如果有人说新加坡有望在五十年内实现水的自给自足，那么，这个人只会被一笑置之。新加坡作为世界上人口最密集的国家以及世界唯一的城市岛国，水的自给自足被视为天方夜谭。然而，这个看似不可能的目标正在一步步实现中（即便如此，新加坡依然十分重视将于 2061 年到期的与马来西亚的延续供水协议）。

因此，本书三位作者在简介中的提议是正确的。他们提出，“在水资源管理方面，新加坡已经建立了一个世界上最好的公共政策实验室。”关于新加坡如何戏剧性地改善其水管理，本书披露了很多秘密。但是，真正惊人的秘密是，新加坡如何从多维度整合其公共政策——从公共住房到城市管理，从产业结构到教育体系。所有这些都是在一个更宏大而复杂的政治蓝图中完成的，这一蓝图包含了新加坡长期发展的愿景，而且必须和公众沟通交流，并被他们欣然接受。简而言之，这是一个庞大、复杂的故事，而本书成功阐释了这种复杂性。

2008年，世界发生了一次重大转折。在人类历史上，城市人口第一次超过了农村人口。从此以后，城市化进程日益加速，亚洲的情况尤其如此。世界上25个人口最密集的城市中，亚洲占17个。预计到2025年，世界上37个特大城市中，亚洲将占21个。同样重要的是，在全球范围内有450多个城市的人口超过百万，而这些城市中有相当一部分，其环境管理状况令人堪忧。为所有居民供应清洁可靠的水资源让这些城市感到有心无力甚至濒临绝望，对他们而言，新加坡的经验显然很有针对性。

新加坡也曾经是一个典型的第三世界城市。我在新加坡长大，犹记得20世纪50年代时家里还没有冲水马桶。而今天，几乎家家户户都有冲水马桶。如果新加坡能用一代人的时间，在水管理方面从第三世界迈入第一世界，那么，这就给亚洲甚至更广阔地域的、即便没有数十亿至少也有数百万城镇居民带来了希望。

因此，《新加坡水故事》一书值得新加坡人民以及世界上其他国家的人们深入研究与理解，这一点毋庸置疑。在完成此书过程中，新加坡国立大学李光耀公共政策学院及其下属水政策研究机构能与此书作者合作，感到十分自豪与荣幸。在此卓越著作完成之际，我们谨对塞西莉亚、约加尔和阿斯特三位作者表示最热烈的祝贺，期望他们能在此书上收获巨大的成功，并在未来我们即将合作的项目中继续斩获佳绩。同时，我们也希望此书能够实现我院宗旨：通过推行更好的包括水管理领域政策在内的公共政策来改善数百万乃至数十亿人的生活。

新加坡国立大学李光耀公共政策学院院长　契修·马凯硕

前　言

2006年，联合国开发计划署（UNDP）邀请位于墨西哥的“第三世界水资源管理中心”为即将发表的《2006年度人类发展报告》（HDR）做题为《透视贫水：权力、贫穷与全球水危机》的评论文章。为此，中心准备并综合了来自世界各地的共20份囊括水资源管理各个方面的案例。

其中一个案例聚焦的是全球范围内的最佳城市水资源和废水管理方式，此时我们脑海中即刻浮现出的城市就是新加坡。由此，我们与素未谋面的时任新加坡公用事业局（PUB）首席执行官邱鼎财先生取得联系。我们向他解释了研究项目的目标，并征询是否可以提供一系列数据供我们分析，进而有助于确定是否将新加坡作为案例研究的焦点。

随着分析与研究的深入，我们逐渐意识到公共事业局所作出的杰出贡献。显而易见，新加坡拥有世界上最好的城市水资源与废水管理体系。最终我们的研究报告收录在《人类发展报告》中，全篇发表于联合国开发计划署网站并刊登于2006年6月版《国际水资源发展学报》。鉴于新加坡公共事业局的成就，我们决定提名其为斯德哥尔摩水行业奖候选者，毋庸置疑，公共事业局的获奖实至名归。

在研究过程中，有两点引起了我们的兴趣：新加坡如何在短时间内将落后的城市水资源管理体系提升至世界领先水平，以及哪些决定性因素与整体环境促使这一令人惊奇的转变成为可能。我们认为，如果能够客观且令人满意地回答这些问题，那么发展中国家和发达国家的许多城市都将会从中汲取经验并取得成果。我们意识到，新加坡的经验只需根据特定的社会、经济、习俗和法规环境稍做修改，就可以加以借鉴和利用。

我们对新加坡城市水资源的研究始于与这个城邦之国愉快且富有成效的合作。此次合作促成了新加坡国立大学李光耀公共政策学院的水资源政策研究中心的建立。

水资源政策研究中心成立后，旋即开展合作研究项目，研究的目标就是新加坡如何成功地转变城市水资源管理的方式——对于世界上大多数城市来说，这确实是艰难的挑战。

为此，我们更加热衷于研究新加坡的水资源政策、管理、发展与管控中的挑战，以及如何克服并将其扭转为发展的动力。在此过程中，我们接触到了大量的信息、观点和知识，涉及城邦的城市水资源管理在过去半个世纪进行了怎样的演化，以及水资源在城邦总体发展中扮演了怎样重要的角色。《新加坡水故事》即是研究成果的结晶。

在整个研究过程中，引人入胜的是新加坡目光高远的计划、务实的决策、政府意愿的强力支撑，并且将其作为不懈追求的一部分。尽管新加坡天生缺乏自然资源，但其整体发展并未受阻。恰恰相反，它为自己选择并量身定制了一条成长与繁荣之路。事实证明，如此小的国家在短时间和众多领域内实现如此多的成果不是不可能的。

此书的编写得益于众多机构和专家的支持，他们的见解、经验、意见建议为本书提供了直接或间接的帮助，我们对此深表感激，感谢他们在百忙之中大力相助。

此研究还得到了新加坡国立大学李光耀政策学院和墨西哥第三世界水资源管理中心的大力支持。我们特别感谢马凯硕院长在研究过程中所给予的长期支持。

同时，鸣谢前环境和水资源部长雅国博士、公共事业局前任执行官邱鼎财先生及现任首席执行官仇门亮先生的大力支持，他们友情提供数据和信息资源，策划现场访问，给予关于城邦水资源管理的宝贵意见，并引荐了新加坡致力于水资源管理的多位人士。我们更要感谢在研究过程中提供宝贵协助的所有公共事业局职员，尤其感谢副执行官陈元金先生、执行助理蔡顺源先生和勿洛北新生水厂经理谭莉玲女士。以上机构和人员的支持对于研究至关重要，在此特别致谢。同时，我们也对政策与计划部、工业发展部、技术部、水利枢纽部、3P 网络、水系统组、集水地和水道部、供水厂与供水网、水回用工厂与水网、新加坡国际水周秘书处等公共事业局多个部门的人士表示感谢。

研究启动之初，我们非常幸运地在与前总理和国务资政李光耀先生的两次会晤中进行了持续近三个小时的对话。由此我们获取了丰富的第一手资料，涉及新加坡独立前后所遇到的不计其数的困难以及新加坡城邦制定众多关键的早期水资源相关决策的背景。他的远见卓识、前瞻视角以及深刻见解使我们了解到新加坡在追寻可持续发展的城邦转型背后付出了超乎想象的努力，而在转型过程中水资源也扮演了重要角色。我们由衷地感谢前总理李光耀所给予的无私支持。

我们也幸运地与多个新加坡杰出人士进行会面，他们孜孜不倦、充满活力地致力于新加坡城邦的发展。其中包括公用事业局主席陈义辅先生，他以卓越远见与持续支持引领我们学习和实践。与前任公用事业局主席李一添先生（负责新加坡河的清洁）的交谈赋予我们更深层次的见解。同样感谢雅思柏设计事务所总监、前住建发展局首席执行官刘太格先生、星桥国际新加坡私人有限公司高级副总裁及新加坡城市重建局国际部前集团总监黄琪芸的热心建议。

感谢环境与水资源部常务秘书陈荣顺先生与我们分享其远见卓识，这对于我们非常重要。

同样我们也感谢新加坡国立大学李光耀公共政策学院水资源政策研究中心的前主任 K. E. 西萨拉姆博士、公共事业局工业发展主任卓填顺及新加坡国际水周（SIWW）总裁莫里斯·尼奥的大力支持；对前水利枢纽经理 Tan Ban Thong 所给予的宝贵见解在此致谢；感谢新加坡市区重建局前首席执行官 Cheong Koon Hean、东南亚研究机构李波昂教授、南洋理工大学传媒和信息学院切里恩·乔治教授、新加坡国立大学李光耀公共政策学院梁正博士、新加坡国立大学李光耀公共政策学院 Kimberly Pobre 以及新加坡国立大学社会学系 Goh P. S. Daniel 教授。同时我们也感谢公共事业局、国家环境署、外事部的多位专家以及新加坡市区重建局对于原稿的意见和建议。

我们从图书馆和资源中心的工作人员处也获益匪浅。在新加坡，资源中心包括新加坡国立大学（C. J. Koh Law 图书馆、中心图书馆以及科学图书馆）、新加坡报业控股信息资源中心、公用事业局总部资源中心和新生水访客中心、国家档案、国家图书馆以及城市重建局资源中心；英国的国家档案馆和大不列颠图书馆以及美国的国会图书馆和纽约公共图书馆。

在寻找文献的过程中，我们沉浸在国立大学浩如烟海的档案中，这里有着世界上最丰富的藏书，对于所有研究人员来说不啻为珍贵的宝藏，可谓应有尽有。

同时我们也感谢安德烈娅·露西亚·彼斯瓦斯·托塔哈达对手稿改进提

出的宝贵建议。最后，感谢劳特利奇书局和蒂姆·哈德维克团队的辛勤工作与耐心支持。没有他们的支持，我们将无法完成研究与书籍的出版。

塞西莉亚·托塔哈达
约加尔·乔希
阿斯特·K·彼斯瓦斯

2012 年 9 月于新加坡

译者的话

水是生命之源，是人类的生命线，是经济社会发展的基础和保障。因此，对于一个国家来说，水是基础性的和战略性的资源，必须将水资源的持续保障和安全作为国家的发展战略，以保障人民生活和支撑经济社会的可持续发展。

新加坡从建国一开始就十分重视水资源的安全和保障，并将水资源作为国家的发展战略之一。新加坡政府致力于水资源安全保障，从战略规划、政策法规、管理标准、开发利用和水环境治理等方面，持续推动，在水资源的开发、利用和保护方面取得了举世瞩目的成就，为我们树立了一个成功典范。

《新加坡水故事》原著英文版一书，由塞西莉亚·托塔哈达、约加尔·乔希、阿斯特·K·彼斯瓦斯编著。该书以时间为轴线，以叙说和讲故事的形式，从基础策略、城镇化和工业化、法律与监管、国家安全、教育和信息、河流治污、媒体角色、前景展望八个方面，系统地介绍了自新加坡1965年独立以来，其规划、管理、开发和治理水环境等进程。该书有助于全面了解新加坡的水资源战略和实施，对其他国家开展水资源保护、开发、利用和管理有借鉴作用。

2013年我在新加坡国立大学留学，学习MPAM（公共行政与管理硕士），3月22日，我应邀参加了新加坡国立大学举办的世界水日纪念大会和《新加坡水故事》新书发布会。会上，我认识了《新加坡水故事》的作者塞西莉亚·托塔哈达和阿斯特·K·彼斯瓦斯，并在随后我们深入交谈之后，商定出版该书的中文版。经原作者授权，由我将其翻译成中文，并负责出版中文版。在翻译前期，蓝伟光博士做了大量准备工作，我在此表示衷心感谢！在翻译和出版整个过程中，还得到了许多朋友的关心、支持和帮助，我在此一并表示衷心感谢！尽管本人在翻译、审定、排版和封面设计等方面都认真努力，但由于水平和能力有限，错误和不足在所难免，敬请各位不吝指正。

杨尚宝

2013 年 12 月 18 日
新加坡 College Green

内容简介

本书介绍了新加坡自1965年独立以来规划、管理、开发和治理水资源的进程。当时，社会、经济、政治和环境的限制使新加坡以外的观察家们得出的最为可能的预测就是前途暗淡，但事实是截然相反的。正是因为新加坡领导人的决心和富有远见的举措，不仅使其得以生存，也使其努力值得称道。这种达到和超越更高生活水平的持续驱动力推动新加坡彻底远离了一度被预测的各种可怕的发展前景。相反，今天的新加坡成为具有广泛的应变力、创新力以及富有智慧和决心的典范。

新加坡独立之初，与马来西亚的分离带来了无数的复杂问题。作为一个刚刚独立的国家，新加坡不得不面对突如其来的现实，即没有腹地，没有天然资源，供水几乎完全依赖于马来西亚。当两国分道扬镳时，新加坡所担忧的是之前签署的从马来西亚调水供应的合约能否继续兑现，以及如何明智地解除后顾之忧。

新加坡独立时领土为580平方公里，不足以收集年均不过2,340毫米的降水，因而不得不因地制宜制定开发和管理水资源的战略。这些计划反映了创新、创意和前瞻性，以确保新加坡的水资源能够满足日益增长和多样化的需求，即不断增长的人口、助力经济发展以创造就业机会，并确保一个健康舒适的自然环境。

新加坡具有积极的发展方式并寻求最好的关于公共政策、管理和技术革新的解决方案，从减少其对外部资源的依赖和加强自身内部能力来看，新加坡的政策制定者取得了令人瞩目的成就。例如，新加坡独立时，总用水量为7,000万加仑/天（毫伽/天），但只有三个水库，且集水区仅覆盖11%的新加坡领土。至2011年，水库数量已增至17个，坐落在市中心的滨海水库令人印象最为深刻，它位于商务和商业中心区的核心位置，集水区占地1万公顷，约为新加坡面积的1/6，与其他水库相加，使得集水区占据新加坡的领土面积从一半增至2/3。

这些年来，持续性的、相当可观的投资涌入传统水及非传统水源发展中。新加坡海水淡化、新生水（处理后的废水或再生废水）及工业用水从1965年的零产量发展到2011年产量分别达到30百万加仑/天、117百万加仑/天和27.5百万加仑/天。事实上，直观、已知和可行的替代方案及具有远见的探索和创新发展在过去被视为不可行，且远远超出了已开辟的一系列灵活可行的新加坡供水替代方案，显然它们是能被接受的。

鉴于其地理条件，不难看到，追求水资源自给自足对土地有限的新加坡而言确实有相当大的压力。这个目标的追求通过设想、规划和执行已转化为综合性、协调性和前瞻性的城市发展方式，也对岛上的城市发展产生了重大的影响。在新加坡，发展等同于城市化，水也是发展成功的因素之一。所得经验使之成为一个有价值的典范，包括新加坡如何能够制定长期规划，如何及时和以具有成本效益的方式实施这些规划，以及作为整体增长策略和发展道路的一部分不断迈向可持续性发展。

由于新加坡独特的岛国位置，且只有一级政府，许多城市无法相比，但肯定面临着同样的快速工业化和城市化挑战和问题。总之，事实证明，对于新加坡来说更为关键的是处理和解决最困难的问题，新加坡缺乏腹地和可依靠的自然资源，并且依赖于从另一国家调取部分水源，这意味着，小岛一直全部自己承担着增长对环境的不利影响，也意味着新加坡政府各部委是最重要的所有与开发相关问题的决策者。完全由最高政治层面支持、领导和推动的旨在促进新加坡发展的战略已在思想上形成了一个共同目标，并且充分认识到一个事实，即一个关于社会、经济、金融或环境问题的决定将有可能影响一个或其他更多因素。

这一系列的实用主义和非政治性的政策和战略使某种有形的、制度化的及人力资本的基础设施得以创立和加强，这些基础设施已被外商投资所利用并极大地促进了新加坡令人瞩目的经济发展。这种物质的繁荣已经转而成为新加坡国家建设计划的支柱资源，而公用事业局（PUB）起到了非常重要的作用。在涵盖民用、商用和工业领域以及用于自然和健康的需求出现之前、之中和之后，公用事业局都能有效地提供服务。

可以说，创新水资源规划和管理源自这个城市型国家面临的自然资源短缺，因此有其必然性。然而，这种势在必行产生的政策、方案和计划源自一个明确的国家愿景及长期协调和持续规划的实践，国家的总体目标已经胜过任何个别部门的目标。整体愿景始终得到来自这个国家政治生活最高级别的显著而持续的支持。因此，应当强调的是，新加坡给予发达国家和发展中国家的最重要的经验之一是其领导层的模范政治意愿。即使决策一直高度集中，措施仍然实事求是，起决定性作用的是是否符合新加坡及其人民的长远、持久的最佳利益，而非意识形态。领导的作用及机构内和机构间协调的重要性，这两个原则将作为新加坡的一贯优势周而复始地贯穿本书的每个章节。

多年来，一直是位于政府最前列的团队设计并推动着社会和经济发展的可持续进程，通过这一进程，人民的生活质量已明显改善，环境得到保护，并且新加坡已经步入实现可持续发展的正轨。在20世纪60年代，具有远见卓识的李光耀总理意识到，实现新加坡人民经济、社会和环境发展目标的方式只有一种，即制定促进不同部委、机构和部门之间协调的综合性、整体性长远政策。对于李光耀总理来说，尽管实施非常复杂，但这些努力是值得的。为了新加坡和人民的利益，时至今日，这种方法仍是解决问题和进行决策的首选规则。

通过本书各章节，读者将认识到新加坡水资源的整体性政策和管理实践，以及如何依据国家的特定情况和不断变化的需求，秉承长远的发展前景和持久的积极态势而发展和量身定制这些政策和管理实践。尽管存在复杂性，但为了共同的利益，用于不同部委、机构和实施者之间纵向和横向的协调、合作、交流系统已落实到位，并且这些年来一直在持续运行。需要提及的是，除非另有指定，所有货币数字均以新加坡元计算。

第1章　通过背景和基础介绍聚焦于供水策略，阐述了自1965年以来水资源的开发方式、制定的决策、依据的原因、促进发展的历史情况及发展至今的战略。

第2章　讨论在快速城市化和工业化的大背景下，水如何被纳入新加坡城市发展进程而成为一个关键因素，以及水如何成为对可持续发展城市、地区进行有价值案例研究的实例。

第3章　分析新加坡为控制日益严重的水、空气和土地污染制定的严格并不断调整的法律和监管框架。这个话题尤其重要，因为尽管有如此严格的环境法规和实施计划（或许正是因此），新加坡依旧能够吸引大量的外商投资产业发展。这将反驳完善的环保法规框架将驱离国际投资者从而对未来产业发展造成负面影响的结论。

第 4 章　将水需求管理作为国家安全考虑的一部分加以阐述，其框架囊括日益增长的国内和工业用途及自然休闲活动。本章讨论如何实施定价和强制节水的战略，并主张优先使用经济机制以重塑消费习惯和模式，鼓励更多的理性水消耗。

第 5 章　讨论的内容与围绕用水的行为影响密切相关，阐述了出于保护水资源目的所执行的各类教育和信息策略。同时也呈现出存在于新加坡民众社会与政府之间独特的水关系，以及这种互动在过去几十年中如何通过一系列社会活动深入民众，这些可供读者参考。

第 6 章　介绍新加坡一些河流系统清洁的实施战略，这个城市国家独立时，其中多数河流严重污染。这一长达十年的整治活动是城市地区重建的一部分，包括大规模的基础设施和公共服务的发展，以及人口的大规模搬迁和经济活动的重新定位。这种措施证明，对于破落区域的城市化和搬迁安置并以自然和人造景观取而代之的关键点就在于恢复其商业社区并将其转变为充满活力的休闲区域。

第 7 章　重点关注新加坡和马来西亚水关系的媒体观点。在水关系的形成中，媒体作为相关者既扮演了报道者的角色，也扮演了官方和非官方的沟通载体，其受众既是其读者也是另一国家感兴趣的人。

第 8 章　展望了新加坡水资源和可持续发展的前景，阐述其现状和未来可能面临的水安全的挑战，从国家的、区域的和全球的环境而言，唯一可以确定的是充满了变化。

我们希望读者能够从本书中汲取新加坡提供的多种经验。实际上，透过对水资源的观察以追寻可持续发展的进程，可以得出这样的结论，即水资源的整体管理为取得远大的发展目标奠定了基石。显而易见，水资源对于新加坡的可持续发展及人口生活质量的改善至关重要，未来的重点只有水资源——本书强调了这一境况。

所有的事物都会有改进的空间。尽管如此，就水资源管理而言，新加坡已经建造了世界上迄今为止最好的公共政策实验室之一。发达国家和发展中国家都可以从中汲取经验，并参照这些政策与实例改进相关领域。后续的章节将会着重讨论一些最具意义的实例。

1. 打下基础

介绍

新加坡由英国东印度公司（EIC）的莱佛士爵士始建于 1819 年。由于新加坡毗邻马六甲海峡，地理位置优越，莱佛士决定将其创建为一个自由港，在此转口贸易可以蓬勃发展。18 世纪后期，新加坡已成为世界上最重要和最繁忙的港口之一。随着轮船的发展（19 世纪 40 年代）和苏伊士运河的开放（1869 年），新加坡的贸易额不断增加，经济日趋繁荣（Turnbull，2009）。

岛上的主要通商渠道是流向南方的新加坡河，大部分城市从沿岸地区向外扩张，称为中心区。这个区域被市议会管理，而农村由农村管委会管理。几十年的快速发展及缺乏长远规划，导致中心区人满为患。1959 年自治政府成立后，中心区人口密度超过 2,500 人/公顷，人们占用空置和远郊的土地，生活在易燃却无供水的小屋，且没有卫生或任何基本公共卫生服务（PUB，1985b；Tan，1972）。此时，政府面临着众多挑战。国家建设和经济是极为重要的，但也有重组政府行政机关的迫切问题，包括将市议会各部门融入政府各部委、劳动部门、教育部门、工会和社会保障部门、住建部门、农村发展部门、卫生部门、妇女部门等（Toh，1959）。此外，政治动荡对东南亚的威胁波及了新加坡，加重了新加坡已经面临的困难。

国家建设的中心需要是改善人民的生活质量，赋予他们主人翁意识。人民行动党（PAP）①作为执政党，制定了一个五年计划，以解决城乡人口生活质量差距。在中心区，与经济活动有关的问题、住房短缺和人满为患必须得到解决。另一方面，需要向农村社区提供基本的设施和服务，包括电力、供水管道及排水系统、现代化部落（村落）交通运输网络、妇幼保健设施、医院及设备齐全的社区中心。

1960 年 2 月 1 日，住建发展局（HDB）设立成为全国首家法定机构，以解决住房过度拥挤和严重短缺的问题。随后人民协会（PA）于 1960 年 7 月 1 日成立，监督和协调其监管的 28 个社区，以应对政治动荡和其他威胁。一年半后，经济发展局（EDB）成立，主要职责是吸引境外投资并解决失业率不断上升的问题（Quah，2010）。

市议会及公用事业局的建立

市政委员会成立于1887年，负责向公众提供自来水，随后于1902年和1906年分别开始负责天然气和电力的供应（PUB，1985）。当1951年英国授予新加坡城市地位之时，市政委员会更名为市议会。当时，政府结构由地方政府（市议会和农村委员会）和中央政府组成。

1957年，市议会的职责转移至地方政府。在1959年的选举期间，人民行动党认识到市议会和其他部委存在重复劳动的现象，并承诺若当选则将此几个部门合并进入政府服务机构，以提高效率、改善管理及实现财政稳定。

人民行动党在选举期间的主要宣传点就是新加坡的官僚主义已经发展到非常严重的程度。举一个关于繁文缛节的例子，安顺区国会议员因奇·巴哈鲁丁·本·穆罕默德·阿里夫在议会辩论关于废止和转换市议会功能的草案时发表了以下声明：

> 我可以举一个最好的例子，就是盖房子的问题。这些房屋规划交与市议会，然后市议会送至国土资源部，然后交至SIT［新加坡改良信托局］。如果是与农村相关，则规划将被送农村委员会。
>
> （Atiff，1959：第60栏）

就水而言，当时的国家发展部部长王永元做出如下评论：

> 关于在农村地区获建水塔，村长必须先写信给农村发展委员会，发展委员会直属首席部长管辖，现为经禧（Cairnhill）地区成员。首席部长将写信给当地政府官员，也许当地政府写信给农村委员会，依次农村委员会可能写信给区议会，区议会又写信给市议会，可能还要通过当地政府部门的支持。
>
> 在村落建立一个水塔需要发送数以百计的备忘录。部落的人众急需水源，无法忍受部长及他们的常务秘书、部门领导在备忘录上浪费的时间。
>
> （Ong，1959a：91列）

王永元还提供了一个市议会存在贿赂的例子：

> 1957年12月我们进入市议会之前，小商贩[2]有这样的共识，即为了

得到许可证，申请人必须筹集必要数量的“尖沙咀”瓶装白兰地、橘子和罐装饼干，并送至有关人士以期得到许可证。

（Ong，1959a：92 列）

因此，为努力提高政府的效率，市议会于 1959 年暂停且逐步转移其职能至国家发展部与地方政府。为了保持部委专注于他们的主要战略任务并减少工作负载，设立法定机构以履行更多的业务功能。

公用事业局成立于 1963 年，由总理办公室负责监管，负责供应水、电、气（PUB，1963）。相应的，公用事业局的水利部门负责饮用水原水的收集、存储和处理；供水管网的运行及维修；输水给消费者；以及通过水塔和卡车进行供水。1964 年 11 月，公用事业局移至律政部（PUB，1964），而后于 1971 年转回至总理办公室（PUB，1971）。在 20 世纪 80 年代，公用事业局隶属贸易和工业部（MTI），于 2001 年 4 月成为环境部（ENV）下属的法定机构，重组时接管了环境部的污水和排水部门，反映了新加坡完全集中的水管理方式。环境部在 2004 年（Tan 等，2009）更名为环境和水资源部（MEWR）。

自成立之时，公用事业局虑及由于土地复垦、人口三倍增长形成的经济发展、国内生产总值（GDP）30 倍上涨和超过 20% 的土地扩张而导致的用水需求增长，开始开发岛上的供水系统。为了应对需求以及所预期的国家发展中的挑战，新加坡制定了水资源规划、管理、开发和治理的战略，已成为世界上最好的系统之一。表 1.1 主要是从水资源的角度显示了描述近 40 年来新加坡改观的一些关键统计数据。

表 1.1　新加坡 1965 年和 2011 年的主要统计数据

	1965	2011	变化
土地面积	580 平方公里	714 平方公里	+134 平方公里
人口	1,887,000	5,184,000	3,297,000
人均国内生产总值[a]	$1,580	$63,050	$61,470
人均用水量	75 升/人·天	153 升/人·天	+78 升/人·天
总用水量[b]	7,000 万加仑/天	3.8 亿加仑/天	+3.1 亿加仑/天
水库数量	3	17	+14
集水地土地面积	11%	67%	+56%
海水淡化产量	0	3,000 万加仑/天	+3,000 万加仑/天
新生水产量	0	1.17 亿加仑/天	+1.17 亿加仑/天

续表 1.1

	1965	2011	变化
工业用水产量[c]	0	1,500 万加仑/天	+1,500 万加仑/天
水源可用率	24 小时/天	24 小时/天	—
供水覆盖率	~80%	100%	
水流失量	8.9%	5.0%	-3.9%

来源：MEWR，“主要环境统计——水资源管理”，新加坡。来自 http：//app. mewr. gov. sg/web/Contents/contents. aspx？ContId = 682（2012 年 8 月 22 日）；统计部“主要年度指标”，新加坡。来自 http：//www. singstat. gov. sg/stats/keyind. html（2012 年 8 月 22 日）；PUB 年报。

注释：

a 2011 年市场价格。

b 这在此显示的是2011 年的需水量，而供水量包括第5 个最近新建的产量为5,000万加仑的樟宜新生水厂。

c 假设工业用水量 = 工业用水销售量。摘录自 http：//app. mewr. gov. sg/web/Contents/Contents. aspx？ContId = 682（2012 年 3 月 9 日）。

以下讨论新加坡水资源开发的早期状态，以及 1950 年、1962 年和 1972 年的供水计划设想。这三个计划为可靠清洁供水奠定了基础，为确保新加坡经济和社会的可持续发展起到了非常重要的作用。

水资源开发的早期阶段

莱佛士于 1819 年登陆新加坡之时，来自内陆河流和自挖水井的水足以维持岛上的 150 多名/户居民的用水需求。由于与贸易有关的活动增加，向停靠在港口的船舶供水成为迫切的需要，因此于 1822 年，福康宁建设了一个小水库。由于港口发展，早在 1890 年，拥挤和污染使得城市里大部分井水无法饮用。因此，水井在 19 世纪 90 年代关闭，但在 1902 年因用水需求增加而重新开放（PUB，2002）。

增加供水所采取的措施包括建造于 1867 年的加冷谷土坝，但土坝的效果不尽如人意。在 1890 年至 1904 年间水库经历了两次改造，坝体移动到现在的位置，高度提升了 1.5 米（PUB，1985b）。1922 年，改造后的项目以市政工程师詹姆斯·麦里芝的名字命名为麦里芝水库，麦里芝负责扩建工程，他是新加坡当时发展改善计划的推动人。

但水仍供不应求，加之在 1877 年和 1895 年发生干旱（大井，ND）。为了缓解水资源短缺，新加坡市加冷河水库建成于 1910 年，后于 1922 年更名为皮尔斯水库，取名自负责建设的市政工程师罗伯特·皮尔斯。第三个水库实里达于 1920 建在中央集水区，于 1940 年扩建（PUB，1985）。它的名字源自马来语，是指沿海居民（红毛实里达）。这三个水库位于受保护的中央集水区，总供水量达 1,750万加仑/天，总蓄水量约 21 亿加仑，并将水库富余水量泵送转移使产量最大化。例如，实里达水库蓄水量为 1.50 亿加仑，而皮尔斯水库的蓄水量更大，超过 9 亿加仑，实里达水库的富余水量泵送转移到皮尔斯水库。

至 1920 年，新加坡人口已增至 40 余万，英国开始面向大陆寻求可能的水源。其结果是，1927 年签署了一项协议，在马来西亚柔佛州的苏丹建设菇农普莱德水库和笨珍水库，将水输至新加坡（详见柔佛州的苏丹与新加坡的城市市政专员于 1927 年 12 月 5 日所签署的柔佛州水权协议）。菇农普莱德水库和笨珍水库于 1932 年开始运作，供水量约 1,800加仑/天（PUB，2002）。

第二次世界大战期间，麦里芝水库、皮尔斯水库和实里达水库与马来西亚菇农普莱德水库和笨珍水库同时向新加坡供水。过去也有一套公众使用的小型盐水系统，产能为 50 万加仑/天。然而，系统的水泵效率低下并且议会决定在淡水足够使用时关闭这套系统。

供水计划

1950 年水资源研究

1950 年，英国委托由布鲁斯·怀特、沃尔夫·巴里及其合作伙伴所组成的咨询工程师组探讨岛上额外水资源的可用性及如何加以利用以满足日益增长的需求，以及若柔佛州的供水停止则发展应急供水。顾问指出："来自内陆的供应中断情况的可能性，是一个岛屿管理者们值得关注的问题。"（White，1950：2）这项研究似乎已从新加坡在二战的沦陷中吸取了教训，彼时，城市供水被切断且岛屿非常易受攻击。

水需求预测

在 1950 年进行研究的时候，有两个主要的正式供水模式：供水管道直接接入家庭和社区的自来水供应塔。前者多见于约 76 万人居住的城市或城市地区，后者用于为居住在城区外和一些城市边缘社区的约 24 万居民供水。除了从水塔供水，农村社区还利用自掘井。

顾问评估了自1819年以来新加坡的用水量，并预计人口将在20年内翻一番，自1950年的100万人口增至1970年的200万人。他们还预计，人均用水量将从1950年的140升/人/天增至约225升/人·天，并指出平均人均消费水量140升/人·天对于一个热带国家来说比较低。这个数字是以岛上的总用水量除以总人口来计算，因此，没有区分民用和非民用的用水量。

供水选项和建议

顾问公司进行调查后，建议采取三个选项以提高新加坡的供水：即对江河水通过筑坝或将之转至一个更大的中央水库进行取水；开采可用地下水；兴建水井以及从屋顶收集雨水。

西部的许多河流也可以成为水库，即双溪巴旺、克兰芝、裕廊、香兰、南利道和亚历山大。然而，得出的结论是他们的河床不适合建设水库大坝。有人建议在现有受保护的中央集水区西边兴建一个库容为6亿加仑的中央蓄水库作为替代方案，水源从河流中泵取。旱季的河流总流量预计为1,900万加仑/天。

该小组还确认在东部的勿洛区有潜在产量为1,000万加仑/天的地下水源。这还是一个保守的估计，因为顾问曾假设，在进入地面的预计量为8,000万—1亿加仑/天的水中，仅有10%可以泵送供水。他们没有量化过可以从这些水源所提取的水量，但已经注意到现有水井的储量并不高。他们同时还提及，如果建设水井时调配资金用于井衬、护栏和井盖，则有可能实现大规模供水，同时也建议采纳在建筑物上收集雨水作为民用的替代方案。

政府有关水资源开发的总体思路是从单一来源获得地下水要比从零星的几个河流生产更为经济。尽管如此，顾问建议，应在调查东部地区水承载力之后再决定河流取水的需求。图1.1显示了拟议的供水水源的位置。

安全性考虑

人们普遍认为，马来西亚柔佛州水源供应几乎是无限的，因而能够满足不断增长的社会需求。然而，顾问引述珀西瓦尔中将关于新加坡在第二次世界大战期间沦陷日本的讲话，即供水的问题不是供应不足，而是猛烈的轰炸损坏了供水管道。因为劳动力几近消失导致这些管道修复的速度不够快，结果丢失了过半数的水。同时也考虑到是否采用另外的供水源（即地下水和地表水源）用以满足需求或作为紧急时刻的储备。

1950年和1962年之间的发展

源于1950年怀特与合作伙伴的水资源研究建议，从1950年到1962年，大部分增加当地供水水源的计划侧重于寻找地下水。

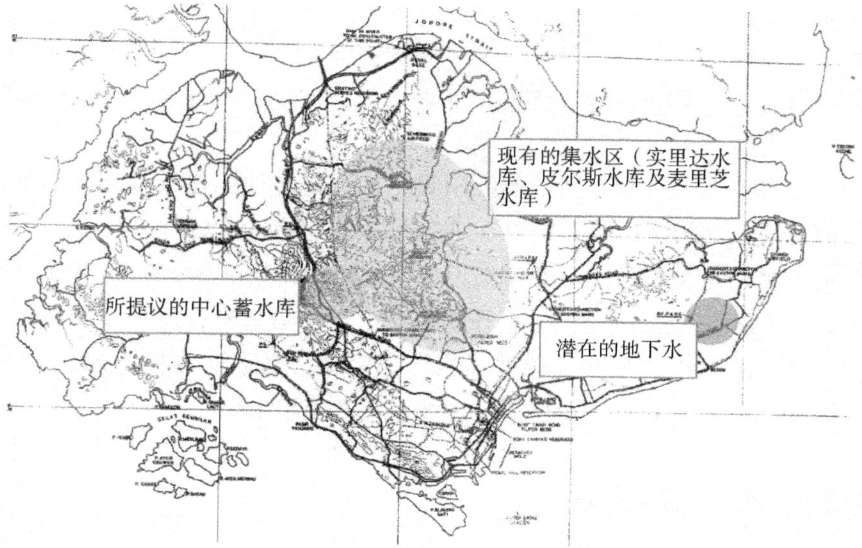

图 1.1 显示新加坡潜在供水源的地图（White，1950）

在勿洛的地下水系统于 1959 年投产，最大输出产量为 75 万加仑/天，低于预期的 1,000万加仑/天。当时的首席水工程师林指出，其处理费用远远高于新加坡的其他工程和柔佛州的勿洛，最终可能“被证明是鸡肋”（新加坡市议会，1959：1）。与此同时，英国也正在研究计划在马来西亚的地不佬及柔佛河扩大供水能力，以满足新加坡的用水需求。

重要的是，在 20 世纪 20 年代，柔佛河、菇农普莱德和笨珍的水库被评定为新加坡潜在的供水水源。然而，在那时，柔佛河方案被拒绝而菇农普莱德和笨珍的方案获通过（宾尼与合作伙伴，1981）。在 20 世纪 40 年代，柔佛河方案被提上日程，甚至开始了土地收购，但该项目因第二次世界大战而不得不推迟（宾尼与合作伙伴，1981；White，1952）。地不佬的供水方案包含在柔佛的地不佬原水取水站和水务工程的建设中，从地不佬河汲取原水并进行处理的自来水厂最终敲定。

柔佛河方案预计产量至少 1 亿加仑/天，并有可能比地不佬提供更多的水，地不佬预计产量在 6,000万加仑/天。不过，市水务工程师建议优先发展地不佬方案，主要是因为马来西亚柔佛丛林中的政治动荡的紧急情况，使得在森林地区兴建供水工程及相关管道变得危险。此外，地不佬的水量足以满足至少 20 年的需求。而且，因为不需要一个完全的处理设施，且和新加坡的距离较近而缩短了所需的管道长度，地不佬方案的成本计算结果也较为低廉。此外也有建议在新加坡处理由地不佬抽取的原水以代替在柔佛州进行集中处理从而降低成本。最终，地不佬的自来水厂在20世纪50年代初开建，于1953年建成，初始产量为1,000万加仑/天，并在1954年扩大到2,000万加仑/天。

1958年，政府决定承接柔佛河项目，从而放弃地不佬的规划项目，该方案被搁置（新加坡市议会，1959）。据推测，柔佛河可以提供“无限”的水，但事实证明却并非如此。1960年地不佬恢复运行，产量在1962年进一步扩大至4,500万加仑/天。此外，尽管马来西亚出口水量上升，但每当气候干燥仍然没有足够的水来满足新加坡的需求。事实上，马来西亚在1961年9月至1962年1月期间一直处于干旱，新加坡一直遭受限水。

1962年水资源研究

1961年，市议会与马来西亚柔佛州签署了一项水协议，赋予新加坡直至2011年“完全及独有的权利和自由以取用、留置和使用所有的水”，而这些水来自菇农普莱德和笨珍的集水地、地不佬以及士姑来河流（见柔佛州与新加坡市议会的政府在1961年9月1日签署的有关地不佬和士姑来的河流的协议）。次年签署的另一份协议，即柔佛河为新加坡的日供水量增至2.5亿加仑，直到2061年（详见1962年9月29日柔佛州政府和新加坡市议会之间的柔佛河水协议）。

1962年，新加坡政府委托宾尼和合作伙伴公司进行一项研究，涉及四个领域：现有的和规划中的新加坡和柔佛州的水供应设施的经济性和技术鉴定；确定柔佛河方案的详细设计以便获得来自世界银行的贷款；调查开发士姑来供水工程作为中期规划（柔佛河项目一旦建成可立即满足需求）或永久规划的必要性；以及研究在柔佛海峡兴建一个淡水湖的方案。

用水需求预测，选择和建议

宾尼和合作伙伴在报告中指出，自1950年以来新加坡总用水量增加的速度一直相当均匀。因此，他们按照总用水量增长的速度推断1982年的总需水量估计为1.42亿加仑/天。这个数字是基于大概的人口增长（1982年3,186,000人）和预计的人均用水量（46.35加仑/人/天或210升/人/天）需求增加。预测对民用和非民用的用水需求未做任何区分。取而代之的是，从假设的数字来看，未来的主要工业用水需求都将从当时的裕廊工业发展局开发的资源得以满足，而其他的工业需求则可以由市水利部门基于城市整体的人均用水量适度增加。

当时，经过深思熟虑的结果是扩建实里达水库，而不是在柔佛州扩大产能。增加实里达水库容量有几个好处：从地不佬泵送原水到实里达水库使不佬河的产量增加；来自柔佛河的原水也可以被输送到实里达并在新加坡进行处理，而不是在柔佛河新建一个污水处理厂，这将集中处理能力，简化管理和降低成本；最后，实里达水库将提供额外的蓄水空间以防止洪水。

顾问认为，应考虑对实里达集水地增加产量，但是不能将其作为士姑来或柔佛河方案的替代方案。他们还建议在士姑来河计划的初始阶段（3,000万加仑/天）就应将其视为一个永久的供应源，应尽快构建柔佛河的规划生产，至少在最初阶段有6,000万加仑/天的额外产量。预计这个项目可以满足新加坡直至1982 年的用水需求。

宾尼和合作伙伴建议额外的处理产能应建在柔佛。他们是考虑到工厂的产能和相应的成本节约之后得出这一结论的。这样做成本最为低廉，此外，中央处理系统会大幅度降低主输送管道的灵活性，大幅减少额外的管道铺设在相互联系的系统中运作原水及净水管所带来的风险。

1972 年水资源总体规划

新加坡作为一个独立的国家，拥有自给自足的供水水源在 1965 年同今天一样关键。公用事业局水利部门的督导工程师宋在 1972 年提出意见，大体体现了有关此问题的思路：

> 过去，水资源规划师越过新柔长堤找寻高品质的水源，同时也是对替代水源和规划进行经济评估的一个机会。然而，1965 年独立后不久，供水规划标准同样要经过一个根本性的转变。水资源规划师面临的紧迫任务是尽快并尽可能地规划和发展所有可用的内部资源。实现这一至关重要商品的自给自足的重要性是显而易见的。
>
> （Sung，1972：18）

1971 年，总理办公室下设了水规划机构，研究新常规水源的范畴和可行性，如不受保护的集水区、中水回用和海水淡化等非常规来源。水规划机构由三位官员组成：李永祥、周大忠和陈义辅。规划机构直接汇报给公用事业局水资源督导委员会，后者后来的主席为公用事业局和教育部主席林金山，其他成员包括：孔金森，公用事业局执行总经理；李一添，卫生部常务秘书长；李永祥，水资源规划单位主任。研究成果是1972年的第一个水质总体规划，其中概述了新加坡当地水资源的战略，包括本地集水区水源，污水再生利用（新生水）和淡化海水，确保多元化且充足供给以满足未来预测的需求（Tan等，2009）。

最初，水规划机构寻求以色列泰合顾问的专业知识支持，以便准备水总体规划。当时，新加坡从联合国（UN）聘请了一些专家，以准备长期计划，其中包括1971年的概念性规划和水资源研究。即使虑及他们的地域限制，泰合顾问因为其水资源最大化的专业知识仍被引入。然而，水规划机构很快就意识到，以色列和新加坡的水文条件差异太大，以色列顾问很难做出任何有意义的贡献。例如，以色列专于滴灌技术以尽可能减少干旱地区的灌溉用水量，而新加坡几乎一年四季都经历强降雨，因此和以色列的经验毫不相关。当时，以色列顾问甚至建议，新加坡应该考虑在水库刷上一层油或乳液以防止蒸发（法莱，1971年，与前总理内阁资政李光耀个人访谈，2009年2月11—12日）。因此，策划人员很快意识到，以色列没有足够的实践经验来处理热带地区的水源问题，因此终止了其服务，转而着手自己制定1972年水质总体规划（与前总理李光耀个人访谈，2009年2月11—12日）。

类似于1962年的计划，1972年水质总体规划有20年的规划远景，用水需求预测至1990年（PUB，2010，个人通信）。与早先的预测相反，1972年规划认为，某个单一的大量耗水工业的复杂需求可能大幅搅乱短期预测（Sung，1972）。

供水选择

非常规水源（污水回用和海水淡化）的概念在1972年引入水质总体规划中。整体供水的发展策略与地表水规划并行以尽快增加供给，且当技术上可行或必要时保持关注非传统供应来源项目的实施。

地表水源方面的目标是从中央保护的集水区扩充集水区域。中央集水地仅覆盖岛屿面积的11%，从西部到东部地区，覆盖整个区域75%的面积。图1.2中的阴影部分是建议扩充的集水区。建议措施包括以下计划：勿洛蓄水库、克兰芝－班丹、西部集水地和新加坡东北部。当时，克兰芝班丹计划已在执行；然而，规划者承认，除了受保护的中央集水区，其他集水地严重污染，在实现水库计划之前需要实施广泛的污染控制措施。

宋指出，1972 年已有的开发面积约占新加坡岛屿面积的 29%，因此，水供应规划应与其他土地使用者以“非常规的方法和思维”共同存在（Sung，1972：220）。除了城市雨水径流计划，还包括一些非常规的地表水备选方案，如河流的河口拦河坝计划及将其变为淡水水库。图 1.2 及表 1.2 所示为 1972 年已有的和拟建的水库集水区。

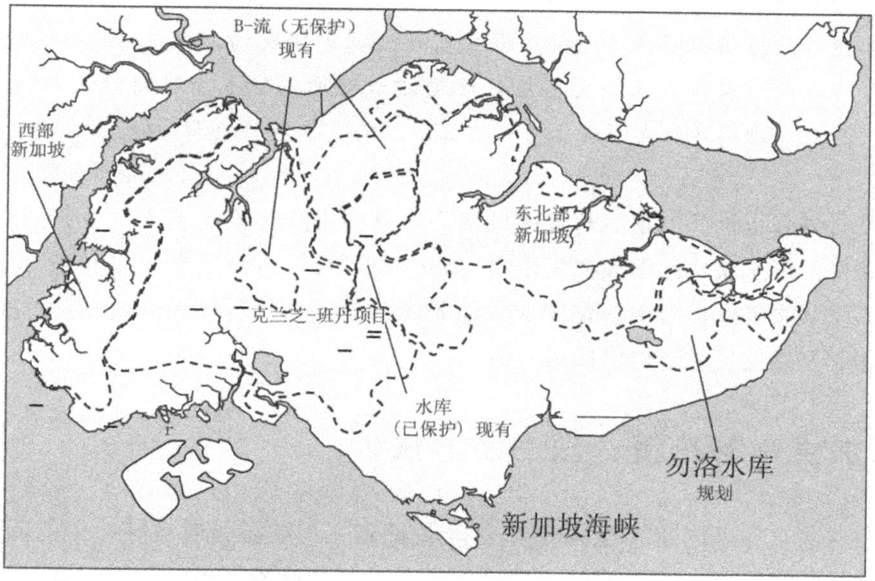

图 1.2 1972 年已有的和规划的水库及集水地（Sung，1972）

表 1.2 1972 年现有的和拟建的水库和集水区（Sung，1972）

集 水 区	面积（平方英里）
水库（受保护），现有	12.3
八条溪流（未受保护），现有	12.0
克兰芝－班丹项目	41.0
勿洛蓄水库规划	8.2
新加坡西部	22.0
新加坡东北部	40.7

关于地下水，水资源规划者审查和更新了怀特编写的 1950 年地下水研究。相对于 1950 年的初步调查结果，新加坡东部的地下水潜力是非常有限

的，因为从地表水自然补给的前景不佳。土壤实际上是无法渗透的，且沉积物形成的冲积盆地的岩性不利于此。人工降雨也是失败的，纵然该计划是未来的一种可行的替代方案。这使得规划者开始更彻底地考虑再生水的作用：

> 毋庸置疑，接下来的时间里，污水的合理回用将成为非常经济和必要的手段。其所要扮演的重要角色，即作为新加坡未来城市水循环的常态的一部分是可想而知的；不提倡直接利用经处理的污水作为饮用水供应源。除了心理排斥，仍然存在处理过程中偶发的健康危险……如果污水在处理前先在一个大型蓄水池通过长时间的停置自净过程进行稀释，这些心理排斥很大程度上可以去除，因而需要进行全面的探讨。
>
> （Sung，1972：23）

规划者也承认海水具有无限的潜力，且海水淡化不受制于不可预知的天气条件。海水淡化因而被视为干旱期间一个可行且可靠的替代方案进行初步探索。尽管如此，海水淡化的成本还是非常高的，只有在天然淡水资源充分利用和开发之后才能加以探索利用。

增加供水的决策：理由及方法

纵观这些年的水资源规划开发，水安全一直是新加坡领导考虑的问题。例如，1970 年关于提高水价以资助新供水计划的辩论，当时的财政部长吴庆瑞解释说，新加坡过去一直发展本土的供水规划，因此可以“尽可能少地依赖外部资源”。与此同时，由于在新加坡设立水的供应和储存设施比进口柔佛水源更加昂贵，因而水务工程师在进行较为昂贵的规划之前将着手最经济的规划。他补充说，“这是国家为避免被水资源绑架而不得不支付的价格”（Goh，1970：423 列）。

正如之前所提到的，为扩大供水来源，政府的政策是开发所有可利用的水资源（李，Lee，1986）。至 1986 年，这些资源包括来自本地集水区的水源。只有在 20 世纪 80 年代末地表水资源已经用尽后，新加坡才开始严肃看待发展非常规水资源供应。

1960 年至 1986 年：根据 1972 年水质总体规划开发地表水源

20 世纪 60 年代至 70 年代之间，新加坡实施的供水发展计划是英国早期计划的延续。新加坡开始扩充中央集水区现有三个水库中的两个。1969 年，实里达水库扩容35倍以建造上实里达水库，1975年皮尔斯水库扩容10倍建造了上皮尔斯水库。士姑来及柔佛河的方案也按照1961年和1962年供水协议进行开发并得以启动，从马来西亚进口水。这两项举措促使3,000万加仑/天的士姑来自来水厂（1964年完成）和首期3,000万加仑/天的柔佛河自来水厂（1967年建成）的建成，时机正好赶上新加坡日益增加的用水需求。

随后，未受保护的集水区中建设了河口堰形成水库。建设时筑坝阻隔了西部河流河口且泵出苦咸水，从而使河流可以用来储存淡水。通过这种方式，随着克兰芝和班丹水库的建成，克兰芝班丹方案在1975年完成。到1981年，包括Murai、波扬、莎琳汶和登格水库在内的西部集水地方案也已完成（PUB，2002b）。

一旦上述水库建成，新加坡借助于市区未受保护的集水区，自人口稠密的新市镇取水。第一个城市集水区，即双溪实里达—勿洛计划，在1986年完成，随之建成了勿洛和下实里达蓄水库以及勿洛水处理厂（PUB，2002b）。

1971年提出了通过回收土地和使用采砂场（Barker，1971）开发勿洛水库的想法。虽然勿洛蓄水量可能非常大，但集水区相当小且能够利用的水量不是很大。此外，该地区正发展成为一个新的组屋镇，这意味着勿洛将成为城市集水地，预计径流水质相对较差，尤其是在旱季（Barker，1976）。因此，公用事业局不得不对水的数量和质量等相关问题进行研究。

为了解决数量限制，公用事业局提出通过间接增加集水区面积增加流入勿洛蓄水库的水量。这是通过收集下实里达集水地（此处有一蓄水库也被开发，位于勿洛新镇东北部）的水源并将之送至勿洛蓄水池而实现的。在解决质量问题时，机构间协调起到了很大的作用。环保部扩展了污水管网，以确保对所有用过的水进行收集和处理。自勿洛在1971年概念性规划中被选定为潜在集水地以来，负责监督新加坡土地利用规划的市区重建局（URA）对土地进行规划并维护土地避免造成污染。住建发展局预先为未来项目的需要挖出沙子并储存到其他地方，使得勿洛水库能够按时完成以满足日益增加的用水需求（Tan等，2009）。双溪实里达勿洛计划终于在1986年完成。

1960年至1986年：首次尝试水循环使用

新加坡的工业化始于20世纪60年代初。其中一部分是开发裕廊工业区，工业区位于西南海岸，面积约14,000公顷，将会发展成为工业卫星城镇。除了工业区能否在经济上成功的问题，还有如何满足工业需求的问题。为此，作为工业化计划的主要驱动力，教育局发起了一项关于如何满足裕廊工业用水要求的研究，有鉴于此该局已委聘联合国亚洲和远东经济委员会（亚远经委会）顾问加入研究。该研究发现，经乌鲁班丹污水处理厂处理后的污水可进一步进行处理，以满足工业的非饮用水需求。乌鲁班丹污水处理厂被选中的原因是它的地理位置靠近西部接近工业园区，并且大部分设施用来处理生活污水（亚远经委会，1964）。

裕廊工业水厂（JIWW）由经济发展局（EDB）于1966年建设完成，为不需要饮用水的企业提供廉价和低质量的水源。1971年，环境部（ENV）同住建发展局（HDB）合作，接管了水厂，并向裕廊工业区内的企业供水，同时着手向新加坡西部塔曼裕廊（Taman Jurong）、班丹花园（Pandan Garden）和德曼花园（Teban Garden）区域内的公寓提供可用于冲厕的工业用水。但是，地质的工业用水需要高额的维护和替代成本，其可行性遭到质疑，因此该计划最终于1990年终止（Tan 等，2009）。

在此期间，新加坡也首次进行了更为先进的污水处理技术试验。通过混凝、絮凝、澄清、沙石过滤和曝气等常规的处理工艺，将乌鲁班丹污水处理厂处理后的废水加工成为工业用水。但是，由于新加坡对可用于饮用的再生水感兴趣，因此在1974年新建了一个水再生试点工厂。有趣的是，试点工厂是由环境部（ENV）的污水处理局而不是公用事业局的水利部门成立的。二级处理后的污水经过反渗透及离子交换、电渗析和氨吹脱等其他先进的处理工艺，生产符合饮用标准的水，甚至达到了世界卫生组织（WHO）饮用水标准。然而，由于膜价格昂贵，导致水回收过程不符合成本效益。此外，鉴于需要经常对膜污染进行清洗，膜技术是不可靠的。经过14个月的运作后，水再生试点工厂在1976年12月关闭。

1960年至1986年：第一个20—30年的供水战略

1972年的水源总体规划中考虑到了减少对进口水源依赖的重要性；因蓄水量不足而保留利用大量雨水；由于不合理的土地利用需要建设更多的水库；即使整个新加坡岛国是一座大型水库，供水仍然不够满足日益增长的需求。因此总体规划将更符合成本效益的水供应计划首先列入了实施方案中；集水区面积占全岛面积从11%扩大到约75%；实施污染控制措施，以确保增加集水区的面积；调查非传统水源，例如，地表水源最大化之后的海水淡化水和再生水，地下水因缺乏而不再是一种选择。

新加坡供水项目不同方案的实施是一个繁琐的过程，因为需要考虑到数量、质量、成本、可靠性和安全性，且还不仅于此。地表水库方案是最易见的自来水水源。当地的集水区和水库不但可以增加新加坡的水供应量，还具备增强水储量方面的战略优势。但即使这些方案是最具有经济效益的，其运行成本仍然是昂贵的。

作为一个发展中国家，当时的新加坡面临着跟今天发展中国家相同的问题：即缺乏对水利基础设施的大额资本投入。因此，早期的水库建设项目资金都是从国际组织贷款，如世界银行（用于实里达水库扩建）（PUB，1970），英联邦开发公司（用于皮尔斯水库扩建）和亚洲开发银行（ADB）（用于克兰芝－班丹和西部集水区方案）（PUB，1970；1975）。随后，新加坡也从美国银行贷款（跟 ADB 共同筹资的方案），用于西部集水区方案（PUB，1985a）。这些贷款后来都根据国际开发银行制定的严格条款全部偿还完毕，这些条款可能从某种程度上培养了这个相对年轻的国家的财务纪律意识。

图 1.3 所示的时间轴概括了供水水源地的发展进程。

1960—1970 年，新加坡致力于发展进口水项目以满足日益增长的需求，但是在随后几年中，政府开始重点建设当地的供水项目，以减少对马来西亚的依赖。1986 年，在双溪实里达勿洛（Sungei Seletar-Bedok）水库方案完成后，公用事业局就重点建设滨海等城市集水区，同时开始研究降低海水淡化和再生水成本的技术，尽可能增加当地的水供应。

1986—1994 年：进一步探索非传统水源

1986 年，双溪实里达勿洛供水方案完成，被认为是最后一个地表水库项目（PUB，1987）。随后，新加坡更为谨慎地寻找其他的供水方案，包括新的进口水来源和非传统的水源，如淡化水和大规模再生水，以便随后重新考虑实施新的水库方案。

同年，在回应未来供水计划的问题时，当时的国防部长和贸易工业部长李显龙解释说，在双溪实里达勿洛供水方案建设完成后，公用事业局将开发新加坡以外的水资源，包括扩大在士姑来和柔佛河的水处理量。但是，由于淡化水的处理成本是河水和水库水处理成本的 10 倍，李显龙指出“如果人们如此糟蹋用水，那么他们就得准备支付 10 倍以上的水费，才能解决这个问题”（Lee，1985：1608 列）。因此，政府必须认真维持确保有足够供水资源与鉴于水安全考虑而提醒民众节水之间的平衡。一个例子就是，高级政务次

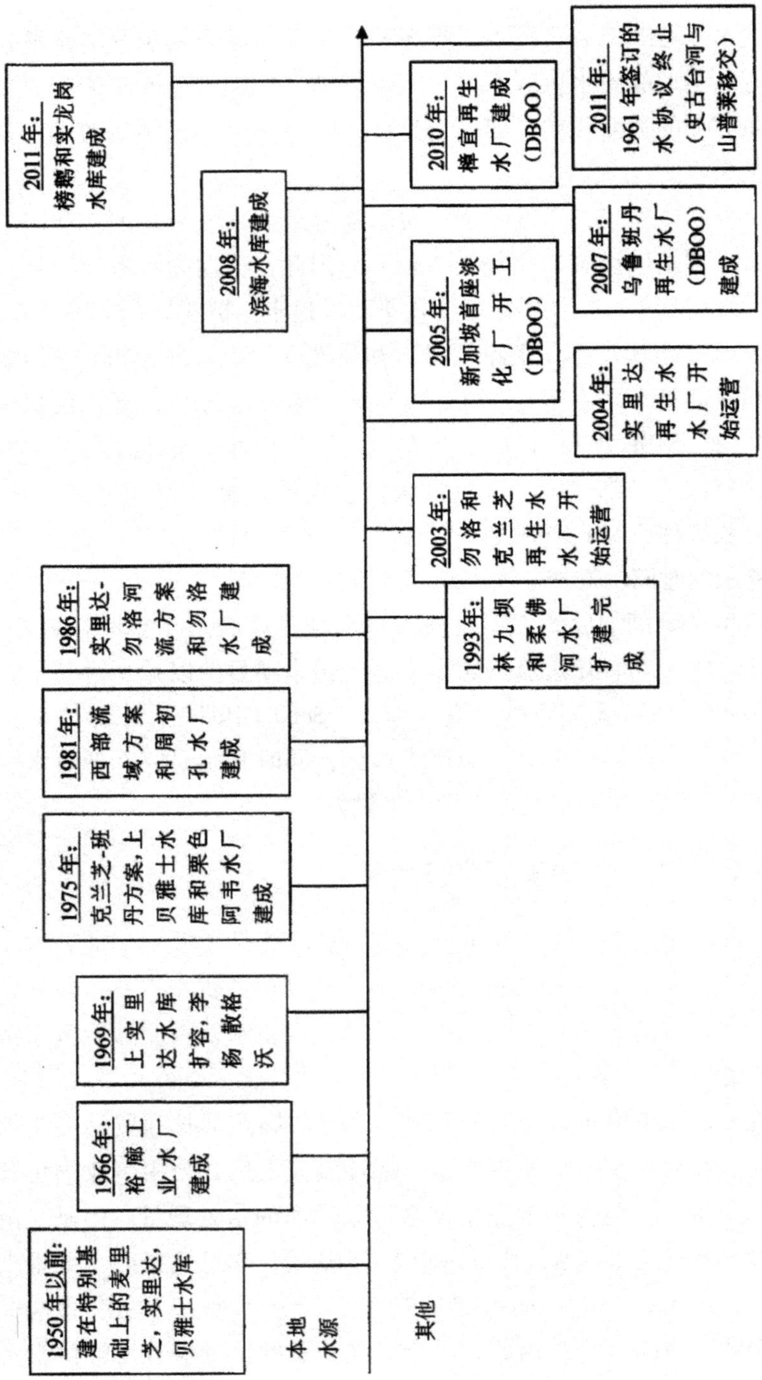

图 1.3 新加坡供水水源发展时间表

长尤金邑在议会的报告中重点提到节水和保护水源的重要性，因为“我们的供水可能将无法自给自足”（Yap，1988：1484 列），公众将此言论解释为政府对新加坡的供水缺乏自信，因而政府对发出此类声明不得不非常谨慎。

在 20 世纪 80 年代和 90 年代，反对淡化水有两个主要原因：第一，海水淡化技术还未被大规模实施，因此该技术无法在大范围内得以验证；第二，海水淡化是能源密集型技术，因而处理成本非常昂贵。时任国防部长和贸易工业部长的李显龙以香港作为例子，当时的香港为了应对中国切断供水的威胁，兴建了一个海水淡化厂，然而，该厂最后还是因为昂贵的运行成本而被迫关闭。即便如此，新加坡政府对供水还是很有信心，并强调这只不过是一个成本的问题（Lee，1986）。1995 年，时任贸易工业部长的姚照东，向公众发表让大家安心的声明：

> 我们完全可以解决水的问题。即使不得不像中东国家那样对每滴用水采取淡化，我们也要解决这个问题。虽然这样会花费很多资金，但是并不会使我们破产。幸运的是，我们不必如此，因为我们还有其他可用的水资源。
>
> （Yeo，1995：198 列）

也有建议将再生水作为非饮用水，如家庭洗涤和厕所冲洗。当时，虽然在技术上再生水有可能达到饮用水的标准，但是 1974 年试点实验表明这种工艺成本高昂，且技术上也不可靠。因此，再生水计划通常是指使用非饮水质量的再生水，这就引发了很多对技术和成本的考虑。例如，需要一个独立的网状系统（非常昂贵）来处理这种低级别的水，且有交叉污染的风险，更不要说那些无法完全清除的气味问题。

在 20 世纪 80 年代后期，政府也开始研究将滨海湾作为一个二级的非饮用水源（Yap，1988）。当时的想法是满足非饮用水的需求，也可在紧急时刻当作饮用水使用。然而，这一举措也仅仅是战略的考虑。

关于新加坡进口水替代方案，Kog 做了如下介绍：

> 1987 年，时任总理的李光耀宣布，新加坡在研究从印度尼西亚进口水的可能性（《工商时报》1989 年 10 月 7 日至 8 日）。接下来，在 1990 年 8 月 28 日签署了一个“关于在廖内（Riau）省发展框架下经济合作”的协议。在此协议中，新加坡和印尼政府同意在向新加坡供水和输水方面共同合作。该协议还包括贸易、旅游、投资、基础设施和空间开发、产业、资本和银行业等方面的合作（政府公报，补充论述，1990 年第 1

期）。1991 年，根据同印尼政府签订的“供水协议”的规定，印尼的廖内省每天向新加坡提供 100 亿加仑的供水。

另外，还计划从西苏门答腊的双溪金宝（Sungei Kampar）集水区引水（ST，1993 年 1 月 30 日）。双溪金宝项目被认为是一个向廖内省供水的项目。这意味着向新加坡供水在构建新加坡区域经济的宏远规划中占有一席之地。民丹岛（Bintan）项目标志着一个新型水项目发展时代的开始。但是以前的水资源项目的建设和开发是由公用事业局单独管理的，民丹岛项目将由公用事业局的附属公司（新加坡国际事业部，SUI）进行建设和管理。1992 年，两个合资公司成立，其目的是从民丹岛开发供水资源和向民丹岛及附近的廖内岛屿供水（PUB，1992）。但是，这些项目的进展速度非常缓慢，并在金融危机后由于印尼政治不确定性而暂停。

（Kog，2001：20）

新加坡还制定了从马来西亚增加进口供水的计划。虽然在 1962 年签订的供水协议中，新加坡可以从柔佛河域抽取 2.5 亿加仑/天的水量，但是柔佛河水厂设计产量为 1.2 亿/天，这是基于河水的流速可能抽取的水量。在这种情况下，公用事业局开始计划建设必要的基础设施，以尽可能抽取到协议中所允许的水量。此外，在与马来西亚谈判后，于 1990 年签署供水协议作为 1962 年供水协议的补充协议，这两份协议都将在 2061 年到期（详见柔佛州政府和新加坡公用事业局于 1990 年 11 月 24 日签署的协议）。

1990 年的协议允许公用事业局在柔佛河水厂的上游建设一个大坝，用来收集和存储柔佛河集水区上游的径流。如此释放下来的水调节了河水的流量，从而可以从水厂取水口抽取更多的水量。该文件还包括超过 1962 年供水协议所规定的 2.5 亿加仑/天水量的供水销售条款。超额取水量的定价依据：在扣去柔佛水价和公用事业局输送成本后，柔佛水价外加公用事业局向消费者售水盈余 50% 的加权平均，或是柔佛水价加权平均的 115%，以较高者为准。此协议生效后，Linggiu 大坝于 1993 年竣工，同年柔佛河水厂的取水量扩大到 1.6 亿加仑/天，并在 2001 年达到 2.5 亿加仑/天。此协议在新加坡实现从柔佛河域中抽取 2.5 亿加仑/天水量的过程中起到了至关重要的作用。到目前为止，双方都没有使用协议中 2.5 亿加仑/天的额外供水条款（PUB，2010，个人通信）。扩增的取水量满足了新加坡日益增长的用水需求，同时也给进一步探索当时仍然过于昂贵且技术上不可行的非常规水资源提供了时间。

1995—2011 年：探索非常规水资源

新加坡在 20 世纪 90 年代中期开始探索非常规水资源。1996 年，任命顾问来开展海水淡化的实地可行性和工程研究，如选址、海水淡化的工艺和淡化水的成本。第一个海水淡化厂的规划是 3,000万加仑/天的产水量，并计划于2003 年完工（PUB，1996）。1998 年，工程方案和实地可行性研究完成。经研究决定，海水淡化厂计划建在 Tuas 填海的土地上（与一个电厂毗邻），第一阶段产水量为 3,000万加仑/天，基于双效多级闪蒸工艺来建设，并于2005 年建成。

公用事业局还宣布通过开发适当的边际集水区，包括后港（Hougang）、榜鹅（Punggol）和盛港（Sengkang）等居住区的雨水收集方案，对进一步增加当地水源的可能性进行研究。收集到的雨水不是简单地将其排放至海中（针对防洪），而是经处理后可以达到饮用水的标准。经公用事业局解释，这些方案将随着新城镇排水系统的发展而被实施。最初的成本估计是 1.7 亿美元，将使新加坡集水区总面积增加 5,500公顷（PUB，2010）。同时，公用事业局和环境部联合开展了一次如何利用二级污水处理进行水回收利用可行性的评估。此次 1,400万美元经费的研究包括建设示范厂（10,000立方米/天的处理量），该厂采用先进的膜技术来处理污水以达到世界卫生组织饮用水的标准（PUB，1998）。

1999 年，经研究决定海水淡化厂可以由私营部门兴建，处理后的水将由公用事业局购买。会议还商定，日处理量1,000万加仑的小型淡化厂将由政府拥有和经营（PUB，1999）。投标人可以自由选择可适用范围内的海水淡化工艺，包括多效蒸馏法、多级闪蒸法、反渗透法或混合系统法。反渗透膜技术是在 20 世纪 90 年代膜技术升级后可行的一种新技术。在膜处理之前，蒸馏法是主要的海水淡化技术。蒸馏法依靠大量的能量而产生热能或所需要的压力条件，以蒸发水分并促使其凝结在冰冷的表面上，该处理工艺的费用非常昂贵。凯发（Hyflux）的附属公司 Sing Spring Pte Ltd 中标了新加坡第一个日处理量3,000万加仑的反渗透海水淡化厂，并于 2005 年启动。

再生水方面，2000 年在勿洛（Bedok）建成了一个示范工厂，并成立了一个包括本地和外国专家在内的国际专家小组，用以提供独立的研究建议。与 1974 年再生水实验不同的是，此时技术已发展至一个新阶段，即通过采用包括常规的水处理、微/超滤、反渗透以及最后的紫外线消毒等技术在内的多重处理技术，生产高级再生水。

经过两年的认真分析，发现再生水是可以安全饮用的，并在2002年启动将再生水作为另一个水资源的计划：建设新厂，同样重要的，一项沟通交流的计划也落实到位。这项计划的重点不是所采用的技术，而是要让民众认识到再生水是可以安全饮用的。为了改变民众对再生水的负面印象，再生废水被重新命名为“新生水”，再生废水处理厂被重新命名为“新生水厂”，废水被重新命名为“用过的水”。这些新名词是策略的一部分，策略旨在引起思维模式的转变及向公众传达一种水管理的新方式，即把水看成一种能够反复使用的可再生资源。目前，“新生水”不仅作为直接非饮用供水（DNPU），如商业和制造业的冷却水，而且还作为非直接饮用供水（IPU），如将新生水引入水库中，再经过水厂处理后成为饮用水（更多关于新生水的信息详见Tan等，2009）。

与淡化水类似，新生水也向私营企业开放。2003年，首批由公用事业局拥有和经营的三个新生水厂分别兴建于勿洛（Bedok）、克兰芝（Kranji）和实里达（Seletar）等地。第四个新生水厂建于乌鲁班丹（Ulu Pandan），日处理量3,200万加仑，是与私营企业按照设计—建设—拥有—经营（DBOO）的模式建成的。采取DBOO模式发展水务的主要原因是，该模式可以提供物有所值的服务，也可促进水务部门的效率和创新（Tan等，2009）。乌鲁班丹新生水厂于2007年竣工。最后，第五个新生水厂建于樟宜（Changi），也是按照DBOO的模式兴建的，日处理量5,000万加仑，并于2010年完工。

2008年，滨海水库完工。该水库被誉为城市水库，坐落于中心商业区的心脏地带，成为新加坡城市化程度最高和最大的集水区。该水库通过在滨海河道周围建设拦河坝而形成，位于5条河流的汇合处（包括历史悠久的新加坡河），从人口最密集的区域收集和存储水。另外两个建于榜鹅和实龙岗的水库也于2011年启用。

进一步的思考

供水作为新加坡整体发展战略的一部分和一个多重性的议题，一直被列入考虑范围，包括一个总体的设想；清晰的目标；长远的规划；有效的立法；政府部门与机构内部及政府与私营企业间的制度协调；广大市民的合作等。清洁可靠的供水对城市国家的安全、集水区的保护及资源发展和多样化具有重要性，并在国家整体发展过程中起到了历史性的关键作用。

回顾新加坡在有限土地面积和自然资源（主要是水）奇缺的情况下，能够排除万难并成功实现全面发展，应承认其国家领导阶层高瞻远瞩的眼光在这个过程中所发挥的作用。在独立后的初期，人民行动党领导人认识到让经济摆脱转口贸易而进入面向出口市场的工业化是需要优先考虑的问题。人民行动党也意识到只有新加坡人民致力于这个城市国家的发展，国家的建设才能取得成功。只有让人们看到他们的愿望通过经济的改善而得以实现，才能获得长久支持，但这些都必须反映在他们的生活质量上（Quah，2010）。

因此，新加坡建国初期的关键是经济和社会的发展。新加坡能够快速建立公共设施和提供基本的服务，显示出这个新独立国家的效率。这对建立政府公信力及创造一个良性的资金循环起到至关重要的作用，在此良性的资金循环中，通过投资所收集到的税收可以用于其他基础设施的建设。

关于规划的手段，有两个文件对新加坡是必不可少的，即 1971 年的概念性规划和总体规划。正如 Tan 等人（2009）所描述的那样，在编制概念性规划过程中，政府机构之间共同合作。该规划以国家发展和人民生活质量改善为基础，勾勒出一个长期的土地利用框架。概念性规划提出了广泛和长期的战略，而总体规划指导新加坡十多年的发展，并将深远和富有远见的战略转变成详细的计划，制定了可允许的土地使用和每片土地上的人口密度。

远期规划对新加坡基础设施的发展至关重要。尽管有些计划可能因为资源的限制而无法立即实施，但是预先的考虑使这些计划得以后续跟踪和实施，一旦计划可行就可以立即落实。例如，1972 年水资源总体规划被认为是一份创新性的文件，因为它不仅考虑到接下来 20 年内开发的地表水源，而且考虑到更加久远的非常规水资源。

水资源规划需要协调，正因为如此，在 2001 年排水和污水部门与公用事业局合并时开始进行重要的机构重组。合并后新公用事业局的创立使所有负责水循环利用的政府部门集中在同一组织框架下。作为负责第一个水资源总体规划的水资源规划小组成员，Tan Gee Paw 返回公用事业局担任主席。上任时，他指出水资源总体规划还没被审核，而且水资源协议到期后新加坡将如何规划尚未纳入议程（新加坡国家档案馆，2007）。这两个水资源协议分别在 2011 年和 2061 年到期，因此他开始着手建立一个新的水资源发展的长期规划。由于 1972 年水资源总体规划中所有传统的地表水资源已被开发，因而需要研究新的替代方案，即可能收集到的雨水量、可再生和可淡化的水量。

新加坡始终在寻找这些问题和其他关注的问题的答案，正如预见到将面临的挑战而构建了切实可行的政策和规划。新加坡怀有实现水源自给自足的强烈愿望并认识到缺乏清洁可靠的水资源会阻碍其发展，以务实的眼光构建了一个长期的规划和行动框架，以实现可持续发展。另一方面，虽然政府一直强调减少外部供水依赖和国内水资源多样化的重要性，但是却从没披露任何自给自足的定量目标或时间表。

在新加坡社会和经济发展取得更大进步的背景下，水资源发展目标得以实现。尽管还有很多挑战和困难，但是国家领导人与政府机构和国民共同努力，让这个国家沿着安全和可持续发展的道路前进。当问到新加坡将水资源供给从弱变强的成功因素时，前总理李光耀说：

> 这些因素是至关重要的环境、成功的决心、全面的规划和技术等，任何国家都可以重复同样的过程。但是必须要有决心、纪律、管理能力和执行力度，还要不断寻找新的技术。
>
> （李光耀的个人访谈，2009 年 2 月 11—12 日）

政治意愿和领导力、清晰的愿景、长期规划、务实的决策、充分的政策实施以及政府机构与公共部门、私营企业、民众及民企间的协调相结合，促使新加坡走上了水安全和可持续发展的道路。

注释

①人民行动党（PAP）自 1959 年首次执政起一直是新加坡的执政党。

②小商贩（Hawkers）指的是贩卖食品的商贩。

参考文献

1. Agreement between the Government of the State of Johor and the Public Utilities Board of the Republic of Singapore (1990) signed in Johore on 24 November 1990, http://www.mfa.gov.sg/kl/doc.html, accessed 15 March 2010.
2. Agreement as to Certain Water Rights in Johore between the Sultan of Johore and the Municipal Commissioners of the Town of Singapore (1927) signed in Johore on 5 December 1927, http://www.mfa.gov.sg/kl/doc.html, accessed 15 March 2010.
3. Ariff, B. B. M. (1959) *Parliament Debate on the Suspension and Transfer of Functions Bill for the City Council*, Parliament no. 0, Session no. 1, vol. no. 11, Sitting no. 2, sitting date: 15 July, Hansard, Singapore.
4. Barker, E. W. (1971) *Debate on the President's Address*, Parliament no. 2, Session no. 2, vol. no. 31, Sitting no. 6, Sitting date: 5 August, Hansard, Singapore.

5. Barker, E. W. (1976) Budget, Ministry of the Environment, Parliament no. 3, Session no. 2, vol. no. 35, Sitting no. 7, Sitting date: 22 March, Hansard, Singapore.
6. Binnie & Partners (1981) *Report on Singapore Water Supply*, National University of Singapore, Singapore.
7. City Council of Singapore (1959) *Water Department Annual Report*, Government Printing Office, Singapore.
8. Department of Statistics, Key Annual Indicators, Singapore, http://www.singstat.gov.sg/stats/keyind.html, accessed 22 August 2012.
9. Falle, S. (1971) *Letter to D. P. Aiers Esq, South – West Pacific Department, Foreign and Commonwealth Office, London*, FCO 24/1208, 4 March, National Archives of the United Kingdom, Kew.
10. Goh, K. S. (1970) *Local Government Integration (Amendment) Bill*, Parliament no. 2, Session no. 1, vol. no. 29, Sitting no. 7, Sitting date: 27 January, Hansard, Singapore.
11. Guarantee Agreement between the Government of Malaysia and the Government of the Republic of Singapore signed in Johore in 24 November 1990, http://www.mfa.gov.sg/kl/doc.html, accessed 15 March 2011.
12. Johore River Water Agreement between the Johore State Government and City Council of Singapore signed in Johore in 29 September 1962, http://www.mfa.gov.sg/kl/doc.html, accessed 15 March 2011.
13. Kog, Y. C. (2001) *Natural Resource Management and Environmental Security in Southeast Asia: Case Study of Clean Water Supplies in Singapore*, Institute of Defence and Strategic Studies, Singapore.
14. Lee, H. L. (1985) *Oral Answers to Questions on Water Demand (Growth Rate and Conservation)*, Parliament no. 6, Session no. 1, vol. no. 45, Sitting No. 17, Sitting date: 28 March, Hansard, Singapore.
15. Lee, H. L. (1986) *Oral Answers to Questions*, Parliament No. 6, Session no. 2, vol. No. 48, Sitting no. 9, Sitting date: 9 December, Hansard, Singapore.
16. Lee, K. Y. (2009) Personal interview, Singapore, 11 and 12 February.
17. Ministry of the Environment and Water Resources, *Key Environment Statistics – Water Resource Management*, Singapore, http://app.mewr.gov.sg/web/Contents/contents.aspx? ContId = 682, accessed 29 August 2012.
18. *Ong, E. G.* (1959) *Parliamentary Report on City Council (Suspension and Transfer of Functions)*.
19. Bill, Parliament no. 1, Session no. 1, vol. no. 11, Sitting no. 3, Sitting date: 16 July, Hansard, Singapore.

20. Ooi, G. L. (no date) *As You Drink, Remember the Source*, Singapore (unpublished work).
21. Public Utilities Board (PUB) (1963) *Annual Report*, PUB, Singapore.
22. Public Utilities Board (PUB) (1964) *Annual Report*, PUB, Singapore.
23. Public Utilities Board (PUB) (1970) *Annual Report*, PUB, Singapore.
24. Public Utilities Board (PUB) (1971) *Annual Report*, PUB, Singapore.
25. Public Utilities Board (PUB) (1975) *Annual Report*, PUB, Singapore.
26. Public Utilities Board (PUB) (1985a) *Annual Report*, PUB, Singapore.
27. Public Utilities Board (PUB) (1985b) *Yesterday & Today: The story of public electricity, water and gas supplies in Singapore*, Public Utilities Board, Singapore .
28. Public Utilities Board (PUB) (1987) *Annual Report*, PUB, Singapore.
29. Public Utilities Board (PUB) (1996) *Annual Report*, PUB, Singapore.
30. Public Utilities Board (PUB) (1998) *Annual Report*, PUB, Singapore.
31. Public Utilities Board (PUB) (1999) *Annual Report*, PUB, Singapore.
32. Public Utilities Board (PUB) (2002) *Water: Precious Resource for Singapore*, PUB, Singapore.
33. Public Utilities Board (PUB) (2010) *Water for All: Conserve, Value, Enjoy*, PUB, Singapore.
34. Quah, J. S. T. (2010) *Public Administration Singapore Style*, Emerald Group, Bingley.
35. Singapore National Archives (2007) Interview with Mr. Tan Gee Paw, as part of 'The Civil Service - A Retrospective', *Series Interview*, 6 November - 11 December, National Archives, Singapore.
36. Sung, T. T. (1972) 'Water Resources Planning and Development Singapore', Paper No. I/2, pp. 17 - 25, *in Set of Technical Papers Accepted for the Regional Workshop on Water Resources, Environment and National Development, Singapore*, March 13 - 17.
37. Tan, S. A. (1972) 'Urban Renewal in Singapore and its Associated Problems', Paper No. III/3, pp. 334 - 335, in *Technical Papers Accepted for the Regional Workshop on Water Resources, Environment and National Development*, Singapore, Science Council of Singapore.
38. Tan, Y. S., Lee, T. J. and Tan, K. (2009) *Clean, Green and Blue: Singapore's Journey Towards Environmental and Water Sustainability*, Institute of Southeast Asian Studies, Singapore.
39. Toh, C. C. (1959) *Legislative Assembly Debates, State of Singapore, Official Report*, First Section of the First Legislative Assembly, Singapore, 16 July.
40. Turnbull, C. M. (2009) *A History of Modern Singapore*, 1819 - 2005, NUS Press, Singapore United Nations Economic Commission for Asia and the Far East, Division of Water Resources Department (ECAFE) (1964) *Reports on the Industrial Water Supply Project for the Jurong In-*

dustrial Estate in the Island, ECAFE, Bangkok.

41. White, B. (1950) *Report on the Water Resources of Singapore Island*, *Excluding Those within the Present Protected Catchment Area*, Wolfe Barry & Partners, London.

42. White, B. (1952) *Government of Singapore*: *The Water Resources of Singapore Island*; *Report on the Development of the City of Singapore Water Supply and Emergency Supplies in Relation Thereto*, White (Sir Bruce), Wolfe Barry & Partners, London.

43. Yap, C. G. E. (1988) *Budget*, *Ministry of Trade and Industry*, Parliament no. 6, Session no. 2, vol. no. 50, Sitting no. 18, Sitting date: 25 March, Hansard, Singapore.

44. Yeo, C. T. (1995) *Debate on Annual Budget Statement*, Parliament no. 8, Session no. 2, Vol. no. 64, Sitting no. 2, Sitting date: 13 March, Hansard, Singapore. .

2. 水和城市发展

介绍

早在20世纪60年代，合理的土地、水资源、基础设施和环境政策的实施已为新加坡后来的可持续发展奠定了基础，虽然当时“可持续发展”这个词语还不流行。跟东亚早期新型工业化经济体（如韩国、台湾和香港）所采取的“先工业化再考虑影响”模式不同，新加坡作为一个新兴的独立国家，从一开始就实施合理的环境和自然资源保护政策，以适应经济的增长和发展（Ooi，2005）。

通过在国内寻找可用的资源实现自给自足对已规划的城市发展方式影响重大。因此，需要对岛内有限的土地空间进行规划和塑造。本章讨论新加坡在快速城市化和工业化背景下，如何把水资源作为一个关键的因素融入城市发展进程中。同时，以此作为一个有价值的研究案例讨论城市的可持续发展。

虽然各种著作在提及城市可持续发展时都强调环境的巨大作用，但水资源的作用只提到了一小部分。水资源在新加坡独特的发展中承担了重要角色，主要原因是：首先，因为可持续的城市发展需要积极和全局的规划来克服社会政治和经济上的壁垒；其次，显而易见的是，因为这个国家证明了保护稀有自然资源易于和城市发展同步进行。

在新加坡，可持续发展的必然性和重要性已被领导阶层认可。务实的政策、明确的目标、长期的规划和前瞻性的战略，使得公众各方面的生活条件不断得到改善。多方位改善民众的生活条件归结为务实的政策，即具有清晰的愿景、长期的规划和前瞻性政策，并始终根据国家需求和目标的变化做出调整，为其全面发展奠定了基础。

新加坡现任总理李显龙对可持续发展的意义和自独立后在这方面所取得的成就做出了总结：

> 可持续发展意味着在一种平衡的方式下实现经济增长和环境保护的双重目标。甚至在这个词汇被创造之前，新加坡已经开始进行可持续式

的发展。我们寻求的增长是为了改善我们的生活，我们也要保护我们的生活环境和自然环境，因为我们不希望我们的物质幸福以牺牲公众健康或整体生活质量为代价。

新加坡是一个空间有限、供水有限和天然资源匮乏的小岛屿。然而，我们已经克服了这些限制，并逐渐发展成为一个现代化的城市。通过富有想象力的城市设计、精心的规划和审慎的土地使用，我们已经构筑了一个干净的绿色城市（世界上环境最好的城市之一），安置了近500万的人口……

……可持续发展需要长期的关注和努力。有些措施将会带来不成比例的成本，并削弱我们的竞争力。我们必须采取务实的方法，找到最具有成本效益的解决方案，逐步、适当地实施，这样就不会损害到我们的经济。我们也要加大建设和研发的投资力度，通过利用新技术促进可持续发展。

这个问题不是涉及一两个政府部门，而是涉及整个国家。因此，我们将通过整个政府的方式来解决它。民众和私营企业也应该跟政府一起来共同解决这个问题。

（Lee，2009：6—7）

李显龙总理的话反映了新加坡的特殊性，同时也涉及政治、经济和社会的可持续发展。本章将会涵盖新加坡自身历史进程、新加坡城市发展的进程以及水资源在历史不同时期所扮演的角色。鉴于新加坡岛国的独特位置，将其与其他快速工业化的城市直接进行对比是困难的，新加坡也面临许多具体的和共同存在的挑战。新加坡由于没有可依靠的内陆为其提供自然资源而存在更多的限制和困难，因此，环境的负面影响一直由这个小岛本身来承受。

下面几页评估了“新加坡方式”的可持续发展，即城市发展政策的实施。尽管由于受到土地、水和自然资源的限制，这种“方式”还是让环境政策作为这个城市整体发展战略的组成部分得到关注（Ooi，2005）。

可持续城市发展的基础

在新加坡，城市规划不是一个新的概念。1819 年到新加坡后，斯坦福德·莱佛士为新加坡的发展制定出了一个整体的规划，该文件于 1823 年完成，后来被称作佛莱士计划。该计划由杰克逊中尉草拟，其目的是利用新加坡的地理位置优势，通过在有机会获得水供应且自然条件优越的地方发展城镇的方式进行基础设施建设和国防建设（Waller，2001）。

作为一个港口城市，水资源无论过去还是现在都不仅要满足当地居民的生活所需，还要用于过往船只的补给。在当时的岁月里，新加坡经常进口低成本的产品，重新包装后再运往不同的目的地。因为在避风的水域（岛内主要的水路）内处理货物比在沿途暴露的海滩容易，所以新加坡河不久便成为城镇的主要入口处和贸易的主干道（Dobbs，2003）。到了 19 世纪末期，经济发展带来港口业务和人口的增长，在为新加坡创造财富的同时，也带来了与繁忙大都会相关的诸多问题。住房的局限性以及土地河流的污染很快成了急需解决的问题，却花了几十年的时间才草拟出一个详细的解决方案。

虽然，在 19 世纪余下的时间和 20 世纪上半叶内，新加坡完成了基础设施的建设，但是一直到 1955 年，新加坡改良信托局（最初成立于 1927 年，进行新居住区的建设）才开始探讨制定一个与当时经济和社会状况相对应的总体规划的必要性。1955 年的总体规划是对土地利用、交通、停车场等及人口增长和就业趋势进行广泛调查评估后的结果。它所涵盖的区间应该是 1953 年至 1972 年，但是它在 1958 年才得到批准，当时对土地和环境综合管理的需求已经日益增长。这个计划跨越 20 年，其主要目标是通过转移约六分之一的常住人口安置到周边城区来缓解严重的住房短缺，再发展和改善中心城区的生活条件。它还提出了环境规划的概念和实施，即环绕城区建立绿化带，以防止城市增长和三个卫星城市发展过于分散的状态，三个卫星城市包括裕廊（Jurong）、兀兰（Woodlands）和杨厝港（Yio Chu Kang）（Yeung，1973；Waller，2001）。该方案重点强调通过对城市进行分界来实现土地的合理利用（Dix，1959）。尽管此方案为城市综合规划奠定了基础，但是在实践中暴露出一个重要的警示，即将方案视作目的而不是一个更为广泛的规划进程的一部分（Teo，1992）。

1959 年，人民行动党赢得了议会选举，新加坡有了自治政府，之后便开始了这个城市国家艰苦奋斗的成功故事。

大选结束后，人民行动党显然需要制定一个体现社会经济和政治环境变更的新计划。因此，人民行动党推出了一个五年计划以提高全民的生活条件，同时也通过提供生活便利设施和基础服务来消除农村和城市之间的差异（PAP，1959）。[①]农村发展规划的主要目标是将水电输送至农村。为了实现五年计划的目标，也为了新加坡经济和社会的长期发展，需要更多、更务实的计划来兴建集中的公寓，而不是零散出现的农村贫民区。此外，当时官僚主义盛行，以致住宅区所提供的设施大大简化，而不需对许多个人的请求都做出答复。执政党应制定务实的政策并付诸实施，人民行动党的领导人向选民重点解释的是在新加坡这样一个土地缺乏的国家低成本住房的必要性，因此特别强调公共住房（Ong，1959b）。

面对人口和失业率日益增长的挑战，创造就业机会成了新当选政府的首要目标。1960 年时显而易见需要对城市立即进行重建，以支持和促进经济增长。这一实施过程包括清理贫民窟、为流离失所者提供住房、改善生活环境以及振兴城市中心。当时，估计有 25 万人（约占当时总人口的 60%）生活在城市的贫民区中，这意味着在 1961 年至 1970 年之间，大约需要147,000个新住所来安置这些人（Quah，1983）。现实要求讲求实效地制定和实施一个广泛的社会经济政策，这也是一直以来新加坡取得成功的决定性因素。

随着情况的不断变化，政府颁布了两个重要的法规来接管殖民时期新加坡改良信托局的职责。其中一个法规由住房和发展局在 1962 年 2 月制定，第二个法规由规划署制定。此外，为了寻求经济增长，新加坡开始征求联合国发展计划署（UNDP）1960 年已经具体化的针对工业发展的建议。以荷兰实业家阿尔伯特·温斯敏（其秘书为 I. F. Tang）为首的团队对新加坡的工业和制造业的潜力进行了调查。一年后，即 1961 年，经济发展局（EDB）成立，来解决日益增长的失业率问题并吸引外资，以协助工业区建设和促进经济发展（Yap 等，2009）。

1965 年，1955 年的总体规划经过了首次修订。虽然 1966 年对大多数的修订予以批准，但是修订内容截止至 1972 年，因为联合国开展评估工作后制定了 1971 年概念性计划（Yeung，1973），并对这个城市国家的预期状态给予了回复。

自从取得自治以来，政府要将新加坡建设成为一个现代城市的决定，就与一整套规划概念相关联。“环形”和“花园”城市的概念到现在仍然非常流行，造就了现代的新加坡。这个构思来自于荷兰的城市发展。1963 年，奥托·斯贝格尔（联合国非洲经济委员会的德国建筑规划师和住房顾问）领导的联合国规划小组，将“环形城市”的概念引入新加坡。

同年，新加坡开始准备为岛上 400 多万居民实施一项城市重建计划。根据沃勒（2001）的叙述，住建发展局（HDB）所发布的“50,000以上”指的是这个城市重建计划是一个逐渐拆除 1500 英亩老城区，并兴建一个综合性现代化城市的过程。“环形城市”规划及其后来的修订，从根本上改变了城市中心的面貌。通过现代化交通系统相连的新居住点环绕于城市中心，且岛上自然保护区和集水区都得以保存。直至今日，中心集水区的主要再生林区和武吉知马（Bukit Timah）自然保护区仍然是新加坡最大的热带雨林。[②]

至1965年，新加坡已花费了1.92亿美元建成51,000套住房[③]，每套都有单独的供水和卫生设施。作为第一批新城镇的皇后镇拥有居民125,000人，住房17,500套，另外还有商店、市场、学校、卫生所和社区中心（Jensen，1967）。

同样在1965年，新加坡作为马来亚联邦的成员，制定了一个有利于区域性规划的新计划。该计划更多含有区域规划的成分，它预见到新加坡将成为马来西亚工业产品的出口中心和主要的产业扩张中心。该区域发展规划截止到1972年，计划建设住房基础设施，以应对预计的人口增长和新加坡、马来西亚之间的自由移民，建设高速公路和捷运系统网路（国家发展部，1965）。鉴于当时新加坡政局的不确定性和社会经济形势的不断变化，1965年的总体规划审查被限定于1963年至1972年之间。

从马来西亚分离并于1965年独立后，新加坡政治上不确定的时期结束了。新加坡在主要沿海岛屿设置了地域界限，政府继续实施务实的经济政策。正如本章所讨论的那样，国内的规划政策遵循三个思路，包括奉行建设全球性城市的愿景及争取民族的生存和成就。

关注“干净和绿色”的环境

把新加坡建设成为一个干净绿色的“花园城市”的理念，是由内阁资政李光耀在1963年首次提出的（Wauer，2001）。这个词语是从20世纪早期埃比尼泽·霍华德1901年的《明日的花园城市》一书中借鉴而来（Guillot，2008）。在霍华德看来，一个典型的“花园城市”应该是一个具有用于食品生产的绿化带以及远离工业中心的自给自足的规划型城市。新加坡花园城市的概念并不非常符合霍华德的理念，即以低人口密度以及自给自足的方式建立在工业和农业平衡的环境之下，也没有将马尔萨斯的意见和面向农村的理念结合起来（Choay和Merlin，2005）。

完全不同的是，作为全球化城市，新加坡已经形成了具有自我风格的高度发展和高度依赖其多元化经济体的“花园城市”，并不断意识到其空间有限及自然资源缺乏的现状。实际上，充分认识到土地、水资源和其他自然资源有限之后，这个城市国家一直试图努力超越这些限制。因此，在它的发展战略中，在经济增长的过程中可能对环境造成的损害从来未被忽视。

1963 年“花园城市”的概念又被另一个即将实施的城市重建计划采用。这个新计划的目标是将新加坡发展成为“无论现在还是未来都不愧为马来西亚‘纽约’”的一个现代化城市（HDB，1965：64）。正如维克·托萨维奇（1991：131—132）所定义的那样，这种精神清晰地显示出一种“新乌托邦的理想”。它是“新加坡对一个以人类为中心且人与自然密切相处的美好城市环境的向往”。在此背景下，1960 年的《土地征用法》就显得尤为重要，因为它授权人民行动党政府可以征用所需的土地，用于公共房屋的建设。如果没有这个法律，人民行动党政府就会遇到英国殖民政府清理非法占地和养猪户时所遇到的障碍。对妇女宪章、绝育和堕胎自由化的立法一直存在争议，但《劳动法》和 1960 年的《土地征用法》得到民众的普遍认可，这是因为它们符合民众的利益且政府本身所享有的合法性（Leong，1990）。

同样在 1963 年，当城市规划概念被提出时，时任总理的李光耀发起了“植树运动”。这是一个具有远见的行动，开始播种“城市花园”的种子。实际上，今天新加坡“绿色计划”的源头要追溯到这场“植树运动”（Koh，1995）。这项举措之所以重要就在于“种一棵树”的行动成为新加坡的年度特色。正如 Yap 等（2009）后来指出的那样，李光耀和吴作栋可能是世界上唯一指导过国家公园园艺委员会工作的总理，该委员会的工作是规划、实施和处理改善岛上环境状况的项目。由于备受总理的关注，岛上的树木、灌木和花草都被精心地修饰，因此新加坡至今仍然保持着“花园城市”的称号。

作为岛上优化工程的一部分，“清洁和绿色”的理念对这个缺水的城市国家是必不可少的。正如李光耀回忆说，“使新加坡成为清洁城市的一个令人信服的理由是每年要尽可能多地收集 95 英寸的降雨量”（Lee，2000：205）。1963 年的严重干旱给政府和新成立的公用事业局敲响了警钟，新加坡因此加快了扩大集水区、加固现有水库和防止水资源受到污染的计划实施。

独立后不久，1966 年出台的《土地征用法》对加快城市重建和住房开发做出了显著的贡献。有了这项法规，无论用于住宅、商用或工业，国家都无须为强制征地而对公众利益加以论证，从而消除了之前公众和当局在重建方面所面临的一个主要障碍。后来，在 1969 年，该法修订案支持恢复私人重建的租金控制场所，这些举措极大地促进了新加坡河周边的发展（Yeung，

1973）。

规划实践和专业知识随着国家和城市规划项目（1967—1971）一起从国外引入新加坡，并在新成立的国家和城市规划部门之下制度化。最重要的是，城市规划并不局限于空间开发，而是全面融合到一个更广泛的国家社会政策中，以便平均分配大规模的公共投资（Teo，1992）。作为国家发展部（MND）的组成部门，规划部的目标是实现可用土地资源的最优化，解决国家整体利益和公共利益的冲突（MND，1985）。这个结果促成了1971年的概念性规划。

早年的水资源管理

1965年，新加坡自马来西亚独立出来时没有举办庆祝活动，整个社会对此也持否定态度。仅仅两年之前，新加坡仍是马来亚联邦的一部分。1965年新计划所描绘的发展道路是依赖马来西亚内陆政治和地理的优越性，从其进口资源且本地产品也具有市场。即使在那样困顿的时期，李光耀还是卓有远见地坚持将柔佛和新加坡之间的水资源协议列入新加坡和马来西亚的分离协议中（Yap等，2009）。

时任法律和国家发展部部长的埃德蒙·威廉·巴克，起草了新加坡自马来西亚独立的协议，该文件是马来西亚宪法的一个修正案，它允许新加坡分离出去并宣布独立。宪法第14条和1965年的《马来西亚（新加坡修正案）法案》确保向新加坡提供急需的水资源。在马来西亚宪法中插入这条关于供水的条款，是当时新加坡领导人的一个伟大成就。该条款内容如下：

> 新加坡政府自独立日起，应遵守在1961年9月1日和1962年9月29日由新加坡市议会和柔佛州政府所签订的水资源协议中的条款。
>
> 马来西亚政府应保证柔佛州政府在新加坡独立后，遵守上述两个水协议中的条款。
>
> （马来西亚国会法案，第53条，1965年。宪法和马来西亚【新加坡修正案】法案1965年，1965年8月9日）

新加坡内陆蓄水量的形势不容乐观，经常性的干旱和洪涝也给人民带来困苦，并阻碍了经济的增长。1969年12月，洪水夺走了5人的生命，并造成430万美元（1969年的价格水平）的损失。政府开始在6,900公顷的洪水易发区内（约占当时岛内主要面积的12.75%）修建排水系统，并在低洼地区实施防洪措施，以解决这个问题（Lim，1997）。

在独立后的最初几年，资金缺乏限制了与水管理相关的规划和建设项目。当时在防洪问题上，时任法律和国家发展部长的 E. W. Barker 提到，资金是排水系统建设和泵站安装的一个限制因素（Hansard，1969b）。尽管财政拮据，但是许多排水和防洪项目都被批准通过，如第一期武吉知马（Bukit Timah）缓洪项目、城市再生排水项目、双溪加冷（Sungei Kallang）改进项目、甘榜景万岸（Kampong Kembangan）和实乞纳（Siglap）改进项目、双溪黄埔（Sungei Whampoa）混凝土衬砌项目。此外，运河拓宽和佩尔顿（Pelton）运河衬里的工作也已经完成。有限的预算要求公共工程部的工程师们运用创新和灵活多样的方法来完成工程。例如，用于从上游武吉知马集水区到双溪乌鲁班丹 700 公顷的雨水分流项目，只用了 700 万美元的小预算就完成了（Tan 等，2009）。到 20 世纪 70 年代，快速的工业化和经济增长，使得新加坡的人均收入跃居亚洲第二，仅次于日本。由于这个城市国家变得更为富裕，因而更易计划和实施新的缓洪措施和水资源开发项目。

除了以往的项目，政府也致力于发展高效的污水管理系统，以提高人民的生活质量，并保持国家的经济增长进程。政府于 20 世纪 60 年代后期开始构思污水处理总体规划，作为二次用水设施发展的一个详细指南。规划包括对二次用水流量宏观层面的预测、微观层面对污水渠的设计考虑以及污水处理设施的布局（Tan 等，2009）。

1970 年 1 月 27 日，E. W. Barker 指出要扩大新加坡的卫生设施的覆盖率。1949 年 125 万的人口中已多半享有现代的卫生设施，20 年后的 1969 年，当人口达到 200 万时，卫生服务足以提供给过半的人口。在蓬勃发展的经济气候和日益增长的社会期望之下，E. W. Barker 希望政府能在未来 15 年内将便利设施覆盖至 95% 的人口。实际上，新加坡在 1980 年就实现了该目标，比预定的时间早了 5 年（Turnbull，2009）。

工业化、环境和立法

新加坡政府深刻意识到工业化过程中的环境隐患，因此，从很早阶段就开始采取综合性的方法来保护环境，通过预防、加强和监控的组合方式，以确保工业发展不以牺牲国家环境为代价。政府要将对环境的影响降到最低，对于当时仅有 580 平方公里面积的岛国来说，由于需要开发工业、写字楼、住房、公共空间而对竞拍土地使用进行管理，这对森林保护和水库来说是至关重要的。

这个城市国家及时采用综合的方法来规划土地的利用。所有相关的政府机构共同合作来实施这一战略，不仅共享资源的分配，而且共同参与减少对环境尤其是对水资源的负面影响。这源自新加坡政府和许多早期的政策制定者有意识的努力，他们收到环境部长 Ahmad Mattar 20 年后的感谢词：

> 在新加坡，我们很早就已经认识到在住房和工业化计划中的这些问题，工业应在集水区以外的位置选址，每处新的住宅应配备中心污水处理设施，将废水从集水区排出。要实现这一规划必须付出代价，但是我们没有其他的选择。我们必须严厉打击非法倾倒有毒废料的行为，对于初犯要处以高额的罚款，对于惯犯就要实施强制性的监禁。我们现有的环境规划和污水处理的政策将继续执行。
>
> （Mattar，1987：19）

新加坡早期的土地利用综合管理办法，确保了所有的发展项目均位于指定的区域，以减轻对环境的影响。它也形成了一个不成文的规则，就是所有新开发项目要包含污染控制的措施。因此，在拟定任何新项目发展计划时，都明确要求检查是否有关于空气、水和噪音污染的控制措施、有害物质的管理和有毒废物的处理方法等。

从新加坡作为一个独立的国家伊始，岛上水资源的弱点就迫使政府采取相关的策略来控制水污染，包括从数量和质量上维护、加强、提高和重复使用水资源。务实的领导阶层认识到土地利用、化学品、毒素、空气污染和废水对水资源的影响，为了避免这些行为和物质污染水资源，需要制定严格的法律并严格执行。

1970 年，为了增强对于环境的责任感并给予充分的政治支持，李光耀总理将第一个环境机构——防污染部门（APU）纳入他的直接管辖之内。这是对“克利里报告”做出的反应，这个报告由世界卫生组织进行空气污染研究的顾问格雷厄姆·克利里编制，他认为执法的精神应该是通过说服和建议的方式，而不是采用强迫的方式（Cleary，1970）。

与上述建议相反，李光耀不仅青睐严厉的法律，而且要确保它们能够被严格地执行，这些年来就是利用“命令和控制”这个工具来控制污染的。尽管专家因为其经济效率低下而不主张采用这样的措施，但新加坡还是在环境因素和经济发展之间保持了平衡，避免了许多发展中国家因“不惜一切代价吸引外资"的政策而对环境造成的破坏（Hernandez and Johnston，1993）。在克利里报告发布和防污染部门成立后不久，1971 年的《空气清洁法案》（第 45 章）颁布。这一法案授予空气污染控制部门更大的自由裁量权，以便对任何工业或贸易场所产生或可能产生的空气杂质采取应对措施。

政府还制定了《环境公共卫生法（1968）》，该法规合并了《当地政府综合条例（1963）》中关于污染控制和公众健康维护的条款。在该法规下，乱扔垃圾和排放有毒物质被视作刑事罪行并受到严厉处罚。设定的执法程序将以最少的书面工作迅速地处理任何违法行为。

1968 年，在 1970 年概念计划起草之前，"城市花园"的概念在对《环境公共卫生条例》进行介绍中正式提交议会。那时，时任卫生部长的 Chua Sian Chin 明确提出："改善我们城市的环境质量并将新加坡改造成一个干净和绿色的花园城市，正是政府所宣称的目标。"（Guillot，2008：153）

1972 年，国内外对环境问题的日益关注使得新加坡成立了环境部（ENV），用以防止空气和水的各种污染。成立这么一个专门部门在东南亚是首开先河，需要通过制定新法规对其进一步支持。

1975 年，《水污染控制和排水法规》（第 348 章）颁布，以控制水污染。它的首要原则即是，尽可能地将污水排放至下水道中，并且监测和管制其水质。该法规的第四部分主要是针对内陆水域（河流、溪流、湖泊或池塘）的水污染，并对"向内陆水域排放任何有毒物质，从而可能造成环境危害的行为"进行惩处。此外，1976 年的《工业废水法规》中第 4（1）节规定，水污染控制和排放局局长的职责即是确保工业废水只能排放到下水道中（《工业废水法规（1976）》，1990）。自独立以来，新加坡花了近 50 年的时间来实施这些监管措施，详细分析可参阅本书第 3 章。

最后要提及的是，在 20 世纪 60 年代初，新加坡将岛上人口重新安置到住建发展局（HDB）兴建的公寓中，这样就迅速清理了中部区域和新加坡河周边的环境。这个措施极大地改善了人们的生活条件。同样重要的是，加强在城市重建和新住建发展局公寓社区的重新安置中，配置适当的废物处理设施以减少之前常被排放至陆地和河流的废物量。总之，该政策为新加坡的现代化城市发展铺平了道路。

巩固和首个概念性计划

1962 年、1963 年和 1965 年，应新加坡关于技术援助的请求，联合国顾问团访问了新加坡，以处理城市中心区域的重建问题。总体而言，各个团体都建议采用更新的文件来替换 1958 年的发展计划（Dix，1959）；这样能够通过组织和引导可用的政府资源，引领一系列的渐进式发展（Crooks，Michell，Peacock and Stewart Pty Ltd，1971）。

1971 年，一个长期的综合性概念性计划详细描述了拥有 400 万人口的新加坡的发展，[③]并描绘了今后 30 年到 40 年间的发展蓝图。它指出土地利用和交通运输的战略方向，并规定每隔十年进行一次评审。在实际发展的过程中，这个城市国家顾及了不断变化的经济和人口趋势，以及土地利用和运输网络（Crooks，Michell，Peacock and Stewart Pty Ltd，1971）。在详细描述土地使用计划的总体规划框架下，概念性计划确保了土地资源的有效利用，因而人民的生活质量会随着国家的持续发展而不断得以提高。

1971 年的概念性计划提供了一个灵活的框架，在该框架下，详细的方案由不同政府机构共同负责。该计划的主要优点是它的灵活性和实用性，因为它可适用于将来变化的环境，并在政府目标、政策、资源以及影响私人投资的市场力等可知和可预测的范围内实施。

概念性计划的一个基本点是“环形”综合法的概念，在本章之前曾提及此概念，就是围绕中心集水区域进行环状发展。根据这个概念，主要的工业区将被安置于外围区域，而主要的娱乐休闲区则从中心集水区发展跨至海岸。新城镇围绕占地约 46.6 平方公里的中心集水区进行建设，即受保护的麦里芝及皮尔斯（MacRitchie，Peirce）和实里达集水区的所在地。这样布局的目的是保护水体免受污染，同时也缓解了中心区域人口集中的问题。尽可能地使受保护集水区保持其自然状态，未经授权的任何开发工作都不能在此进行。该计划对娱乐休闲活动区域的利用也进行了严格的控制。

从本质上讲，该概念性计划是进行基础设施建设的指南，这类基础设施将会促进经济增长并满足公众住房的要求和基本的社会需求。位于樟宜的新国际机场、新城镇、高速公路系统以及大众捷运系统都是其中实施的一些项目。该计划还提及如何将居住人口和工业从中心区域迁移出去，以及如何将中心区域完全改造成一个国际金融、商业和旅游中心（Teo，1992）（见图 2.1）。为此，沿着廊道建设了高密度的公共住房和高容量的公共交通路线。新加坡水道的清洁工作也是非常重要和必不可少的（Wong 等，2008）。

在宏观层面，概念性计划通过广泛的长期战略指导着新加坡的发展；在中观层面，中期发展计划的总体规划将这些目标转变成详细的事项。这两个计划是不同政府部门和机构之间共同协作努力的结果。因此，合理的土地利用规划在水体和环境保护中起到了主要的作用。例如，设置延伸的土地预留给污水处理、废物处理和焚烧设施；同样，将具有污染性的行业集中在一起，并远离居民住宅区。只有通过把行业集中在一个地方，才能制定出适当的环境保护措施，并有效地规模化实施（Seetoh 和 Ong，2008）。

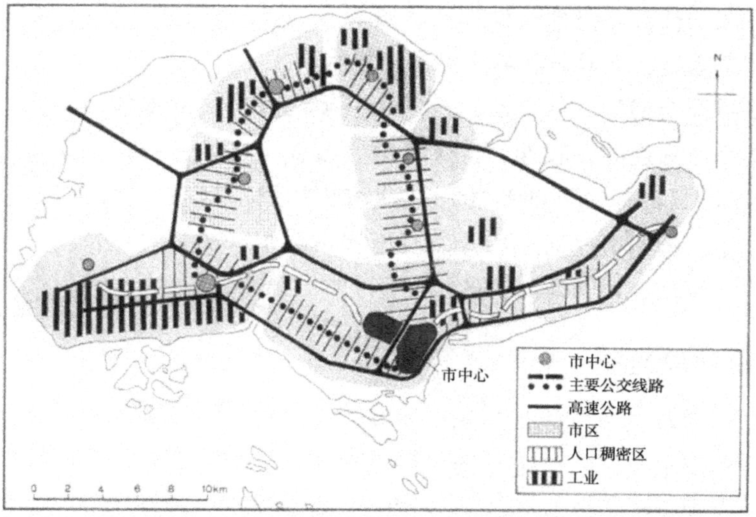

图 2.1 1971 年概念性计划（Crooks，Michell，Peacock and Stewart，1971）

供水策略

1971 年的概念性计划所反映出的战略方针和综合广泛的涵盖范围，表明政府认识到需要迫切解决缺水的问题，这是公共设施服务中最重要的问题。同样得承认的是，对于包括农村在内的所有岛上的家庭，水几乎随处可得，也可以说“为规模城市发展供水并没有什么特别的困难”（Crooks，Michell，Peacock and Stewart Pty Ltd，1971：28）。此外，政府也不愿意继续如此依赖进口水，因此概念性计划中包括计划兴建另外的集水区。预计集水区竣工后，可以满足 50% 的国内总用水量需求。

同样在 1971 年，在总理办公室下成立了一个水资源规划部门，用以评估扩大供水的范围和可行性。根据该部门对常规和非常规水资源的研究，1972 年起草了第一个水资源的总体规划，该规划成为指导新加坡长期水资源发展的蓝图。这个文件列出了一系列行动方针，确保当地供水的多样化和充分性，来满足未来预计的需求；在继续采用水回用和海水淡化措施的同时，建立城市化集水区（Tan 等，2009）。

规划师不久就意识到基础设施的发展和进口水不足以满足新加坡的淡水需求。在国家高层领导人的支持下，治理高度污染的河流和水域成为这个国家必须完成的任务。概念性计划和水资源总体规划都迫切强调，需要开发未受保护的集水区，尤其是在城市地区的集水区。

正如贯穿全书和本章节所提及的，必须切断可能的水体污染源。需要重新安置集水区附近的畜牧业，卫生系统要覆盖全岛，要制定出反污染的法规并有效实施。Tan 等（2009）指出快速增长的用水需求，迫使需要珍惜和利用每一滴水。公用事业局之后开始实施城市集水区的建设项目。关于新加坡河和加冷弯清理方案的详细信息，可参阅本书第 6 章。

开发排水总体规划

1971 年的概念性规划认为每个主要集水区应配有单独的排水系统，就可以达到节约供水的目的。在开始进行排水和污水工程规划时，应先重点考虑工业生产、农业生产以及采砂中所排废水的最大化回收利用和污染控制。该规划还包括设置释放更多的土地作为一个重要目标，即在既不吸引投资也不利于开发的洪涝易发区减轻灾害。同样，在主要的经济发达区域建有污水处理厂，并在处理厂周边预设合适的土地和缓冲区域（Crooks，Michell，Peacock and Stewart，1971）。

1972 年，隶属于当时新成立的环境部的渠务署开始组建，该部门的主要任务是确保有效的排水系统建设而保护国有资产、提高社会公众的健康水平以及防止和减缓洪涝灾害。同年，一个综合性的排水总体规划制定并实施（Lim，1997）。在接下来的 25 年内，渠务署共建造了价值约 20 亿美元的项目（公用事业局，个人通信，2012）。

该计划开始实施不久，主要的减缓洪涝项目也完工了。1985 年，在 Stamford 运河中耗资 3,740 万美元、长达 2.5 公里的项目完工，其中长达 1.2 公里的支流延伸至橘林路（Orange Grove Road）和经禧路（Cairnhill Road）之间。此前所提到的武吉知马（Bukit Timah）缓洪计划（减缓集水区上游的洪水）于 1972 年完成。在注资 17,580 万美元后，集水区中下游的缓洪工程于 1987 年开始施工，并于 1990 年完工。耗资 2,220 万美元的石乞纳运河（Siglap Canal）和其支流于1987年开始运转。最后，始于1988年并耗资3,300万美元的丹绒加东（Tanjong Katong）排污计划于1993年投入运转（Lim，1997年）。

鉴于城市化的快速发展，对许多水道进行了升级便于增加雨水径流。这项工作跟住建发展局（HDB）对新城镇或裕廊集团（Jurong Town Corporation，JTC）工业区的开发是同步进行的。为了建设勿洛新镇和淡滨尼新镇，对勿洛河道（Sungei Bedok）和淡滨尼河道（Sungei Tampines）进行了改善和整治，同时也对加冷河道（Sungei Kallang）进行了整治，以支持在璧山（Bishan）、宏茂桥（Ang Mo Kio）和大巴窑（Toh Payoh）等地新城镇的发展。排水管理集水区分布见图2.2。

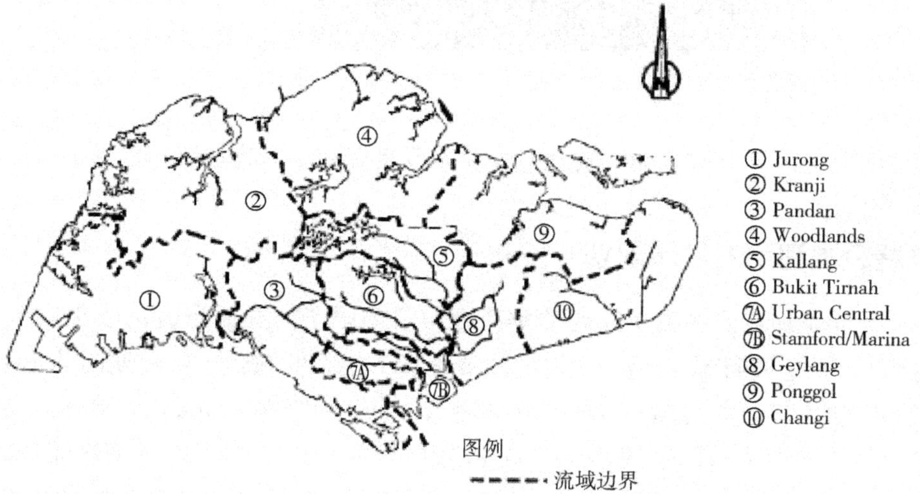

图2.2 排水管理集水区分布

资料来源：Lim Meng Check（1997）城市环境中的排水规划和控制．环境监测和评估44，学术出版社：荷兰．190页．

同时委派渠务署执行《水污染控制和排放法规（1975）》、《地表水排放条例（2007）》、《工商业污水排放条例（1976）》。因此，渠务署有权给已核准的开发工程项目授予法定竣工证书。同时，渠务署也负责监控施工的地点，以确保现有排水渠不受施工影响，以及新的施工地点能够按照建筑规划落实就位。

在过去的几十年里（即在城市化快速发展的同时），这些排水工程把洪涝易发区的洪灾降低了95%以上。受灾面积从20世纪70年代的3,178公顷降低到了2011年3月份的56公顷（公用事业局，2011）（见图2.3）。

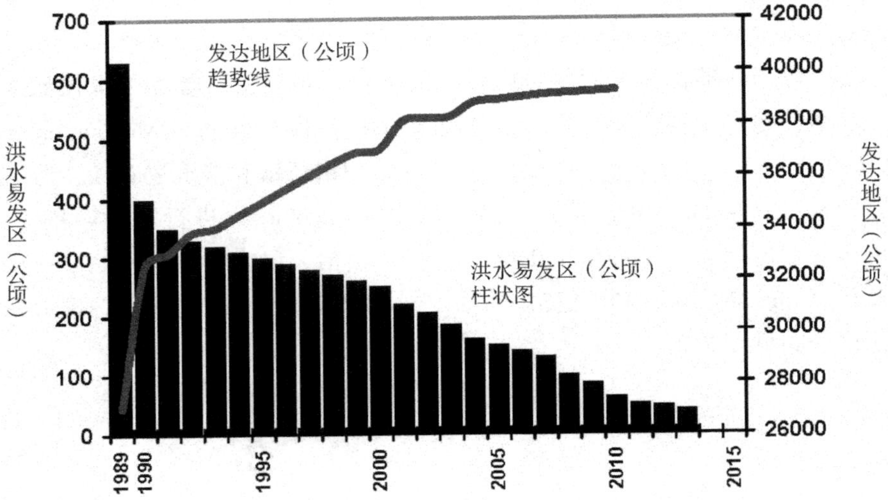

图 2.3　城市化过程中洪水易发区的下降趋势图

发展废水利用的总体规划

早年新加坡公共卫生问题的解决方案仅局限于对粪尿进行的收集服务。直到 20 世纪 80 年代末期，该制度才被现场卫生系统取代。殖民期间的卫生设施，如亚历山大（Alexandra）污水处理工程、仰光路（Rangoon Road）和巴耶利巴（Paya Lebar）泵送站、金传和乌鲁班丹（Kim Chuan and Ulu Pandan）污水处理厂以及实龙岗污泥处理工程等，一直为新加坡岛屿服务到 20 世纪 60 年代末期。皇后镇后来成为第一个配有现场卫生设施的主要新镇，在它竣工的同时，乌鲁班丹污水处理厂也开始运营。

随着污染水平的日益严重以及人口的快速增长（已超过 200 万人口），需要建立一个更加有效并能够全面覆盖这些新兴卫星城镇的卫生系统，尤其是要把岛内水道和沿海水域的污染降到最低。因此，在 20 世纪 70 年代提出了污水处理总体规划（后更名为废水总体规划），该规划把新加坡划分成六个废水集水区域，每个区域配有一个符合国际标准（Lawrence and Aziz，1995）的集中性水回收厂（即废水处理厂）。该污水系统基于“分流制”的原理，把地下排水网络收集的废水汇集到处理厂中，而雨水和地表水则通过明渠排到了河流和水库中。

1968—1973 年和 1973—1978 年两度的投资方案为建设该系统提供了所必

需的资金支持；之后该系统的费用通过成本回收制度（Tan 等，2009）对消费者进行收费。建设这个庞大的污水处理基础设施投入了巨大的资金和工作，但该设施极大地扩大了现代卫生服务系统的覆盖面，几乎实现了全民覆盖。在接下来的 20 年内，新加坡不再使用蹲式公共厕所和露天排便了。随着时间的推移，现代卫生设施为全民提供了便利。

随着城市化的不断推进，下水道修复的老式露天开槽法不但耗时而且也会给公众带来不便。20 世纪 80 年代初，为了解决这些困难，公用事业局提出了采用“非开挖”（trenchless）技术，该技术可以节约大量的时间和成本，也可降低对公共设施的破坏程度。与此同时，城市集水区也开始进行施工建设，其中污水泄漏被认为是对水域观光和娱乐的一个主要威胁，这使得公用事业局又开始寻找更新的技术和更好的下水道修复法（Tan 等，2009）。

20 世纪 80 年代后期的城市发展阶段

到了 1989 年，1971 年概念性规划之下大多数的基础设施建设都已经完成了，这些基础设施满足了日益繁荣的城市需求。水域变得干净了，1985 年的新加坡河流发展计划也在实施中。大多数国民住进了住建发展局建设的高层公寓中，充分享有自来水和现代卫生服务。新都市、高速公路和高效的运输系统也已建成。

此外，成功清理城市水污染源使得在高度城市化的地区，即居民区、商业区、工业区等混合区域建立城市集水区成为可能。1986 年，位于双溪实里达勿洛（Sungei Seletar Bedok）的第一个可对雨水进行收集的城市集水区建成。作为这个城市集水区的一部分，通过对双溪实里达进行筑坝而形成了下游的实里达水库并将原水输送到勿洛水库，它可以接收勿洛（Bedok）、严杰（Yan Kit）和淡滨尼（Tampines）等高度城市化的城镇水池中的雨水（Tan，2009）。

尤其要强调的是，综合性的规划和各政府机构间的通力协作在此过程中发挥了决定性的作用。例如，在勿洛集水区的开发中，城市重建局（URA）在水库建设之前的 10 到 15 年就提前规划使污染性的发展项目远离水源。这个区域仅用于轻工业和居住，并且公用事业局、城市重建局和住建发展局共同规划将污水处理网络广泛地分布在该区域（Tan 等，2009）。

从更加具体的社会层面来看，新加坡在健康和生活条件方面的成就是显著的。例如，由于先进的食品卫生标准、公共食品加工人员的良好素质、清洁水源的广泛供应以及现代卫生服务的普及，当地的伤寒死亡人数从 1980 年的 142 例稳步下降到 1989 年的 33 例；便利设施的人口覆盖率从 1975 年的 76%增加到了 1989 年的近 100%，一个显著的成就就是人口的快速增长。另外，街头小贩搬迁到了配有现代水供应和卫生设施的市场和食品中心。相对于 1975 年的22,574个街头商贩，1989 年21,097个商贩中仅有 174 个（占 0.8%）是在户外经营的（Yew 等，1993）。在取得这些成就后，新加坡计划对于公共空间进行实质性的改善。

基于美观、保护环境及“花园城市”的理念，住建发展局和公园文娱部门进行配合，在规划的绿化区内种植和保养热带树木。然后，在水资源合理支配的大力辅助下，国家和城市规划项目的实施和中心区域的重建得以顺利开展。土地征用和大规模的基础设施建设，如公路、污水设施、排水设施、电信等，把曾经一度荒凉的区域改造成具有吸引力和充满活力的商贸区。

第一世界新加坡的水与发展

自从独立以来，新加坡这个国家在发展的道路上取得了巨大的成就，并赢得了强烈的民族自豪感。基于这种情感和成就，1985 年国际货币基金组织宣布新加坡为第一世界国家。根据贸易工业部（MTI）的统计数据，1988 年新加坡的外汇储备达到了 332 亿美元（Quah，1991）。同年 8 月，政府决定提前 15 个月举行大选，当时新加坡人民行动党的竞选口号是“更加美好的未来”，新加坡开始为建设一个更加美好的都市做准备。对大多数第一代政治领导人来说，这次大选是他们退休前的最后一次大选，待他们退出政治舞台之后就将一个高效的管理体系和富足的经济系统移交给下一代的领导集体。

1985 年，新加坡强劲的经济经历了一次轻微的衰退，但很快恢复；自 1987 年开始，每年经济都高速增长。凭借多元化的增长基质，新加坡的经济几乎未受第一次海湾战争的影响，反而是新加坡的主要贸易伙伴——美国因海湾战争陷入了经济衰退。在 20 世纪 80 年代末之前，新加坡一直都有预算盈余并积累了大量的外汇储备，准备将经济向新的方向发展（Turnbull，2009）。

新加坡一直重视和努力寻求生活质量的提升，包括水资源、经济乃至公共住房（Cheong-Chua，1995）。在20 世纪60 年代，国家需要优先解决两个问题：一个是水源问题，必须确保水的供应量，这个问题自1965年独立以来变得尤为重要；另外一个是经济问题，必须优先吸引外资和创造就业机会，以尽快实现工业化模式。在20世纪70年代，水问题的焦点完全转移，即转向通过寻找传统和非传统的方法来实现水供应的自给自足。在探索的过程中，新加坡当时采用的技术（如海水淡化、废水回收利用等）是不具备经济可行性的，只有等待这些技术进一步成熟后才能成为可行性方案。也就在当时，新加坡的经济开始逐步增强，向扩大收入和提升员工工作技能的方向发展。

这种模式的演变继续进行以应对无处不在的新挑战。至20世纪80年代，新加坡的基础建设已落实到位，足以有效地输送清洁的水源；清洁水源进入清洁的水道，使内陆水源污染得到巨大改善；同时新加坡宣称严重的洪涝灾害将成为过去。这些年来，新加坡经济繁荣，当之无愧地成为第一世界国家。在随后的20年，新加坡开始进行“第二次工业革命”，使用日益复杂和尖端的技术并为建立以技术为根本的经济奠定基础（Turnbull, 2009）。

与世界其他大都市不同，新加坡的工业化进程并没有导致环境的恶化，而且经济的发展和工业化进程并未与环境质量成反比。恰恰相反，新加坡向世界证明，只要按照符合环境可持续发展的方法进行设计、建设和运作，城市有强大的能力吸引大量的金融资金，可以利用这些资金保护和改善城市景观。事实上，新加坡的环境形象还得部分归功于其经济结构的变化。1961年，食品业、印刷业、出版业、木材业等自然资源密集型且污染严重的行业的就业人数占总工业就业人数的40%，30年后，这个比例下降至8%，而电子行业和电器行业的就业人数比例却上升至40%（Leitmann 2000 in Ooi 2005：81）。

毫无疑问的是，新加坡政府务实的政策和富有吸引力的计划，再加上高质高效的基础设施，吸引了许多外国企业前来投资，从而促进了新加坡经济的快速发展。在实现自给自足和为经济增长提供便利高效的服务方面，公共事业局起到了根本性的作用，使得新加坡物质的繁荣成为新加坡城市建设计划的重要支柱。例如，1972年至1992年这20年间，污水管路从1972年的810公里增加到1982年的1,600公里再到1992年的2,340公里；泵站数量激增，从1972年的46个增加到了1982年的128个再到1992年的136个（Lawrence和Aziz, 1995）。在20世纪90年代，城市化完全成熟，这个岛屿赋予水一个新的角色，即水与居民日益增长的成熟和富裕是同步的。

随着社会的发展、生活标准的提高、城市化和工业化的总体深化，对水资源的需求也快速增长。1963 年至 1993 年，人口从 180 万增加到了 330 万，使得国民用水和工业用水需求急速增加。例如，1965 年耗水量是 75 升/人·天，而 1993 年的耗水量是 173 升/人·天，增加了一倍多。其原因主要是工商业的繁荣发展，1993 年工商业的耗水量占总耗水量的 36.25%，比 1983 年的消耗水平增加了 144%，比 1973 年的消耗水平增加了 264%。为了进一步说明水需求与经济相关联并被经济所驱动的程度，不管所建立的行业如何先进，前所未有的是，1990 年后的电子革命使得供水开始征收水费。例如，半导体行业的硅晶片制造就是一个高度专业化和用水密集型的行业。每个硅晶片工厂每分钟需要 600 加仑的用水量，相当于占新加坡全部用水量的 0.39%（政策研究院，1997）。

当然，随着经济的成功，国家景观也在发生巨大而快速的变化。集约利用有限土地资源和机会成本，使得农场、森林和湿地的数量和面积大幅减少，而同时因建设而占用的土地却从 1950 年的 18.5% 上升到 1993 年的 48.6%（Low，1997）。在这种情况下，迫切需要寻找不同的方法尽可能地绿化城市，并让水随处可见。

在经济整合和第一轮城市发展规划完成后，决策者开始考虑第二轮的城市发展，旨在提高质量、多元化、优化建筑以及创新城市空间设计，同时也致力于探寻如何更加有效地利用国家的自然资产，即水体、热带气候和丰富的植被。对于一个岛屿来说，找寻使水成为城市发展一部分的方法是必不可少的。第一步就是要充分抓住滨海湾（Marina South）、新加坡河（Singapore River）、加冷盆地（Kallang Basin）、丹戎禺（Tanjong Rhu）和甘榜武吉士（Kampong Bugis）这些地方的优势。

1987 年对河道进行清理后，富有远见的李光耀总理在一次电视采访中提出这样一个发展方向：

> 在 20 年之内，在抗污染和过滤等技术方面有所突破是可能的，然后我们要在连接大海入海口的滨海湾（Marina）河口处修建拦河坝或滨水区，因而我们将会有个巨大的淡水湖。这样的话，优势就很明显了。首先，一个大型的战略淡水水库可以用于干旱或类似的紧急情况。其次，有助于在涨潮时控制洪水，因为每年大约会发生两个周期的异常潮汐，如果又恰巧碰到暴雨，三大河流和运河就会淹没部分城市。现在有了拦河坝，我们就能够控制洪水，且通过滨水区可使水位保持稳定。我们需要永不退潮，这样娱乐和风景观光的效果就会大大提高，并且有可能再

保持20年。因此，我们应该继续改善水质。

（Hon，1990：194）

1991年概念性规划

国家所需的且在1971年概念性规划中阐明的基础设施已于1989年全部完成。同年，城市重建局（URA）与规划局和国家发展部下属的研究与战略部门合并，开始规划新加坡未来的城市蓝图。这个新部门成为国家规划和保护的管理机构，并分配更多的资源，使得新加坡在21世纪能够更好的发展。④

1989年，城市重建局新任局长刘太格（Liu Thai Ker）再次回顾了1971年的概念性计划。之后新加坡制定出了未来环境的新政策和方向。普遍认为自上一个概念性规划完成以来，社会和经济都发生了许多变化，如：人口大幅增长，工业发展提出了新的要求，需要额外的土地来满足人民更好的生活和娱乐的愿望（Waller，2001）。1979年到1989年，国家在娱乐活动和教育方面的开支增长了3倍，但是在2000年世纪之交时，新加坡需要新的发展战略，以满足民众不断增长的期望（城市重建局［URA］，1999）。

规划师认为应把住宅建在靠近水域的地方，以促进海滨区域（如海边、河边甚至是运河边）商业和其他娱乐活动的发展。合理美化清理河道并使水上活动安全进行，这项工程已经按照之前的计划开始实施了。靠近市中心滨水区的新海滩将会是划船和滑水的圣地。拥有愿景和规划能力使得新加坡成为一个大型的热带度假村，被誉为“卓越的热带城市”。于是，1991年的概念性规划划分为三个阶段性的计划，即2000年，2010年，以及当人口达到400万的X年（城市重建局，1991）。这些阶段性的计划，将会作为55个描绘整个城市国家详细发展指导计划的参考点，这55个计划将逐步取代1985年的总体规划。

相对于1971年的计划，1991年的计划更为详尽和灵活；根据新加坡的发展愿景和未来，1991年的概念性规划保留了为新加坡实质性发展奠定一个框架的想法（Waller，2001）。届时，新加坡已经成为赤道带上第一个发达国家，因此开始计划把新加坡打造成一个国际投资中心，使其成为一个“卓越的热带城市”（Liu，1997）。该计划蓝图从多方面进行了详细的分析，如经济基础设施、交通网络、住房、绿色网络和水路、社会和文化设施以及污染控制措施。

当时对 2000 年规划的目标是巩固商业和住房发展的成果，以及现有的大众捷运（MRT）线路，以满足日益增长的人口对交通系统的需求。也计划在淡滨尼（Tampines）、实里达（Seletar）、兀兰（Woodlands）、东裕廊（Jurong East）、新工业区和商业区等区域建设大量的区域中心。预计到 2010 年，东北地区的走廊要扩大，同时也将开辟新的居民区和启动一个轻轨运输方案（LRT）。在中心区域，作为新市中心区一部分的滨海南部将被开发，该市中心区具有更多人性化的地方，如水榭长廊、公园、酒店、商店和部分住宅区。

到了“X”年，发展的重点将从近海转移到东部和东南部区域，这种发展将在很大程度上依赖于填海工程。在对东海岸区域进行填海后，就开始在滨海东部和“长岛”的樟宜之间建设住宅和休闲设施，同时计划在滨海南部、滨海东部和具有大众捷运路线的市中心等区域全面兴建住宅。并计划尽快改变乌敏岛（Pulau Ubin）和德光岛（Pulau Tekong）等一些不发达岛屿的落后状况，让它们跟上新镇的发展节奏并与大众捷运系统相连。算上这两个岛屿，计划建设的新城镇共有十个。另外，还计划开放更多的度假村、海滩和游艇码头。

总体而言，1991 年概念性计划的目的是对城市进行稳步且富有成效的改造（市重建局，1991：6），并把现有的水域（如水库、河流和运河等）建设成环境优美的滨海娱乐场地。此外，这些指定的沿海地区将开通码头，并保存中心集水区现有的 2000 公顷自然保护区。除了这些绿色区域，其他一些具有生态功能的区域也将被保存。中心区域将被改造成一个国际化商业中心和新市区的中心，这里将有最现代化的酒店、写字楼、商店以及滨海湾（Marina Bay）周边的夜生活（Cheong-Chua，1995）。

1991 年的概念性计划重点是如何审慎规划将水资源的劣势变成强项：这种短缺的资源将成为建设新加坡新美景的一个工具，它对新区域（无论是重点岛屿还是不发达的岛屿）的发展会产生普遍性的影响。城市重建局在规划文件中，对水资源提出了许多大胆的设想：

> 城市由多个区域中心环绕，每个区域中心为 80 万人服务，且新加坡公民能在离家近的地点工作。提升公众的岛国意识——建设更多的海滩、码头、度假村、娱乐公园以及通往海岸线和城市的便利通道等。新加坡将被笼罩在绿茵之中，即人工修整的园林、自然保护区及水波荡漾的水景。
>
> （城市重建局，1991：4）

值得一提的是，富有想象力、具有前瞻性且足智多谋的规划和设计有助于克服由于土地和水源缺乏而对发展造成的限制，而看起来是缺陷的事情却被视作机遇并进行相应的精细调整。水资源在提高房地产价值和创造商机方面的重要性是显而易见的。对失修区域或荒地开发进行投资并将其改造成高价值的资产，这为民营企业来带新的市场机遇和前景。政府为了促进个人的积极性，及时批复土地使用计划和发展基础设施。新加坡河（Singapore River）、丹戎尔湖（Tanjong Rhu）和滨海湾（Marina Bay）附近的区域开发，就是政府和私人共同合作完成的典范（Cheong，2008）。城市重建局和公用事业局很快进行紧密合作，利用运河和内陆水库，建造出了许多风景优美的"湖泊和溪流"。这样就有更多的休闲空间，同时也使得房地产的价值飙升。

除了对个人住宅区进行升级和重建外，住建发展局也制定出一个对中心地带进行更新和改造的蓝图。根据这个蓝图，新加坡的公共住宅在接下来的20到30年间将会被全部改建。海边的房屋将建在榜鹅（Punggol）以及义顺（Yishun）的中等年代的地产上，并采用了花园中的房屋和空中花园等新的创意设计理念。毫无疑问，新商业园区的设计将确保为用户提供一个便利的工作、家庭和娱乐的环境。这些高质量的住宅和娱乐设施，对吸引和留住人才起到了重要的作用（城市重建局，1991：21）。新加坡人期望在未来几年内能够生活在更加充满活力和可持续发展的小区内（Tay，2008）。

1991 年之后的水资源管理

城市的快速发展以及对生活质量和娱乐的重视，给人的印象是对水问题的迫切关注已经发生了转移，更注重美观性。然而，实际上水资源问题一直都是优先考虑的核心议题。水一直被认为是一种战略资源，对水源的保护关系到国家的安全（Hansard，1989）。另一方面，公用事业局也一直致力于提供更高效的供水服务和更好的水资源管理，同时也在努力采取措施，以实现人民生活方式和水资源保护之间的平衡与和谐。

随着这个城市国家的快速发展，需要采用适当的控制策略，对旧的条例法规进行修订，并拟定新的条例法规。至1980年，为了满足新加坡环境的需要，一个基本的法律框架已经搭建起来。因城市发展出现的新问题，需要制定出相应的法规。例如，《水污染控制和排放法规（1975）》（第348章）被废除，并将相关条款添加至《污水排放法规》（SDA，目前在第294章）和《环境污染控制法规》（即《环境保护和管理法规》[EPMA]，第94章）以及其他法规中，这些法规由公用事业局来管控和实施。[5]详细的法规分析见本书第3章。

这些年来，国家也非常重视开展水资源的保护活动。虽然经过了25年的努力，但这些举措对水资源的保护很显然还是不够的。因此，当时决定利用每种可能的资源、技术设备和工艺来实现该目标。1997年，水价的调整不仅覆盖了生产和供应的全部成本，而且也反映出了其他可替代资源的高成本。这就给公众一个强烈的信号，并开始鼓励采用节约用水的技术方案（Tan等，2009）。所有非民用楼宇要求安装自动延迟关闭的水龙头和恒流调节器等节水设施。自1992年以来，所有新造的公寓都安装低容量的冲厕水箱（每次排放3.5到4.5升）；从1997年开始，所有新造建筑物都必须安装这种冲厕水箱。本书第4章对水需求管理进行了详细的描述说明。

1983年之后的10年间，公用事业局启动了一个5,500万美元的管道更换计划。该计划将所有无衬里的自来水管道换成水泥衬里的球墨铸铁管道，并将镀锌铁管道换成耐腐蚀的不锈钢和铜管道。大约182公里旧的无衬里铸铁自来水管道和75,000个旧的镀锌铁管道被更换。这项工程确保了供应的水质，并将水泄漏的损失保持在最低水平（公用事业局，1992）。对于公用事业局来说，通过这些措施将平均水流失率保持在世界最低的水平，2011年平均水流失率为5%，而1989年为10.6%（见图2.4）。

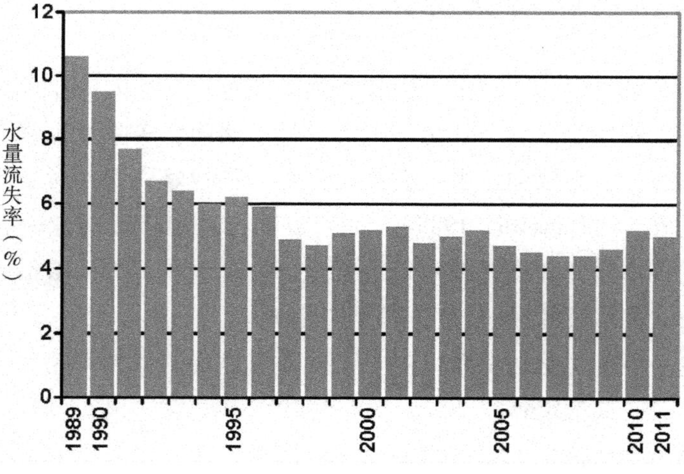

图2.4 水量流失率

数据来源：公用事业局，2011年（个人通信）

新加坡土地利用率的快速增长带动了地产价值的上升。为了有效提高土地的利用率，需优先寻找相应的创新技术。例如，传统带有露天贮水池的水回收工厂有1公里长的缓冲区，这极大地限制了发展。20世纪90年代，大多数的工厂被替换掉，并增加了气味处理设施，缓冲区减少到500米。之后所有的水回收计划开始实施，并使之更为紧凑。

城市发展和水资源的审美观

1991年概念性计划中提出的目标，是让新加坡成为一个城市更美和生活质量更好的国家，与该目标并行的就是对水体的优化利用（城市重建局，1993）。必须认识到这项工作是在新加坡前两个阶段经济增长的情况下开展的，当时国家发展部部长理查德·胡（Richard Hu）强调说："水体是新加坡景观中普遍的特点，无论是运河、水渠、水库或是雨水收集池，都需要我们（新加坡）克服强降雨和地势低的障碍，将新加坡建成一个现代化和繁荣的城市国家。"（城市重建局，1993：1）

1988年，当时的第一副总理（后来成为总理）吴作栋，发表了绿皮书"开始改变"，经过长时间审议后，命名为"下一轮的行动"。该文件将创新和勤劳的新加坡人建设繁荣亲切城市国家的愿望推向了高潮（Turnbull，2009：350）。

富裕、文化修养高、普遍的幸福感以及环保意识，使得水资源的发展成为将新加坡塑造成一个卓越的热带城市必不可少的一部分。多年以来，城市规划师、设计师以及公众都潜移默化地开始将水资源视作国家资产，而不仅仅是雨水渠和收集点。实现社会发展及娱乐生活质量提高的愿景，需要采取一系列措施通过增进水资源而发展。由政府和民间代表组成的水体设计小组于1989年成立，该小组的主要任务是当规划取得进一步发展时，调查如何改善水体的审美性。"水体"这一字眼不仅包括河流和运河等主要的河道，而且也包括了小水道，如溪流、排水渠以及各种水库、雨水收集池、户外喷泉、瀑布及临街的娱乐景观，这些都可以衡量出水的重要性（城市重建局，1993）。

新加坡河（Singapore River）清理完成后，城市重建局、新加坡旅游局（STB）以及其他部门和法定机构协作，共同制定了一个综合规划。城市重建局负责建筑的设计，包括保存和保护具有文物价值的商铺以及其他一些古迹建筑，传承其价值，将历史元素融入现代都市的建设中以打造一条“令人兴奋”的河流。旅游局通过各种活动及对公共场所的利用来吸引游客，新加坡河作为11个主题区中的一个列入旅游业总体规划，该总体规划要把新加坡打造成21世纪的旅游城市（新加坡旅游局，1996）。

将新加坡河打造成一条“历史和休闲之河”的同时，城市重建局开始对滨海湾（Marina bay）和加冷内湾（Kallang Basin）进行规划，以便整合这两个地区水域及滨海的发展。与此同时，1985年的“新加坡河规划”针对岛内三个都市的水域资源（约265公顷），绘制出了一个全面的规划。该规划也为方案的实施、消除不相容的使用及确认不久即将实施的方案提供了基础。

在探寻更为有效地利用水资源作为城市设计特点的进程中，“城乡一体化”是一个重要的理念。加冷内湾（Kallang Basin）——一个被克劳福德（Crawford）、康平武吉士（Kampang Bugis）和体育场环绕的水域，也是遵循“城乡一体化”的理念来进行城市规划和设计的（城市重建局，1997）。“下一轮的行动”中的这些发展，使得水资源牢牢根植于新加坡都市风格中，成为不可分割的一部分。

1992年，环境部起草的“新加坡绿色计划”中，补充了上述优化措施，这也是机构协同努力的成果。该绿色计划（Green Plan）的战略方向是为了实现可持续发展的目标，并于1992年巴西的“里约地球峰会”上提出（环境部，1993）。同时为了适应不断变换的经济和环境形势，经审核后，2012年计划修改版于2002年8月出台（Lee，2008年）。

展望未来，该计划将见证新加坡演变成“花园中的城市”，一个被热带植物覆盖的繁华大都市。土地面积如此有限（700多平方公里）和人口众多（500多万）的小城市国家实现绿化是一个极具挑战的目标。尽管如此，并不是所有的绿化区都需要对经济和人口的增长妥协让步。即使空间有限，新加坡还是通过精心规划，预留了9%的总面积用于公园和自然保护的建设。1986年至2007年，尽管人口从270万激增到了460万（增幅68%），但是国家的绿化覆盖率还是从35.7%增加到了46.5%（Ng，2008）。

在绿色中更添蓝色之美

2003年新加坡总体规划重点强调了绿化对优质生活环境的重要性。因此，要采取措施努力使人民生活更接近自然，并在可能的情况下把自然生态区跟公园整合起来，还规划将住宅区与公园、水域通过一个覆盖全岛的绿色植被网络相连（公用事业局，2006）。

新加坡总理李显龙的愿景是新加坡成为一个绿化和水利用同步发展的城市，与之同步的是，水道应与公园相通，以打造新的社区空间和连接中心地带的滨水区。为了实现该计划，公用事业局结合其他 20 多个已实施的项目，启动了“灵动、美观、清洁”（ABC）水实施方案。例如，通过在榜鹅河（Sungei Punggol）和实龙岗河（Sungei Serangoon）入口处筑坝，建成一个榜鹅滨海城镇，并形成两个淡水湖，之后与一条横穿住宅区和市中心区的人工河连接起来，为水边的休闲活动创造了机会。正如 2001 年概念性计划审核中所设想的那样，这个宏大计划目的是要把新加坡变成一个“花园城市和水中之城”。

10 年前已出台的 2012 新加坡绿色计划，描绘出了国家要在 10 年内实现环境长期可持续发展的道路，也制定出了相应的策略方针来确保该计划的实现。它包括六个方面：洁净的空气和气候变化、水资源、废料管理、公共卫生、生态保护、国际环境关系。2005 年对该计划重新进行了审核，新版本于 2006 年 2 月出版（李，Lee，2008）。[⑥]

国家长期发展规划的重要性已被广泛理解和接受，并列入可持续发展部际委员会（IMCSD）的规划蓝图中，作为引领新加坡在 2030 年建成一个更具活力和适合居住城市的重要目标。在这个 20 年的时间表内设置了一个将于 2020 年进行重新审核的中期目标，以便在必要的时候评估所取得的进展和纠正发展的方向。作为该计划的一部分，水是实现自给自足和更高效率目标的主要角色。目标是将总民用耗水量从 2011 年的 153 升/人·天，降至 2020 年的 147 升/人·天，再降至 2030 年的 140 升/人·天。此外，计划到 2020 年开放 820 公顷的水库面积和 90 公里的水路用于休闲活动，至 2030 年达到 900 公顷的水库面积和 100 公里的休闲娱乐水路（环境与水资源部［MEWR］和国防部［MND］，2009）。

在日益繁荣的同时，新加坡领导人担心像水这样的稀有资源会出现贬值。为了提高人们对稀有水资源价值的认识，公用事业局制定了许多教育和宣传计划。关于这一方面所做出的努力在本书第 5 章有全面的介绍。

结语

本章中所列举的这些议题，不仅反映出新加坡日益成熟的政治领导力，也显示了其在面对新时代和新挑战时所具有的灵活性和所持有的开放态度。这个城市国家取得成功的一个最重要因素就是，这些领导人在制定公共政策（包括延伸至水资源管理和都市发展）时所采取的务实方针。尽管当时的决策权高度集中，但是所采取的措施还是符合客观实际的，并能够随着环境和需求的变化而变化，寻找到持久的利益点。政策制定者在没有任何成功范例、思想或哲学模式的情况下，不仅未被淘汰，反而为新加坡和人民带来了长远的利益。

这些年来，水对于新加坡生存的极端重要性反映在了领导者所作出的许多决策中。新加坡的领导阶层一直把全民的福祉放在优先的位置，其决策的动态框架体现和归纳了不同的理念和总体规划，以实现领导阶层所设定的美好未来。国家的重点工作和目标会随着社会政治和经济环境的变化而相应地调整，新加坡已经能够应对时代和发展所带来的变革和挑战。因此，新加坡的经验说明，是具体情况或问题明确了解决方案，而不是反向行之。

前瞻性的观点、全局性的分析、灵活规划、创新管理以及探索技术进步，成为新加坡领导集体的一个重要标志，本书中所提到的城市发展就是一个明显的例子。一方面，政治的敏锐性确保进口资源能够正常供应；另一方面，政府也尽力利用最好的技术和设备开发水资源，使其能够广泛应用于民用、商业、工业以及环境。

在早期发展阶段，新加坡试图通过加强本地的生产能力和水体清洁来实现水资源的自给自足。集水区域和水库的建设与扩张体现了城市的发展，并最大限度地促进了对雨水和内陆水的保护。目前的政策是，通过保护稀有资源及促进社会凝聚力和归属感使水资源更加贴近民众生活。将水视为财富的象征，这同包括中国哲学在内的全世界众多文化赋予水的精神内涵类似。

最后，回顾新加坡土地利用和水的可持续发展历程，可以得出如下结论：全面的陆地水资源管理已使新加坡处于安全、自给自足和可持续发展的轨道之上。在不久的将来，这些值得称赞的目标会愈加凸显其重要性。

注释

①所说的 5 年计划是 1959 年选举之前中央执行委员会成员发布的政策说明的汇编。

②直至 1967 年 6 月 12 日，新加坡和马来西亚有共同的货币（马来西亚元），当时双方政府决定发行各自的货币（《海峡时报》，1996 年 8 月 18 日：1；1966 年 12 月 11 日：1）。

③根据新加坡统计局，1971 年的总人口为 211.29 万（新加坡统计局，http://www.singstat.gov.sg/stats/themes/people/hist/popn.html，2012 年 9 月 14 日）。

④请参阅城市重建局（URA），http：//www. ura. gov. sg/about/ura – history. htm，2012 年 8 月 29 日。

⑤新加坡法规可见 http：//statutes. agc. gov. sg/，2012 年 9 月 12 日。

⑥详见 http：//app. mewr. gov. sg/web/Contents/Contents. aspx? ContId = 1342，2012 年 9 月 14 日。

参考文献

1. Leong，A. P. B.（1990）*The Development of Singapore Law*，Butterworths，Singapore.
2. Beatriz，Z. H. and Johnston，H.（1993）'Dirty Growth'，*New Internationalist*，no. 246.
3. Cheong，K. H.（2008）*Achieving Sustainable Urban Development*，Ethos，Civil Services College，Singapore.
4. Cheong – Chua，K. H.（1995）'Urban Land Use Planning in Singapore：Towards a Tropical City of Excellence'，in G. L. Ooi（ed）*Environment and the City：Sharing Singapore's Experience and Future Challenges*，Institute of Policy Studies，Singapore.
5. Chia，L. S. and Chionh，Y. H.（1987）*Environmental Management in Southeast Asia*，NUS Press，Singapore，pp. 109 – 161.
6. Cleary，G. J.（1970）*Air Pollution Control：Preliminary Assessment of Air Pollution in Singapore*，Government Printing Office，Singapore.
7. Dhanabalan，S.（1991）Foreword in *Living the Next Lap：Towards a Tropical City of Excellence*，Urban Redevelopment Authority，Singapore.
8. Dobbs，S.（2003）*The Singapore River：A Social History* 1819 – 2002，Singapore University Press，Singapore.
9. Ministry of the Environment（ENV）（1973）*Singapore Success Story：Towards a Clean and Healthy Environment*，Ministry of the Environment，Singapore.
10. Ministry of the Environment（ENV）（1987）*Clean Rivers：The Cleaning up of Singapore River and Kallang Basin*，Ministry of the Environment，Singapore.
11. Ministry of the Environment（ENV）（1993）*The Singapore Green Plan. Action Programs*，Ministry of the Environment，Singapore.
12. Ministry of the Environment（ENV）（2002）*National Green Plan*，Ministry of the Environment，Singapore.
13. Esty，D. C. and Winston A. S.（2006）*Green to Gold：How Smart Companies Use Environmental Strategy to Innovate，Create Value，and Build Competitive Advantage*，Yale University Press，Yale.
14. Foo，T. S.（1996）'Urban Environmental Policy：The Use of Regulatory and Economic Instruments in Singapore'，*Habitat International*，vol. 20，no. 1，pp. 5 – 22，Elsevier Science

Ltd, London.

15. Guillot, X. (2008) 'Vertical Living and the Garden City' in T. C. Wong, B. Yuen and C. Goldblum (eds) (2008) *Spatial Planning for a Sustainable Singapore*, Springer, Singapore, pp. 151 – 167.

16. Goh, C. C. (1959) *Speech on 29th March*, *The Task Ahead*: *PAP's Five Year Plan* (1959 – 1964), PETIR – Organ of the People's Action Party, Singapore.

17. Goldblum, C. (2008) 'Planning the World Metropolis on an Island City Scale: Urban Innovation as a Constraint and Tool for Global Change', in T. C. Wong, B. Yuen and C. Goldblum (eds) *Spatial Planning for a Sustainable Singapore*, Springer, Singapore, pp. 17 – 29.

18. Jensen, R. (1967) 'Planning, Urban Renewal, and Housing in Singapore', *The Town Planning Review*, vol. 38, no. 2, pp. 115 – 131.

19. Khoo, T. C. (2008) 'Towards a Global Hydrohub' *Pure*: *Annual* 2007/2008, Public Utilities Board, Singapore, pp. 4 – 5.

20. Koh, K. L. (1995) 'The Garden City and beyond: The Legal Framework', in G. L. Ooi (ed) *Environment and the City*: *Sharing Singapore's Experience and Future Challenge*, The Institute of Policy Studies/Times Academic Press, Singapore, pp. 148 – 170.

21. Kuan, K. J. (1988) 'Environmental Improvement in Singapore', *Ambio*, *East Asian Seas*, vol. 17, no. 3, pp. 233 – 237.

22. Laquian, A. A. (2005) *Beyond Metropolis*: *The Planning and Governance of Asia's Mega – Urban Regions*, Woodrow Wilson Center Press and The Johns Hopkins University Press, Baltimore.

23. Lawrence, C. C. and Aziz M. A. (1995) 'Environmental Protection Programmes', in G. L. Ooi (ed) *Environment and the City*: *Sharing Singapore's Experience and Future Challenge*, The Institute of Policy Studies/Times Academic Press, Singapore.

24. Lee, B. H. (1978) 'Singapore—Reconciling the Survival Ideology with the Achievement Concept', *Southeast Asian Affairs*, Institute of Southeast Asian Studies, Singapore, pp. 229 – 244.

25. Lee, K. Y. (2000) *From Third World to First*; *the Singapore Story*: 1965 – 2000, Singapore Press Holdings, Singapore.

26. Lee, S. K. and Chua, S. E. (1992) *More Than a Garden City*, Parks & Recreation Department, Ministry of National Development, Singapore.

27. Lee, Y. H. (2008) *Waste Management and Economic Growth*, Ethos, Civil Services College, Singapore.

28. Lim, M. C. (1997) *Drainage Planning and Control in the Urban Environment. Environmental Monitoring and Assessment* 44, Kluwer Academic Publishers, Netherlands, pp. 183 – 197.

29. Liu, T. K. (1997) 'Towards a Tropical City of Excellence', in G. L. Ooi and K. Kwok

(*eds*) *City and the State*, *Singapore's Built Environment Revisited*, Oxford University Press, Singapore.

30. Low, L. (1997) 'The Political Economy of the Built Environment Revisited', in G. L. Ooi and K. Kwok (eds) *City and the State*, *Singapore's Built Environment Revisited*, Oxford University Press, Singapore.
31. Lye, L. H. (2008) 'A Fine City in a Garden – Environmental Law, Governance and Management in Singapore', *Singapore Journal of Legal Studies*, SJLS 68 – 117.
32. Ministry of National Development (MND) (1965) *Master Plan*: *First Review*, *Report of Survey*, Ministry of National Development, Singapore.
33. Ministry of National Development (MND) (1985) *Revised Master Plan*: *Report of Survey*, Ministry of National Development, Singapore.
34. Ministry of National Development (MND) (2002) *Parks and Waterbodies Plan*, Ministry of National Development, Singapore, http://www.ura.gov.sg/pwbid/, accessed 14 September 2012.
35. Ministry of National Development (MND) (2009) *An Endearing Home*, *A Distinctive Global City*, Ministry of National Development, Singapore.
36. Ministry of the Environment and Water Resources (MEWR) (2006) *The Singapore Green Plan* 2012, MEWR, Singapore, http://app.mewr.gov.sg/web/Contents/Contents.aspx? ContId = 1342, accessed 14 September 2012.
37. Ministry of the Environment and Water Resources (MEWR) and Ministry of National Development (MND) (2009) *A Lively and Liveable Singapore*: *Strategies for Sustainable Growth*, Ministry of the Environment and Water Resources and Ministry of National Development, Singapore.
38. Nathan, D. (1998) 'The Sunday Times', *The Straits Times*, 23 August, p. 1 PC 4.5 a, Encl. no. 4.
39. National Archives of Singapore (1953) *Government Order CSO* 1163/53/21, PWD vol. 223/53 vol. I, September 9, National Archives, Singapore.
40. National Archives of Singapore (1969) *Prime Minister's Memorandum to Wong Chooi Sen*, PWD 223/53, vol. V, p. 100A, March 26, National Archives, Singapore.
41. National Archives of Singapore (1955) *SEE* (*C&M*), PWD 198/53, p. 143, September 28, National Archives, Singapore.
42. Ng, L. (2008) *A City in a Garden*, Ethos, Civil Services College, Singapore.
43. Ong, E. G. (1959) *Speech on* 21 *February*, *The Task Ahead*: *PAP's Five Year Plan* (1959 – 1964), PETIR – Organ of the People's Action Party, Singapore, pp. 29 – 31.
44. Ooi, G. L. (2002) 'The Role of the State in Nature Conservation in Singapore', *Society &*

Natural Resources, vol. 15, no. 5, pp. 455 - 460.

45. Ooi, G. L (2005) *Sustainability and Cities: Concept and Assessment*, World Scientific, Singapore.
46. People's Action Party (PAP) (1959) *The Task Ahead: PAP's Five Year Plan* (1959 - 1964), PETIR - Organ of the PAP, Singapore.
47. Perry, M., Kong, L. and Yeoh, B. S. A. (1997) *Singapore: A Developmental City - State*, John Wiley, Chichester.
48. Public Utilities Board (PUB) (2005) *Towards Environmental Sustainability: State of the Environment* 2005 *Report*, PUB, Singapore.
49. Quah, S. R. (1983) 'Social Discipline in Singapore: An Alternative for the Resolution of Social Problems', *Journal of Southeast Asian Studies*, vol. 14, no. 2, pp. 266 - 289.
50. Quah, J. S. T. (1991) 'The 1980s: A Review of Significant Political Developments', in E. C. T., Chew and E. Lee (eds) *A History of Singapore*, Oxford University Press, Singapore.
51. Savage, V. R. (1991) 'Singapore Garden City: Reality, Symbol, Ideal', *Solidarity*, pp. 131 - 132.
52. Seetoh, K. C. and Ong, A. H. F. (2008) 'Achieving Sustainable Industrial Development through a System of Strategic Planning and Implementation: The Singapore Model', in T. C. Wong.
53. B. Yuen and C. Goldblum (eds) *Spatial Planning for a Sustainable Singapore*, Springer, Singapore, pp. 113 - 133.
54. Sewerage and Drainage Act (Chapter 294), SNP Corporation, Singapore.
55. Shoichiro, H. (1991) *Water as Environmental Art: Creating Amenity Space*, Kashiwashobo Publishing co. Ltd., Tokyo.
56. Singapore Tourism Board (STB) (1996) *Tourism 21: Vision of a Tourism Capital*, Singapore Tourism Board, Singapore.
57. Tan, G. P. (2009) 'The Face behind Singapore's Master Plan', Pure: *Annual Report* 2008/2009, Public Utilities Board, Singapore.
58. Tan, K. L. T. and Wong, T. C. (2008) 'Public Housing in Singapore: A Sustainable Housing Form and Development' (Chapter 8), in T. C. Wong, B. Yuen and C. Goldblum (eds) *Spatial Planning for a Sustainable Singapore*, Springer, Dordrecht, Holand, pp. 135 - 150.
59. Tan, W. T. (1986) *The HDB Resettlement Department and its Role in the Cleaning Up Programme of Singapore River and Kallang Basin Catchments*, COBSEA Workshop on Cleaning - up of Urban Rivers, Singapore, January 14 - 16.
60. Tan, Y. S., Lee, T. J. and Tan, K. (2009) *Clean, Green and Blue: Singapore's Journey Towards Environmental and Water Sustainability*, Institute of Southeast Asian Studies, Singa-

pore.

61. Tay, K. P. (2008) *Twin Pillars of State Rejuvenation*, Ethos, Civil Services College, Singapore.

62. Teo, S. E. (1992) 'Planning Principles in Pre – and Post – Independent Singapore', *The Town Planning Review*, Liverpool University Press.

63. The Clean Air Act (Chapter 45) 1971, Revised Edition, Government Printer, Singapore.

64. The Institute of Policy Studies (1997) *Water for Life, Singapore's Search for an Adequate Water Supply*, The Institute of Policy Studies, Singapore.

65. The Straits Times (1966) 'Two Currencies Show, *The Straits Times*, 18 August, p. 1.

66. The Straits Times (1966) 'Two Dollars Day', *The Straits Times*, 11 December, p. 1.

67. Turnbull, C. M. (2009) *A History of Modern Singapore*: 1819 – 2005, NUS Press, Singapore.

68. United Nations Educational, Scientific and Cultural Organisation (UNESCO) (2006) *2nd UN World Water Development Report*, UNESCO, Paris.

69. Urban Redevelopment Authority (URA) (1989) *Master Plan for the Urban Waterfronts at Marina Bay and Kallang Basin, Draft*, Urban Redevelopment Authority, Singapore.

70. Urban Redevelopment Authority (URA) (1991) *Living the Next Lap: Towards a Tropical City of Excellence*, Urban Redevelopment Authority, Singapore.

71. Urban Redevelopment Authority (URA) (1992) *Singapore River Development Guide Plan, Draft*, Urban Redevelopment Authority, Singapore.

72. Urban Redevelopment Authority (URA) (1993) *Aesthetic Treatment of 'Waterbodies' in Singapore*, Urban Redevelopment Authority, Singapore.

73. Urban Redevelopment Authority (URA) (1997) *New Urbanity: The Kallang Basin Redevelopment in Singapore*, Urban Redevelopment Authority, Singapore.

74. Urban Redevelopment Authority (URA) (1999) *Living the Next Lap: Towards a Tropical City of Excellence*, Urban Redevelopment Authority, Singapore.

75. Water Pollution Control and Drainage Act (Chapter 348) 1975, Government Printer, Singapore.

76. Waller, E. (2001) *Landscape Planning in Singapore*, Singapore University Press, Singapore.

77. Wong, P. P. (1969) 'The Changing Landscapes of Singapore Island', in J. B. Ooi and H. D. Chiang (eds) *Modern Singapore*, Singapore University Press, Singapore, pp. 20 – 51.

78. World Bank (1992) *Water supply and Sanitation Projects: The Bank's Experience*, 1967 – 1989, Report no. 10789, World Bank, Washington.

79. Yap S., Lim, R. and Leong, W. K. (eds) (2009) *Men in White: The Untold Story of Singapore's Leading Political Party*, Singapore Press Holdings Limited & Marshall Cavendish, Singapore.

80. Yew, F. S. , Goh, K. T. , and Lim, Y. S. (1993) 'Epidemiology of Typhoid Fever in Singapore', *Epidemiology and Infection*, vol. 110, no. 1, pp. 67 – 68.

81. Yue, A. Y. (1973) *National Development Policy and Urban Transformation in Singapore: A Study of Public Housing and the Marketing System*, University of Chicago Press, Chicago.

3. 水体污染控制的管理手段和机构

简介

自1965年独立以来，新加坡政府即宣布其目标就是要把新加坡建成世界上最干净的城市之一，此目标的重要性仅次于国防建设和经济发展（Lee，2011）。毫无疑问，一个干净的城市不仅具有吸引外资及促进旅游业的巨大经济优势，而且是提高人民士气和民族自豪感的催化剂（Chua，1973）。

自新加坡独立的第一年起，新加坡即制定了法律和监管的框架，以控制日益增加的空气、水和土地污染。近50年后，这些计划的成功显而易见，因为新加坡的环境可以跟世界上最好的城市相媲美。[①]更值得一提的是，尽管有严格环境法规限制，新加坡还是能够吸引大量的外国投资。

同20世纪70年代世界上其他国家一样，新加坡早期的环境政策主要聚焦在空气和水污染方面。随着美国颁布《空气净化法规（1970）》和《水净化法规（1972）》，以及日本在1970年针对日常饮食污染采取的治理措施（经合组织［OECD］，2008），新加坡也在1971年颁布了《空气净化法规》，于1975年颁布了《水污染控制和排放法规》（WPCDA）。

政府决定在发展规划中把环境因素考虑进去，以将污染降至最低并减轻对环境的影响（PCD，2007年）。这些年来，公用事业局、防污染管理局（APU）、经济发展局（EDB）、裕廊镇管理局（JTC）和环境部（ENV）等国家机构在吸引外资和建设工业基础设施方面起到了重要的作用。环境因素的考虑已成为整个工业发展过程中不可缺少的一部分。

自成立以来，环境部（即现在的环境和水资源部，MEWR）一直与经济发展局和裕廊镇管理局合作参与工业发展政策的制定和决策。防污染管理局和环境部污染控制局分别成立于1970年和1972年，严格的检查和执法程序使之成为合格的指挥监管机构。随后通过严格的法律法规来控制污染，并要求企业在获得书面许可证之前，不得擅自经营可能造成环境污染的设施。

关于控制水污染，新加坡至少在三个方面与其他许多国家不同。第一，工业废水的排放必须符合严格的标准，对于其他国家容许对水路的“适度污染”也绝不允许；第二，国家的法规会随着需求变化，定期进行修订并颁布新的法规；第三，实时的监控手段和严格的执法力度。

本章所分析的关于水污染控制的法律和监管手段已在新加坡实施多年，同时本章也对政府机构在实施过程中所扮演的角色进行了分析。我们得出的结论是，新加坡认识到环境是国家安全的战略因素，并将其作为国家发展政策的重要组成部分。

政府机构在政策实施中的作用

在独立之时，因为主要产品的出口贸易下降、失业率增加、产能不足、马来亚联邦政府的瓦解以及英国军队的撤离，新加坡经济和环境的未来是不确定的。由于木材加工行业、露天焚烧和宽松的排放标准所致的浓烟和肮脏空气使得环境恶化，水资源也被城市污水、纺织印染及养猪、养鸭以及各种民用和工业废水所污染。在最初的几年，政治不稳定也给环境战略的部署和实施带来了困难，但是政局一稳定，政府就立即着手改善环境。

从很早开始，新加坡政府就具有环保意识，他们认为只要采取适当的控制措施，环境问题就可以提前预防。因此，新的基础设施从一开始规划时就将环境的因素置于全局考虑中，将其纳入土地使用总体规划中以尽可能减少污染，减轻对周围环境的影响（PCD，2007）。除了对土地进行合理规划外，一些额外的基本指标也会用于工程项目的评估中，如耗水量、产生废物的类型以及可能对环境造成的影响等，而不论该行业是否具有高产值，是否为技术密集型产业。

新加坡的政府机构，如公用事业局、防污染管理局、经济发展局、裕廊镇管理局和环境部，在吸引外资和基础设施建设过程中起到了重要的促进作用，并将环境因素融入工业发展中。例如，自成立以来，环境部一直与经济发展局及裕廊镇管理局合作参与工业发展政策的制定和实施。如果经济发展部发现即将上马的行业目标与新加坡的经济发展目标一致，就为该行业推出务实的激励措施。随后裕廊镇管理局会提供工厂用地和基础设施服务。环境部检查新的企业是否符合环境标准，详细评估其生产工序和原材料，以及所产生的废料和排放物。事实上，只有通过环境部评估和许可后，经济发展部才能给企业提供优惠。要进行这些评价，环境部要尽可能多地获得与之相关的知识，并达到国际最佳实践的标准。如果环境部不批准所提议的投资项目或减排项目，或是其意见与经济发展部不一致，则须通过内阁进行决议。

即使项目获得环境部批准，政府机构间还得继续合作为该项目确定一个最合适的地点。一旦环境部和经济发展部批准后，裕廊镇管理局会为该项目的生产基地寻找最合适并符合新加坡土地征用总体规划的场地，该规划有自己的环境要求。[②]环境部会按照对环境的影响程度（一个用于行业定位和缓冲带修复的指标参数），对工业活动进行分类。

对于需要自行建设设施的企业，其建设计划需要获得隶属于政府工程部的建筑管制局（BCD）和隶属于环境部的中央建筑计划单位（CBPU）的批准。作为设施全部完成的一环，环境部需进一步确保环保设施是否已经安装并正确使用。只有评估通过后，建筑管制局（BCD）才能给企业颁发临时使用许可证，以便其开始运营。整个过程的目标是，要求所有相关机构不断讨论并协作，确保接下来这些政府机构还会对企业的整个生产工序进行审议，以确保工业化未造成环境恶化。例如，从 2007 年到 2009 年，中央建筑计划单位每年平均处理9,596个民用和工业发展计划，以及3,543个在裕廊镇管理局、住建发展局或私营工业区进行行业分配的申请（PCD，2007 年，2008 年，2009 年）。

防污染管理局和环境部污染控制局分别成立于 1970 年和 1972 年，严格的检查和执法程序使之成为合格的指挥监管机构。通过严格的法律法规来规范污染性产业以控制污染，要求企业在获得书面许可证之前，不得擅自经营可能造成环境污染的设施。

与许多发展中国家只是致力于寻找外资和发展本国的工业基础不同，在相同的发展阶段，新加坡通过环境部（ENV）严格的监控、审核和执行，以确保发展符合法规的要求。在工业化进程的早期阶段，国家需要吸引外商投资制造业以促进发展，随着时间的推移相应的标准也逐渐提高，污染的企业被下令限期整改，在必要的时候，政府也会提供协助（Rock，2002）。

下面的讨论主要集中在多年来与水污染相关的监管手段，也将提及其他重要的环境策略手段，特别是涉及水政策手段或影响水管理之时。但与海洋相关的污染控制和法律不在分析之列。

从国家独立到环境部的成立

新加坡独立后，一个环境保护的综合行动计划就开始实施了（环境部，

1973 年)。20 世纪 50 年代和 60 年代，环境法规主要关注如何保护公民的健康，行动计划的第一阶段就是重组当时主要负责街道清洁的环境卫生部(EHD)。随着管理体系和部门职责的建立，重组的环境卫生部具有更强的纪律性和更高的效率。

1963 年之前，新加坡一直沿用着 1913 年首次颁布的《城市条例》中相关的公共卫生条例（1933 年版的《城市条例》第 133 章），该《城市条例》可以追溯到 1897 年英国殖民期间的《公共卫生法规》。1963 年《地方政府整合条例》第Ⅳ部中的相关法规，与《城市条例》中的这些法规没有什么不同，除了随着 1959 年地方政府的变化所做的相应调整外。

1968 年制定的《环境公共卫生法》（EPHA）从 1968 年 2 月份开始实施，该法规将环境卫生的职责并入公共卫生部。它旨在建立一套跟卫生相关领域的标准法规，如公共清洁、商贩服务、市场、食品经营场所、公众健康及卫生设施等。《环境公共卫生法》是由卫生部长直接领导下的公共卫生局和公共卫生委员来负责实施的。除了空气和水污染外，《环境公共卫生法》几乎涵盖了环境卫生的所有领域，该法规参照了英国、新西兰和纽约市的卫生法规。

该法规制定了高额的违规罚金，这不仅是对违规行为的惩戒，也对将来的违规行为起到震慑的作用。例如，《环境公共卫生法》第 26 条规定：禁止在公共场所乱扔垃圾，同时设定了高额罚款，即违者首次罚款 500 美元，第二次则罚款 2,000美元。严厉的处罚还包括在施工过程中没有采取足够的防护措施，从而威胁到生命和财产安全的行为。

另外值得关注的规定就是对违法者的快速审理。新加坡采取严格的污染控制措施，包括当发现违法者触犯法律或相关法规时通过快速起诉程序有效执法。例如，当触犯了《环境公共卫生法》第 26 条或 27 条，违法者将被立刻处以罚款。在这种情况下，违法者会当场收到罚款票据，并要求在规定的时间到指定的法院。如果他认罪，那么将即刻进行处理，交了罚金后事情就此了结，但是如果违法者不服并坚持要参加审讯，那么就会确定一个固定的日期去听讯。如果违法者没有在规定的时间到庭，执法人员将会实施逮捕程序。

关于卫生和污水排放设施，该法规第 67 条规定，新建筑物应配备有足够的卫生设施并进行妥善维护。同样，第 72 条也提到需对公共场所的卫生设施进行妥善维护。

1968 年通过《地方政府（管理）法规》，1970 年引入《环境公共卫生

（公共清理）法规》，都强调要加强改善环境。这些法规督促民众应积极采取措施，保持其周边环境干净整洁，也要求居民或商贩负责清扫其处所前的人行道（包括走廊和通道）。

1970 年，在对《环境公共卫生法（修订）条例草案》进行讨论的国会会议上，卫生部长提出新加坡应建立更高的清洁标准（Hansard，1970）。该修订草案指出了垃圾扔进溪流、河道、运河和排水渠中并污染了水库、湖泊和集水区的问题。因此，这些行为不能再按照1968 年《环境公共卫生法》第50条第（2）（c）段和第（3）（d）到（g）段中所规定的通过告示和传票的方式来处理。该修订草案允许当局执法人员对任何违反公共清洁法规的人立刻处以罚款。

水污染控制

在新加坡独立后的最初几年，水污染的防治工作是相当复杂的，因为当时相关的法律体系还不健全，各种条例比较分散。常常出现多个政府机构都在负责处理相关的水污染问题。如公用事业局（当时隶属于贸易和工业部，MTI）负责工业用水和民用水，公共工程处（隶属于当时新成立的国家发展部，MND）负责污水及排放，卫生和清洁的服务则由卫生部负责。

当时主要是依赖不同的执法机构来实施污水排放口连接、下水道对接、卫生设施和清洗区等方面的条例法规，例如：1965 年《地方政府排水和卫生管道条例》中的第9（1）条；《地方政府综合条例》中的第2（2）条和第36（7）、（8）、（9）条；1951 年的《市政法规》第 14 条（私人污水处理厂）；以及1965 年《地方政府（排水和卫生管道）条例》中的第11（1）、（2）条。1968 年《环境公共卫生法》的出台，使得执法机构的问题进一步复杂化，该法案授权公共卫生专员向业主发通知提供充足的卫生设施。

1969 年，当时的总理李光耀开始关注污染严重的水渠的清理工作。他要求工程人员制定和实施一项计划，既要防止污水流入几条主要的水路中，又要疏通河流以保持其清洁。同时他也指示国防部门努力清理新加坡几条主要水路，如：加冷内湾（Kallang Basin）和新加坡河（Lee，1969）。在他的要求之下采取了几项相应的措施并出台了详细的报告（Ling，1969）。例如：从1970 年开始，工商用废水排放至下水道和水路的规定写入了《地方政府（工商用废水排放）法规》中（Tan 等，2009）。另外，1970 年《自然保护区法》中的某些规定也开始应用于中心集水区水库，这些措施规定禁止向自然保护区中放养牲畜，并禁止破坏或损害保护区中任何动植物或其他景观（新加坡科学委员会，1980）。

尽管政府付出了努力，但是河道的水质污染治理是长期性的。1971 年，每天产生的废水中只有一半（约5,700万加仑）被妥善处理，还有5,300万加仑/天的废水在污染新加坡的水质。其中，约1,500万加仑/天来自工业废水，500 万加仑/天来自商贩和市场，600 万加仑/天来自洗涤污水，1,200万加仑/天的污水来自甘榜（Kampongs），1,000万加仑/天来自政府机构产生的污水。

1971 年 7 月 21 日，在第二次国会会议开幕之时，总统的演讲中提到，要将水污染作为一个重大的问题来看待，并督促国会尽快采取行动："所有的厨房、污染物、浴室和其他家庭废弃物所产生的污水必须一律排放到下水道中，而不能排放到露天水渠中。工业废水必须先经处理后才能排放至运河、露天水渠或下水道。"（议会讨论，1971）

许多新法规和现行法律的修正案获得通过。例如，在 1972 年，修订后的 1963 年版《公共事业局（公园集水区）法规》中第 88 条规定，公用事业局负责管理公园内的集水区。包括麦里芝水库和公园（MacRitchie Reservoir and Park）、实里达水库（Seletar Reservoir）、实里达动物园（Seletar Zoo）、帕纳旦水库（Panadan Reservoir）、克兰芝水库（Kranji Reservoir）、德光岛水库（Pulao Tekong Reservoir）和上皮尔斯水库公园（Upper Peirce Reservoir Park）。法案经修订后，为了避免污染水体，禁止任何人或牲畜在水库内洗澡或清洗其他物品。

1971 年出台的《环境公共卫生（严禁工业废水排放到水道中）法规》和上述 1970 年《地方政府（工业废水排放）法规》，为工业废水中各类化学品和固体悬浮物的排放设定了标准，还建议在必要时建设预处理工厂（China，1978）。但是，这些法规中设定的工商业废水排放的质量标准没有包含适合原水供应的排放标准。因此，在回用前，需经过进一步处理。

上述法规是 1975 年颁布的《水污染控制和排放法规》（WPCDA）的前身，该法规详细整合了所有之前法规的污染控制条款，并为新加坡综合性水污染控制铺平了道路。

克利里报告（Cleary Report）和空气污染部门的成立

关注空气污染的克利里报告（Cleary Report），是世界卫生组织（WHO）在新加坡对环境卫生进行的研究之一。先前的评估包括 Rogus 和 Maystre 的工程可行性报告、固体废弃物处理的管理研究；Casanueva 的公共卫生工程以及 Tomassi 的新加坡实地考察报告（Cleary，1970：1）。

1970 年，经过一个月的调查，克利里报告建议在公共卫生工程分局（PHEB）下，成立一个独立的空气污染控制机构（Air Pollution Control Organisation），负责对新加坡空气污染控制方面的工程和技术进行研究。为了应对未来可能会出现的越来越严重的污染问题，该报告强调，需要高效的污染控制手段、熟练的技术人员、污染监控方案的扩大、不同政府机构间的互相协调以避免资源的重复利用和浪费，以及监督潜在污染企业的污染控制顾问们之间的合作。

更为重要的是，克利里（Cleary）建议将空气污染的相关措施作为城市规划中的一个组成部分，并邀请高级公共卫生工程师（Senior Public Health Engineer）或其代理人加入规划委员会（Planning Committee）。同时他还强烈建议，卫生部（Ministry of Health）启动一项计划，对企业和民众大力宣传控制空气污染的必要性。该报告还提议对空气污染进行立法，如：法定的排放限制、某些特定行业的污染物管理（如：水泥、陶瓷或碾磨行业）。

该报告建议，要将明确的空气污染法规作为一个高效的空气污染控制机构的组成部分来进行规划，但也强烈建议在执行过程中应采取劝导和建议的方式，而不是通过强制的手段。然而，考虑到实际情况，政府还是采取了严厉执法和提高公民环保意识的策略，并在总理办公室下设立了污染防治部门（APU），主要负责与卫生部一起执行环境法规。直至 1999 年被撤销，该部门成功地控制了新加坡的污染。

1971 年 10 月，《空气清洁法案》（Clean Air Bill）在国会上首次提出，并在 1971 年 12 月 2 日获得通过并发布（Government Gazette，1971）。1971 年 1 月 11 日，《空气清洁（标准）法规》颁布，该法规定义了各类工业污染物可允许的排放标准（Government Gazette，1972）。《空气清洁法规》授权防治污染部门（APU）控制工厂企业所排放的空气污染物。该法规被修订了好几次，如《空气清洁法规（修正案）》于 1975 年 4 月 18 日发布（Government Gazette，1975）；《空气清洁（标准）法规》于 1978 年 2 月 27 日进行了修订，以便“更加严格地控制某些空气污染物排放，如粉尘、酸性气体、氯气、一氧化碳等”（APU，1979：16）。《空气清洁法规》最后一次修订是在 1980 年 5 月 1 日（Government Gazette，1980），这次修订的目的是“更为严格地控制存有大量有毒或挥发性化学品的场所”（APU，1981，p：18）。

1999 年 2 月 11 日，国会通过了《环境污染控制法规（1999）》（EPC），该法案废除了原先的《空气清洁法规》（Government Gazette，1999）。新的《环境污染控制法规》把不同法规中的污染控制条例都整合到了一个法案中。该法案也授予环境部（ENV）特殊的权利来控制或禁止工业或商业场所排放的任何空气污染物（国会辩论，1999 年）。由于《环境污染控制法规（1999）》中涉及了空气污染的控制条例，所以《空气清洁法规》就再没有必要存在，因此被废除。随着《空气清洁法规》的实施，在污染防治部门和其他部门的共同努力下，新加坡的空气污染得到了有效的控制。

1972 年之前实施的环境法规

1972 年之前，污染防治部门和卫生部的主要任务是负责执行环境法规，其中包括与水污染相关的条例。1968 年 12 月与 1971 年 7 月，共有29,525人被起诉。这种执法力度的震慑效果很明显，例如：《重要场所的禁烟规定（1970）》在 1971 年 10 月 1 日开始实施时，两个月内电影院和剧院禁烟场所内再没有人被起诉（环境部，1973 年）。

政府严格执行政策并采取不同的方式以确保规则、法律、法规和措施得以实施。例如，现场检查已成为新加坡一种主要的执法方式。简易的检测方法经常用于评估排放物的标准，用以监控二氧化硫和放射性粉尘。另外，经常采取的方法有：取样、排放源检测、投诉处理、设备检查等。除非这个企业正在污染环境，通常是采取突击和非正式的检查。一旦发现违反防污条例的行为，核查人员可能会给出更为严格的评估和评价。

环境部（ENV）成立

1969 年"保持新加坡清洁"的运动（公民教育的策略和信息将在本书另外一个章节进行分析）和 1968 年的《环境公共卫生法》，帮助改善了新加坡的城市环境质量，并使新加坡加速成为"花园城市"（环境部，1973 年）。这种"花园道路"和可持续发展的理念把环境和发展融合了起来，即采取持续的努力来绿化这个日益成长的大都市。开放的森林和花园空间给潜在的投资者传递了一个微妙的信息，即在新加坡政府高效率开展工作的同时，城市景观的美化也增进了个人、社区和社会的欢乐和互动。

与此同时，世界上很多国家开始设立环境保护部门。实际上，截至 1972

年，有15个国家（澳大利亚、加拿大、智利、芬兰、法国、西德、希腊、日本、马耳他、新西兰、葡萄牙、塞尔加纳、瑞典、英国和美国）都已经成立了各自的环境部门（Caponera，2003年）。随着1972年联合国“人类环境会议”在斯德哥尔摩召开，新加坡也开始紧随这些发达国家的步伐，迅速成立环境部（ENV），致力于为人民创造一个可持续发展的优美环境。为了将所有与环境相关的事务集中到这个新成立的部门中，当时卫生部和国家发展部下属的负责污染控制、污水排放处理以及环境卫生等事务的机构都合并到环境部中。此外，污水处理局负责控制水质污染。

20世纪70年代，采取了两种预防措施来保护水质。第一种措施是控制水库内和周边的污染行为，由公用事业局负责。第二种措施是由环境部下属的污水处理局来监督控制废水（民用和工商业废水）排入未经保护的集水区水道中。这段时期内，污染防治局继续执行空气污染的防治措施。1985年，污染防治局另外一个职责是负责检测有害物质，环境部负责执行有毒废料处理的新方案。空气和水污染的控制、有害物质和有毒废料的管理等事务后来也都纳入了污染控制局的管辖范围内，污染控制局成立于1986年，是环境部的一个下属机构。

污水排放管理

1972年，环境部下属的污水处理局启动了一项方案，该方案计划在新加坡建立一个集所有新建工业、住宅以及商业发展的综合排水系统。经由下水道、泵站和污水处理厂组成的网络，该方案确保了所有废水先经过下水道，然后进入处理厂进行处理。截至1992年，已建成2,300公里的下水道管线和6个主要的污水处理厂，每天污水处理量超过了100万吨（环境部，1993）。废水无论是否排至海洋或内陆水域，处理过的废水标准为生物耗氧量（BOD）和悬浮固体总量（TSS）都必须达到50毫克/升。

总体而言，鼓励工厂采用先进的卫生管理流程、较少污染的工序以及水循环利用，以达到节约用水和降低污水排放的目的。污水处理局的执法人员会对工商业场所进行定期检查，确认其采取了预防措施，以便将水污染物的排放降到最低。例如，要求产生大量酸性排放物的工厂安装pH监控和记录仪，用于监测所排放污水的pH值。这些检查和取样测试使得违规排放酸性污水至下水道的企业被起诉。仅1993年一年内，就有36家这样的企业被起诉（环境部，1993）。

1977 年修订的《工业废水排放条例》提出 BOD 和 TSS 的测量方法，对于没有能力按照规定的标准来处理废水的企业则征收处理非达标废水费用。处理的费用是根据 BOD 和 TSS 浓度及排放量来核算的，征收的费用跟污染的程度成正比。随后，根据当时污水处理的市场成本，收费的标准分别在 1983 年、1992 年和 1993 年做了修订。

除了不断地努力控制污染外，污水处理局还聘请了几家咨询顾问公司来设计和安装化学处理设施、活性污泥系统、滴滤器以及沉淀系统。政府对水污染控制的重视，也促使新加坡许多知名公司开始建立与污水管理相关的业务，包括咨询服务、设备供应或工商业废水处理实验室、处理厂的设计，也包括对工业废水监控数据的分析服务（新加坡科学委员会，1980 年）。

污染控制的管理措施是通过政府财政支持的。例如，20 世纪 80 年代，新加坡每年会把 GDP 的 1% 用于环境治理。单就 1989 年来说，用于建设和维护城市绿化的费用就达到了27,760,000美元。20 世纪 90 年代初期，大量的资金投入到了城市的净化和绿化。在这 10 年里，政府每年拨款609,300,000美元用于环境相关的项目，其中246,120,000美元用于环境卫生治理，86,450,000美元用于污水处理，55,080,000美元用于污水排放（经济发展局，1991 年）。

1972 年至 1992 年之间水的法规

下面将讨论在环境部成立的 20 年间所采取的措施和方案。

《水污染控制和排放法（1975）》

从 1968 年开始生效实施的《环境公共卫生法》，只涉及某些水污染控制的措施（主要体现在Ⅷ和Ⅸ部分）。国家领导层认识到这些条款已不再适用于城市发展过程中所面对的污染挑战。

当时的总理李光耀强调必须采取紧急行动来清理水道后，政府通过了两个与工商业废水相关的法案：1970 年颁布的《政府（工业废水处理）法规》和 1971 年颁布的《环境公共卫生（禁止工商业废水排入水道）法规》。后来，政府意识到还需要有一套更加全面的水污染控制法规，因此，《水污染控制和排放法（1975）》得以颁布。

在国会上提出《水污染控制和排放法》时，法律和环境部长 E. W. Barker 指出要制定新的法律来应对人口快速增长以及经济和工业发展所带来的日益严重的环境问题。他也强调日益繁荣的现代都市环境需要更多的用水以及更为洁净的环境。他告知众议院，水污染控制和有效的污水处理设施与确保水供应是同等重要的，从污染源处进行污染防治是最行之有效的水污染控制方法；同样强调需要制定和颁布新的法规，因为原先那些旧的法规已经不适用于现有的环境变化（Hansard，1975）。

在成立后的3年内，环境部制定了《水污染控制和排放法（1975）》，该法案主要基于工业废水必须排放到下水道中的原则，重点在于对出水水质进行规范。按照其中的几个标准，处理过的水质需满足“20/30”标准，即处理后的排放水质最大可允许的BOD为20毫克/升，TSS为30毫克/升。

在该法案的条款下，将任何有毒物质排放到任何内陆水域而对环境造成危害的行为都将被罚款。该规定没有要求出具犯罪证明，罪行将被高度严格追责和高额罚款。法规中第V部分31（5）规定最高罚款额度为5,000美元；1985年，罚款额度提高到了10,000美元或6个月的监禁；后来，罚款额度又增加到了20,000美元，且监禁的时间可以在1个月和12个月之间变动。这些严厉的措施，使得违规的行为降到了最低，并且在大多数情况下，被告均表示认罪。

《水污染控制和排放法》第2节规定，水污染控制和排放（污水处理部门其中的一项职能）的主管，有权控制所有污水源的排放。该法案明确指出，在没有主管的书面批准前，任何人都不允许将任何工业废水排放到水道中。这项新的授权规定使得《水污染控制和排放管理法》能够更为高效地实施。因为，主管有权撤销或暂时吊销以前授予的许可证，以及变更所允许的污水排放量、水质或排放率。

该法案中的这些规定，后被修订并扩充至《工业废水法规（1976）》中。新法规规定了任何排至受控水道、其他水道和公共下水道中的废水的最低质量标准和所需的相关排放文件（《工业废水法规（1976）》）。新法规会根据运行工序、水量消耗和污水性质，提供排放条件许可证明。影响排水或排水水质的变化情况需在14天内发出通知，并且无论在何种情况下，工业废水在排放前必须经过处理。此外，《工业废水法规（1976）》对监控设施、设备和排放的细节进行了详细描述。

与其他环境法规相似，该法规也遵循了严格执法原则。例如，一家从事印刷电路板制造的企业，在没有污水处理局主管书面许可的情况下，因擅自排放含有高浓度铜和氨的污水而受到了罚款。这家企业承认其违规，并缴纳了750美元的罚金。但是，这些排放的废水造成了克兰芝污水处理厂（Kranji Treatment Works）生物处理工艺的故障，因此，环境部要求该企业另外支付52,300美元用于清理和管理的费用。最初，该企业拒绝承担任何责任，但是最后还是支付了全部罚款（Foo，1993）。

《工业废水法规（1976）》通过设置可排至水道的排放物的参数范围，以禁止某些污水的排放并控制下游的水质。该法规的核心目标是“不纵容污染的行为”，确保进入水道的水达到相应质量要求。因此，排至受控水道、其他水道和公共下水道的水质参数要求是不同的。毫无疑问，对排至受控水道的排放执行标准是最严格的，因为它直接关系到市民的饮用水供应。以此类推，工业废水也禁止排放到中心集水区域的水库中。

最初，该法规严格执行的标准成为某些企业头疼的问题，特别是使用或产生高浓度有机废料的企业，因为当时他们没有办法安装昂贵的处理设备。为此，政府对条例进行了修订，以便给这类企业提供技术支持。

其他法规和条例

政府控制工业废水排放的基本方法，就是通过预防措施在源头处对污染物进行处理（Hansard，1977）。除了高效的执法力度和基础设施外，快速高效的污水收集系统扩大到所有场所，以确保废水能够排放到下水道中而不是露天水渠内。此外，政府也修改旧的法规以适应实际的变化。

除了1976年的法规之外，政府还采取了其他措施为没有能力使废水处理达到规定标准的污染企业提供解决的方案，即1977年《工业废水（修正案）法规》和1978年《污水处理厂（修正案）法规》。这些新法规规定环境部负责这些企业的废水处理并收取处理的费用，有效地解决了这些企业的问题。《工业废水（修正案）法规》进一步规定，水控制和排放管理局局长有权准许企业排放超过BOD和TSS规定浓度范围的废水。这些法规包含一个年度工商业排水水价审查方案，收费的标准跟企业排放废水的BOD和TSS浓度成正比。由于环境部负责处理废水并收费，该方案并没有从实质上改变环境污染和污水的水质，实际上，废水处理的责任仅仅从私人企业转嫁给了污水处理厂。此外，如果排放废水的浓度过高，企业会发现自己安装处理设施比向环境部支付处理费更加经济（根据1992年污染控制报告附件8中的工业废水收费计划）。《工业废水法规（1976）》和后来的资费修订方案意味着这些措施完全符合污染企业付费的原则（McLoughlin，1993）。

此外，政府也通过法规来解决一些技术性问题。如在《水污染控制和排放法（1975）》颁布后，《卫生设施和水费条例（1975）》和《卫生水管和排放系统法规（1976）》也相继出台。这些法规主要的目标是将泄漏、污染和水耗降到最低。

必要时，政府会及时制定新的法规或修订旧的条例。例如，1983 年 4 月，克兰芝集水区发现了大量含有氯化铜的有毒废料，该废料从地表中泄漏出来，通过溪流进入克兰芝集水区内，水里的鱼在几小时内死光。作为遏制措施，政府实施了严厉的惩罚以阻止任意排放有毒废物的行为（Hansard，1983）。为此，政府对《水污染控制和排放法（1975）》进行了修订，将 14A 条例插入法案，对这些类型的排放将处以10,000美元的罚款或 6 个月的监禁或两者兼之。之后的违规者可被监禁和处以高达 20,000美元的罚款。

污染控制局

自 1986 年成立以来，污染控制局就一直实施所有与水污染相关的条例和法规（PCD，1994）。当时唯一例外的是，关于排放到水体中固体废弃物的相关法规，因其包含在《环境公共卫生法（1968）》，所以归卫生部管理。

污染控制局职责是控制空气、水、噪音、有害物质以及有毒废料对环境的污染。污染控制局要监控空气、内陆和海岸的水质质量，也要制定和实施与邻国相关的跨界污染联合治理方案。[③]污染控制局也与其他机构共同进行规划合作，从根本出发对抗污染。

工业用地的区域规划

分区制是一种规划的工具，被广泛应用于新加坡的微观和宏观发展中。它规范着各类用地的地点，以确保相近和兼容的企业能够集中在一起，相冲突的企业尽可能地隔离。例如，在裕廊（Jurong）、双溪加株/克兰芝（Sungei Kadut/Kranji）、兀兰（Woodlands）和森巴旺（Sembawang）的工业区，从稠密的人口聚集地迁移出来并沿海岸线安置。在最靠近海边的地区安置重工业，而轻工业远离海岸。在不同的区域内，建立附属贸易区，服务于食品、化工等特定的工业。炼油厂等大规模的污染型企业，不能建于大陆上，而是要建在 Pulau Bukom，Pulao Merlimau，Pulau Pesak，Pualu Ayer Chawan 和 Pulau Ayer Merabu 等岛屿上。

土地利用的规划在新加坡集水区保护中扮演了很重要的角色。例如，为了控制在未受保护集水区内的发展，《集水区政策（1983）》规定，集水区内最多只能允许34.1%的土地用于开发。一直到2005年，人口密度限制在每公顷198个住宅。科学的规划加之严格的污染控制措施，确保了城市的发展和良好的水质，即使是在未受保护的集水区（Tan et al.，2009）。

水体污染控制——第2阶段

1972年至1992年，水体污染的程度降低至世界卫生组织（WHO）所允许的范围内。安全检测和对投诉的及时处理在该过程中起到了重要的作用。例如，1986年到1992年，每年平均有140起关于化工、石油、工业废水以及生活用水等污染的投诉：1989年投诉最多，达171起，而1986年投诉最少，达81起。对于安全检查，污染控制管理局会对工业废水进行定期的检测。同期的数据表明，每年平均有2,425次检测，检测到故障为310次（环境部，1986—1993）。数据显示检测的次数和投诉的次数相对应，投诉的次数越高，检测次数也越高。

1972年至1992年是新加坡的转型阶段。在新加坡政府大力推进工业化和城市化的进程中，法规条例、基础设施的发展和物流的服务，在使空气和水体质量标准达到美国环保署（US Environment Protection Agency）和世界卫生组织所规定的标准范围的过程中起到了重要的作用。在过去的这些年中，新加坡起草了首个水体总体规划（1971）（参见本书第一章“打下基础”）及水体保护计划。水体保护计划第一版可追溯到1981年：致力于市区内的缓洪；在不同区域建设焚化厂（如：Ulu Pandan建于1971年，Tuas建于1986年以及Senoko建于1992年），河口水库以及污水处理厂（如：Jurong建于1974年和1981年，Bedok建于1979年，Kranji建于1980年以及年Seletar建于1981）；1982年摆脱了疟疾；到1987年，成功完成了河道的清理和结束了使用粪便桶的历史（Tan等，2009）。如果没有全方位的法规和高效的执行力度，所有这些成就是不可能实现的。

作为拥有如此狭小土地面积（2011年为714平方公里）、高密度人口、世界最大的港口之一、几个炼油中心和众多易造成污染工业区的国家，势必容易造成污染，尤其新加坡还是一个化工、医药和电子行业的枢纽。但是，将20世纪60年代高度污染的新加坡和1992年的新加坡进行对比后发现，新加坡在环境、空气和水清洁方面取得了显著的成就。拥有协同的愿景，通过适当的政策、应对方案、严谨的立法及鼓励机构间的协调来治理污染，新加坡政府实现了1968年在国会上的承诺，即把新加坡改造成一个干净和绿色的花园城市。

一个模范的绿色城市

1992年，下一个十年总体计划出台，即关于保护和改善环境的新加坡绿色计划。同年，该计划在里约热内卢举行的联合国环境和发展会议上提出。

该绿色计划汇集了不同政府机构、部门、私营机构和普通市民的意见，旨在将新加坡转变成一个具有高水平公共卫生标准和生活质量环境的模范绿色城市（环境部，1993b）。该计划分别在2002年和2005年进行修订并实施，以确保适应新的变化。新版本的《新加坡绿色计划（2012）》于2006年2月颁布，设定了广阔的发展方向和战略重点，有助于确保新加坡环境的长期可持续发展（MoEWR，2006）。[④]

自独立以来，新加坡政府就已经意识到保护有限的可用水资源对人类的重要性。它也向公众开放水库，进行无污染性的娱乐活动（Hansard，1989a）（详细的分析，见本书第5章“公共教育和宣传战略”）。在现代化的制度和法规下，新加坡的水资源管理进入了一个新纪元。

由于不断的努力，新加坡乱扔垃圾的现象已经大幅度地下降，但无法完全消失。为了纠正这些不良行为，新加坡政府颁布了《劳改令》（CWO）（EPHA 1992年修正案），该法令现在仍然有效。根据该法令，违规者不再受到高额的罚款，而是被要求在众目睽睽之下清扫他们的社区和公共区域。清扫可以分成几个时段进行，每个时段最长是3个小时，总共是12小时。这个法规用于惩罚严重乱扔垃圾的行为和屡犯者，适用年龄为16岁及以上。这些措施也可让乱扔垃圾的人亲身体验清洁工们的艰辛。尽管该法规具有争议性且不受欢迎，但是政府还是坚持执行，以兑现一个更加清洁环境的承诺。

《污染控制实施法规》

《污染控制实施法规》（CPOOC）于1994年首次颁布，其原则是在规划和设计阶段，通过在指定的区域进行建设并结合污染控制措施来预防或减轻由基础设施发展造成的环境影响和与污染相关的问题（PCD，1997）。该法规规定，政府规划和开发部门要与污染控制管理局协商，共同规划和实施新项目开发的定位要求，以及这些项目与周边环境的兼容性问题。该法规主要从三个方面为分区提供了详细的指导方针和要求：第一，包括了企业选址定位和提交开发规划方案的总体要求；第二，列出了建设规划中污染控制的技术和具体要求；第三，概括出企业申请运营工厂所需的执照和许可证的指导方针。

《污染控制实施法规》把行业分成四类：清洁、轻工、通用和特殊。清洁行业（如：IT、服装设计或未经印刷的纸制品生产），不需跟民用住宅建筑有间隔距离。如果清洁行业的经营场址跟公共污水渠相连，它们甚至可以安置在集水区内。相反，轻工企业与最近的民用建筑的间距至少为50米。这些企业包括生物技术行业、鞋类和塑料制品行业、印刷和出版行业，都不允许产生大量的工业废水或固体废弃物。

一般企业所规定的间距是100米。根据污染控制管理局的规定，电子电器和餐具制造、大理石和陶瓷瓷砖的切割、研磨和抛光，以及车辆维修和服务等行业需要安装、运营和维护预防污染的设备，在生产过程中将空气、水和噪音的污染降至最低。最后，对于特殊行业，其间距需保持在500米，而且必须安装、运营和维护预防污染的设备。特殊行业包括乳制品、酒精、油漆、清漆、水果蔬菜的灌装和保存、钢铁基础产业、皮革、锯木、医药、轮胎以及轮胎、管材和汽车制造。如果任何企业使用或存储大量的有害物质，则需对其申请进行影响评估，以便可以将其安置在合适的指定区域内。此外，为了建立健康安全的区域、防止因周边有危险设施而引起连锁反应，以及保护公众远离火灾危险，必须进行强制性危害分析。

另外，《污染控制实施法规》中第2.1.2节提出民用、商业和工业废水的特殊要求。不符合《工业废水法规（1976）》标准的企业，需在排放前安装、运行和维护污水处理厂以达到排放的标准。《污染控制实施法规》提供了详细的指导原则，来设计和运营生产区域、清洗设施、装载/卸载区、冷却塔、压缩机或发电机房、锅炉房、仓库、存储罐、化学品仓库、建筑物和实验室等。同样，不允许用饮用水、雨水或工业用水对工商业废水进行稀释以达到符合排放标准的行为。该法规对水产养殖生产的废水也有类似的排放限制规定。不允许在户外放养牲畜，并对动物养殖场产生的固体废弃物和废水设置了详细的指导原则。

为了避免雨水污染，该法规规定降雨不得排入公共污水渠中，而是要导入水道。按照同样的逻辑，受污染的雨水应先集中处理后才能排放入水道。在《污染控制实施法规》的附件中包含有一份关于有毒工业废物、有害物质、工商业废水排放标准范围、工业废水处理收费表、在线 pH 监控和污水排放控制等的列表清单。

1999 年集水区政策

如前所述，1983 年的集水区政策，在不牺牲未经保护的集水区水质的前提下，确保了城市发展规划的实现。20 世纪 90 年代，通过采用先进的水处理技术，对污水处理厂进行升级，因而公用事业局能够使用来自日益城市化和未受保护的集水区内的水。这也使得政府可以在未经保护的集水区内，提高城市化的覆盖率和放松人口密度的限制。这说明规划者和不同的机构能够共同审核和改善公共政策，因此反映出技术进步的演变进程和污染管理的落实（Tan 等，2009），同时政策的演变也扩展至对非集水区域内的土地利用。在新加坡，土地分区制并非一次性完成。实际上，土地一直都是被重新分配和开发，以实现更高的增值。

《水污染控制和排放法》的废除

1999 年，《水污染控制和排放法（1975）》（第 394 章）被废除了，相关的条款并入《污水处理和排放法》以及《环境污染控制法》中。这两个法规同一年颁布，分别包含对公共污水渠和水道排放控制的规定。这是一个合理的步骤，使得公用事业局即（新加坡国家水务机构），能够在更宽泛的环境框架内接受环境部的监督。2002 年，《环境污染控制法》的实施和执行成为国家环境局的责任。

《污水处理和排放法（1999）》（SDA）修订了关于污水处理系统运行和维护的相关条例。该法规规定所有使用过的水需排入公共污水渠中，并对工业废水的处理和排放至公共污水渠进行管理。对于任何违反条款的行为处罚也列入该法规和该法规下的不同条例中。2001 年，当公用事业局改组为国家水务机构时，依照《污水处理和排放（工业废水）法规》进行监督的资格移交至公用事业局。这样，该法规允许公用事业局控制所有使用过的水以及与供水相关的事项，事业局具有维护和管理公共污水系统、公共污水渠和雨水排放系统、水渠和排水存储的责任。该法规及其相关的法规随后进行讨论。

1991 年修订的概念计划，使得基础结构得以快速发展，这就需要对整个污水系统进行高效的维护。2000 年 3 月，污水处理管理部（于 2004 年 10 月 1

日改组为公用事业局水回收［网络］部）颁布第一版《污水处理和卫生工程实施条例》。该条例取代了 1976 年《水暖卫浴和排水系统的实施条例》和 1968 年《污水处理程序和要求》。[5]

该条例是在《污水处理和排放法规（1999）》中第 33 节下颁布的，目的是为卫生和污水处理系统指明方向。它为卫生和污水处理系统提供所需的最低、强制性的设计要求，并包括一些工程实践案例。

2000 年 3 月，第一版《地表水排放实施条例》由渠务署颁布。该条例规定了地表水排放的最低工程要求，目标是提供高效和适当的排水系统，以防止洪灾和公共健康风险。

水务管理的整合

公用事业局从贸易和工业部转移至环境部，但保留了水供应的权责，同时合并了环境部中的污水处理和排放管理部门。同时，电力和天然气行业的管理被移交至一个新的法定机构，即能源市场管理局（该问题的进一步分析见本书其他章节）。

在公用事业局转变成国家水务机构的过程中，按照《公用事业局法规（2001）》第 3 条的规定进行了重组。[6]2002 年第 2 号《法定公司（出资）法规》（第 34 号法定机构—出资法案的时间表，2002. 2002 年第 5 号法案）与经修订的《公用事业局法规（2001）》的实施，使公用事业局负责水的回收和排水系统的管理和维护，并负责确保自来水的供应。《公用事业局法规（2001）》第 V 部分规定涉及违规行为的，公用事业局和公众承担不同的责任；第 45 节规定员工负责维护和确保水设施的安全。此外，由于此法案过去未能保持水质无污染及未能避免可能的泄露，因此条款中对饮用水服务供应商赋予更多的责任以求安全输水。

《公用事业局法规（2001）》中第 50 节规定了对未经许可的连接、水源污染和水源浪费的处置。例如，一旦发现某人未经许可连接水源、污染、浪费水源或干扰供水，最高可处以50,000美元的罚款或最高 3 年的监禁或两者兼之。如果定罪后仍再犯，每天可处以最高1,000美元的罚款。

2002 年，环境部下属的环境公共卫生局和环境政策管理局同气象服务局（原隶属于交通运输部）合并，组成了仍是隶属于环境部的国家环境局（NEA）。国家环境局被授予了更大的行政自主权和灵活性，使之能够迅速地履行责任，同样使之成为负责执行《环境污染控制法规（1999）》、《有害废料（出口/进口/运输控制）法规》、《环境公共卫生法规（1999）》和《农药控制法规》的部门。

在国家环境局之下成立的环境保护部门，其目的是创建和维护一个优质的生活环境并控制污染，同时也确保可持续性发展和资源保护。该部门相应地分为四个机构，分别负责污染控制、规划和发展、资源保护和水源管理。其中，污染控制管理局还负责对空气、水和噪音污染的控制，以及对有害物质和有毒废料的控制。

2004 年，环境部更名为环境和水资源部（MEWR）。随着制度化的改革以及同在一个部门管理之下，环境与水务管理得到了更为广泛的关注和全面发展。在这个更为精简、更合理化和更政策化的部门管理之下，公用事业局和国家环境局负责政策的有效实施。这个新的结构已经成功地将环境因素添加至水资源管理的层面上。

《环境污染控制法规（1999）》

在整合了原有关于空气、水、噪音污染以及有害物质控制的相关法规后，1999 年通过了《环境污染控制法规》（EPCA）。《环境污染控制法规》取代了《空气净化法规》（第 45 章）和《环境公共卫生（1968）法规》中第Ⅵ部分（第 95 章），并对《有毒物质法规》（第 234 章）和《药品（广告及销售）法规》（第 177 章）进行了修订（Hansard，1999）。

当时有人预计，随着新加坡工业品类的不断发展扩大，污染物的数量也在不断增加，因此需要采取适当及足够的监管手段来加以控制。同时也预计需制定新的污染物排放标准，并且需要不断地向企业和民众灌输这些标准，以促使他们能够自觉遵守。关于严格实施控制标准的问题，环境部在国会上提交议案时肯定地给予回答："无论经济发展局及不同政府部门何时收到一个项目方案，其中涉及污染，我们都将在项目规划的初级阶段与企业合作以确保他们理解我们的要求且能够将这些要求付诸实施，因为这才是最具成本效益的方式。所以，我们的要求成为他们日常经营中的主要组成部分，我想这就是为什么尽管我们的要求很高，却没有企业会告诉我们这些标准是不可实现的。"（Hansard，1999：column 2079）

作为一个监管范围相当广泛的文件，该法规中的第Ⅴ部分涉及对水污染的控制。许多章节授权环境保护局局长在一定程度上可酌情采取措施。例如，第 15 条规定允许其向工商业废水、石油、化工、污水或其他污染物质的排放颁发许可证，第16条允许其向工商业废水处理厂颁发建设许可证，第17条列出了对有毒或有害物质排放到内陆水域行为的处罚条款，第18条允许其采取措施防止水质污染。

2008年1月1日，《环境污染控制法规（1999）》进行修订，更名为《环境保护管理法规》（EPMA），并即日生效。该法规名称的变更并非只是象征性的，而是反映出了对环境和资源保护覆盖面的扩大。这个扩大的责任范围，包括电器用品的能耗标识、在《能源保护法规》第408节后插入第XA部分以及通过修订第72节（处理违规的行为）来提高从2007年10月1日开始实施的最大组合罚金（国家环境局，2008年）。该法规为环境污染控制和资源保护提供了全面的法律框架（Tan等，2009）。

《环境保护管理法规（2008）》和《环境保护管理（工商业废水）条例》对排放到露天水渠、运河和河流的废水进行管制。当时，《环境保护管理法规（2008）》及其条例由国家环境局下属环境保护部门的污染控制管理局进行管理。⑦

《环境公共卫生法规》（第95章）

现行的该法规是《环境公共卫生法规（1987）》在经过1989年、1992年、1996年和1999年这几次修订后形成的。后来，由于其他几个法规的变更，在《国家环境局法规》和《食品销售法规（修订）》实施的过程中，又于2002年对其进行了必要的修订。⑧

土地的污染最终也会造成对水的污染，因此《环境公共卫生法规》（第95章）是控制水污染的一个重要法规。该法规的第Ⅲ部分涉及公共卫生，第Ⅳ部分涉及食品厂、市场和商贩，第Ⅵ部分涉及不卫生的场所、卫生设施、排水渠、污水渠和水井。第5节和第7节授权公共卫生局局长负责公共街道的清洁和垃圾箱的分布；经过2002年修订后，第6（3）节允许公共卫生局长可以要求任何人（业主或场所经营者或私家街道）清扫、清洁和水洒邻近的街道并收集和清理产生的垃圾。《环境公共卫生法规》（第95章）中的第78节（第Ⅸ部分）规定严禁销售或提供经污染的或不卫生的水，第80节规定国家环境局负责制定供应给任何区域或场所的水的相关标准。

除了《环境公共卫生法规》（第95章），还有两个与水务管理相关并由国家环境局管控和实施的法规。首先，《环境保护管理（工业废水）法规》授权相应机构对工商业废水排入水道及有毒或有害物质排放至内陆水域进行管理并设立标准。其次，《环境公共卫生（饮用水质量）法规》规定，作为公共卫生权威机构，国家环境局可以设定和调整饮用水的质量标准。根据世界卫生组织（WHO）《饮用水质量指南（2006）》，这些法规同样要求饮用水供应商建立一个饮水安全和监控的计划。对饮用水质量立法，并由一个独立机构负责监控饮用水质量，反映出新加坡对饮用水质量的高度重视，也进一步加强了新加坡良好的水务治理。

2009 年，对《环境公共卫生（工业有毒废弃物）条例》重新进行了审核和修订，反映出新产业的增长、新出现的环境议题和政策变化，简化了过去繁琐的立法程序。此外，对不严重违规行为的处罚降低为罚款而不再由法院起诉（国家环境局，2009 年）。

《污水处理和排放法规》（第 294 章）

《污水处理和排放法规》（第 294 章）（1999 年第 10 号法令）编制了一套全面的关于污水处理（第Ⅲ部分）、污水排放（第Ⅳ部分）、水源保护（第Ⅴ部分）、登记、业务守则和工程许可证或工程批复（第Ⅵ部分）、实施条例（第Ⅶ部分）以及其他相关事项的法规。正如前面提到的，所有使用过的水必须排放到公共污水渠中。然而，如果公共污水渠不再使用，废水在符合严格的排放标准且必须通过有关部门的批准后，可以排放到水道中（运河和排水渠）。[9]

该法规第 16（1）条（第 294 章）规定，若未经环保部门书面批准而擅自将工业废水排至公共下水道，最高可被处以20,000美元的罚款。若发现任何人将废水和/或废弃物排至公共下水道，应立即终止这种行为。若不遵守，根据第 17 节的规定，处以高达40,000美元的罚金或长达 3 个月的监禁或两者兼之。

此外，若行为对公共下水道或排水管道造成损害，则第 19 节和第 20 节列出了相关的处罚和惩处规定，这与第 16 条所提及的规定相似。第 31 到 35 条也详细列出了对损坏下水道和排水系统、拦截新加坡领土内任何地方的水或海水以及在没有许可证的情况下开展工作等违规行为进行处罚的规定。

《污水处理和排放法规》（第 294 章）中的条例也规定，在所有场所需配备可用的卫生设施；对小型污水处理厂做出了规定，并对排放至污水系统的工商业废水进行控制；同时涉及排放系统和卫生设施；并解释了维护公共污水系统所征收的应用费和水费。这些法规如下：

1. 《污水收集和排放（违规行为）法规》
2. 《污水收集和排放（工业废水）法规》

3. 《污水收集和排放（申请费）法规》
4. 《污水收集和排放（卫生设备和水费）法规》
5. 《污水收集和排放（卫生工程）法规》
6. 《污水收集和排放（污水处理厂）法规》
7. 《污水收集和排放（地表水排放）法规》

水污染的最新趋势

对过去8年新加坡水污染数据的分析，显示新加坡在水污染控制方面取得了显著的成就，这些将在后续的章节中进一步进行分析。

固体废弃物的处理和回收

日益变化的消费习惯、生活方式、包装要求以及一次性消费品，造成了废弃物数量的逐年增长。现在，随着实马高（Semakau）近海垃圾填埋场的全面运营，新加坡已经为自己建立了可以在未来几十年内喘息的空间。[10]虽然固体和土地废弃物的处理仍然面临挑战，但到目前为止，法规的实时更新、高效的执法力度以及良好的基础设施确保了服务的高效性。尽管所产生的废料呈现不均匀的增长，但是新加坡对这些废物的回收率也一直在增长（见表3.1）。

表3.1 废弃物统计和回收率

年　　份	2003	2004	2005	2006
废弃物总处理量(吨)	2,505,000	2,484,600	2,548,800	2,563,600
废弃物总回收量(吨)	2,223,200	2,307,100	2,469,400	2,656,900
废弃物总产出量(吨)	4,728,200	4,789,700	5,018,200	5,220,500
总废弃物回收率(%)	47	48	49	51

年　　份	2007	2008	2009	2010	2011
废弃物总处理量(吨)	2,566,800	2,627,600	2,628,900	2,759,500	2,859,500
废弃物总回收量(吨)	3,034,800	3,342,600	3,485,200	3,757,500	4,038,800
废弃物总产出量(吨)	5,601,600	5,970,200	6,114,100	6,517,000	6,898,300
总废弃物回收率(%)	54	56	57	58	59

资料来源：公司年报，新加坡国家环境局。

内陆水域的监测

集水区内水库的水质由环境控制管理局和公用事业局共同负责监测。这些机构会对集水区内 34 个溪流和 14 个池塘进行季度评估。

基于对水中溶解氧（DO）、BOD 和 TSS 的测量，表 3.2 汇总了新加坡过去 8 年的水质质量，表内的数据显示的是标准质量样本同总检测样本间的百分比。同样，也罗列出非集水区的水质，测量样本按季度来自非集水区内的 20 条河流/溪流。从测量结果看出集水区和非集水区的水质自 2002 年至 2010 年一直保持良好的水平。

表 3.2 内陆水域的监测结果

监测参数	年　份	2002	2003	2004	2005
DO（> 2 毫克/升）	集水区溪流（% 时间）	100	100	98	100
	非集水区河流/溪流（% 时间）	91	95	97	95
BOD（< 10 毫克/升）	集水区溪流（% 时间）	91	91	92	95
	非集水区河流/溪流（% 时间）	91	90	91	92
TSS（< 200 毫克/升）	集水区溪流（% 时间）	95	97	100	98
	非集水区河流/溪流（% 时间）	100	96	99	100

监测参数	年　份	2006	2007	2008	2009	2010
DO（> 2 毫克/升）	集水区溪流（% 时间）	100	100	100	100	100
	非集水区河流/溪流（%时间）	94	96	92	96	100
BOD（< 10 毫克/升）	集水区溪流（% 时间）	100	99	99	97	99
	非集水区河流/溪流（%时间）	89	94	98	100	98
TSS（< 200 毫克/升）	集水区溪流（% 时间）	99	99	99	100	99
	非集水区河流/溪流（%时间）	100	100	99	100	100

资料来源：公司年报，新加坡国家环境局。

过去 8 年的数据显示，新加坡的内陆水域有利于水生生物。

有害物质的处理

根据《环境污染控制法规（1999）》、《环境污染控制（有害物质）法规》以及其后续的修正案，作为《环境保护和管理（有害物质）法规》中的一部分对有害物质的存储进行了突击审查。表 3.3 呈现了过去 7 年的数据，显示出减少口头警告的趋势。

表 3.3 有害物质的突击检查

年份	突击检查的次数	发现的违规次数	采取的行动		
			法律诉讼	书面警告	口头警告
2003	999	63	6	49	8
2004	1036	37	1	34	2
2005	886	47	0	46	1
2006	999	58	2	55	1
2007	1047	37	3	34	0
2008	822	41	6	35	0
2009	827	42	15	27	0
2010	888	58	8	50	0

资料来源：年度报告，新加坡国家环境局。

该数据还表明，违规记录不到 5%。

解决水污染控制的投诉

污染控制管理局有一个强大的系统，用以调查收到的投诉，并基于非法排放对污染者采取惩罚行动。表 3.4 列出了过去 8 年间收到的各类投诉的数量和调查的结果，括号内的数字指属实案例的数目。

表 3.4 水污染投诉处理

水污染类型	每年投诉的数量（已经解决的投诉或事故的数量）								
	2002	2003	2004	2005	2006	2007	2008	2009	2010
化工/石油	50 (19)	33 (4)	56 (17)	62 (12)	37 (5)	51 (3)	84 (6)	85 (3)	28 (2)
工业废水	3 (1)	12 (3)	30 (6)	54 (4)	52 (3)	105 (10)	170 (2)	173 (1)	323 (7)
农场废水	2 (1)	0 (0)	0 (0)	0 (0)	0 (0)	7 (2)	3 (5)	1 (3)	0 (0)
生活废水	22 (7)	16 (2)	2 (0)	8 (1)	20 (1)	14 (2)	25 (0)	29 (0)	8 (0)
其他	34 (7)	30 (11)	7 (3)	7 (0)	7 (0)	2 (1)	102 (3)	103 (2)	9 (0)
总计	111 (35)	91 (20)	95 (26)	131 (17)	116 (9)	179 (18)	384 (16)	391 (9)	368 (9)

资料来源：年度报告，新加坡国家环境局。

数据显示，被证实的事故或投诉的实际数量逐年下降，而与水污染（除了农场废料外）相关的事故或投诉却一直在增加。关于工业废水的投诉数量是最高的，接下来是石油和/或化工污染。然而，年平均仅 16.5 起水污染的事故，在一个高度工业化经济体国家内仍保持良好的执法记录。

进一步的思考

政策、机构和立法在新加坡水污染控制过程中三足鼎立。它们之间的互助协作已成为新加坡水资源成功管理的重要支柱。分析表明，颁布调整法律法规，建立重组相关机构，对于预计和应对新加坡不断发展的经济、社会及环境的需要起到了重要作用。

法规的通过和高效实施，促进了经济和社会的全面发展，减少了社会的不平等，并提升了生活质量。所有这些为吸引外资创造了有利的条件，同时对企业提出了严格的环境要求。关于水资源方面，结果显示出这些年来水污染控制持续得以改善，保护这种有限而宝贵的资源对整个国家的福祉是非常重要的。

从 20 世纪 60 年代早期开始，尽管国家迫切需要外资来促进工商业的发展，但新加坡仍然确保不违背环境标准。通过不断建立法规、强化执行力度、设置适当的程序以管控有害物质，并确保企业在设计和建设设施的阶段即采用适当的污染控制设施，并对这些设施进行正确操作和定期维护。尽管环保的措施非常严格，但透明、公平的机制、基础设施和执法力度已确保企业都能够遵守法。

在新加坡污染控制法规成功高效执行中，较少讨论的是通过遵循（或有时高于）供水、卫生设备和废水处理的国际化标准而实现的新加坡经济的发展。现在人们普遍认识到，对供水和废水处理的投资使得健康和卫生成本显著下降，而在这些方面无所作为将会付出高昂的成本（OECD，2008）。

如果没有规划、制度和政治意愿，立法便不能实施且无法提供优质的服务。即使 20 世纪 60 年代后期，饮用水和卫生设施安全的问题也更多地与意愿而不是与技术知识和处理能力相关，即政府方面进行规划和实施，公众方面不愿意接受城市化和工业发展必然会带来污染的结果。新加坡自一开始就否认污染是经济发展的必然结果。

对水污染的防控经由土地的合理规划、建筑标准的控制、环境基础设施的发展以及严格立法的实施与新加坡城市发展互相交织在一起。通过定期的检查（旨在正确运行和维护控制污染的设施）、对投诉的快速处理、完善的法律制度和廉洁的政府机构来确保法律的执行。此外，通过对水域的定期监测来监督不同控制法案的有效性和充分性。

与水务管理有关的机构（包括 APU、PUB 或污染控制管理局）都会参与政策、法规、现有法规修正案以及处罚和应用标准的起草和制定。例如，在既定的时间周期内，这些机构会参与对不同水务法规的修改。这不但显示了这些机构的务实性，也证实了这些机构在影响政策的制定实施过程中所扮演的重要角色。

通过对法律法规进行适时和适当的修订，新加坡与水有关的法律框架保持了相应的高效性，以解决这个国家因工业增长和城市扩张而带来的问题。分析表明，新加坡成功的水务管理及已制定并有效执行的恰当充分的立法，已成为国家发展的重要因素。

显然，长期规划是必不可少的。它为政策、法规和机构之间的共同运作提供了框架，并在这些年取得了稳步的改善。当然，即使简单、不复杂，也不能忽略机构间高效协调的价值；因为只有机构间有效协调，才能使不同的公共政策系统得以实施。

新加坡已经看到了整体的发展“蓝图”，并在基础设施、技术改进和技能型人才方面表现出了最迫切的投资意愿。毫无疑问，这些投资都没有白费，因为它们为国家和人民带来了许多利益。敢于面对发展过程中复杂情况的勇气，就是成功和失败之间的差异。尽管每一过程都可以通过很多方式进行改善，但是新加坡政府很早之前就决定采取和建立措施，以实现可持续发展。

注释

①详见 NEA，http：//www. nea. gov. sg/cms/pcd/EPDAnnualReport. pdf，2012 年 9 月 7 日。

②详见 URA，http：//www. ura. gov. sg/land_ use_ planning/，2012 年 9 月 14 日。

③NEA，http：//www. nea. gov. sg/cms/pcd/EPDAnnualReport. pdf，2012 年 9 月 7 日。

④详见 http：//app. mewr. gov. sg/web/Contents/Contents. aspx？ContId = 1342，2012 年 9 月 14 日。

⑤详见 PUB，http：//www. pub. gov. sg/general/code/Pages/default. aspx，2012 年 9 月 14 日。

⑥律政署，http：//statutes. agc. gov. sg/aol/search/display/view. w3p；page = 0；query = DocId% 3A138d92b9 - 9a21 - 4649 - b14d - 97552a8af9a1% 20% 20Status% 3Ainforce% 20Depth% 3A0；rec = 0#legis，2012 年 9 月 7 日。

⑦详见 NEA，http：//app2. nea. gov. sg/legislation. aspx，2012 年 9 月 6 日。

⑧详见 http：//statutes. agc. gov. sg/aol/search/display/view. w3p；page = 0；query = DocId%3A8615ccd4 - 139a019 - 485d - aa9ed858e4e246c5% 20Depth% 3A0；rec = 0；resUrl = http% 3A% 2F% 2Fstatutes. agc. gov. sg% 2Faol% 2Fbrowse% 2FtitleResults. w3p% 3Bletter%3DE%3Btype%3DactsAll；whole = yes，2012 年 9 月 14 日。

⑨详见 http：//statutes. agc. gov. sg/aol/search/display/view. w3p；page = 0；query = CompId%3Aadc249d9 - 141fcff - 4dd0 - 9f3b - 4be8d8d22ca2% 20ValidTime% 3A20120524000000%20TransactionTime%3A20120524000000；rec = 0，2012 年 9 月 14 日。

⑩详见 NEA，http：//app2. nea. gov. sg/semakaulandfill. aspx，2012 年 9 月 7 日。

参考文献

1. Parliamentary Debates (1971) *Addendum to Presidential Address*, Official Reports, vol. 31, 21 July, National Printers, Singapore.
2. Anti - Pollution Unit (APU) (1979) *Annual Report* 1978, Government Printing Office, Singapore.
3. Anti - Pollution Unit (APU) (1981) *Annual Report* 1980, Government Printing Office, Singapore.
4. Caponera, D. A. (2003) *National and International Water Law and Administration*, Kluwer Law International, The Hague.
5. Chia, L. S. (1978) 'Environmental Pollution: The Search for a Solution in Singapore', in R. D. Hill and J. M. Bray (eds) *Geography and the Environment of Southeast Asia*, University of Hong Kong, Hong Kong.
6. Chua, S. C. (1973) *Singapore Success Story*, *Speech at the First Australian Seminar on Litter Pollution at Perth on* 6 *October* 1972, *Western Australia*, Ministry of the Environment, Singapore.
7. Cleary, G. J. (1970) *Air Pollution Control: Preliminary Assessment of Air Pollution in Singapore*, Government Printing Office, Singapore.
8. Dhanabalan, S. (1991) *Foreword in Living the Next Lap: Towards a Tropical City of Excellence*, Urban Redevelopment Authority, Singapore.
9. Economic Development Board (EDB) (1991) *Singapore Briefing No.* 25, Economic Research Department, DBS Bank, Singapore.
10. Foo, K. B. (1993) 'Pollution Control in Singapore: Towards an Integrated Approach' in C. Briffett and L. L. Sim (eds) *Environmental Issues in Development and Conservation*, SNP Publishers, Singapore.
11. Lee K. Y. (2011) *Lee Kuan Yew: Hard Truths to Keep Singapore Going*, Straits Press, Singa-

pore.

12. Ling, T. L. (1969) *Interim Report on Improvement to Rivers & Canals in Singapore*, Draft, PWD/223/53/IV/181A, SEE (D&M)/PWD, 7 November, National Archives, Singapore.
13. Liu, T. K. (1997) 'Towards a Tropical City of Excellence', in G. L. Ooi and K. Kenson (eds) *City and The State: Singapore's Built Environment Revisited*, Oxford University Press, Singapore.
14. McLoughlin, J. and Bellinger, E. G. (1993) *Environmental Pollution Control: An Introduction to Principles and Practices of Administration*, Graham & Trotman/Martinus Nijhoff, London.
15. Ministry of the Environment (ENV) (1973) *Singapore Success Story: Towards a Clean and Healthy Environment*, Ministry of the Environment, Singapore.
16. Ministry of the Environment (ENV) (1986—1993) *Annual Reports*, Ministry of the Environment, Singapore.
17. Ministry of the Environment (ENV) (1993a) *Environmental Protection in Singapore*, Handbook, Ministry of the Environment, Singapore.
18. Ministry of the Environment (ENV) (1993b) *Singapore Green Plan – Action Programs*, Ministry of the Environment, Singapore.
19. Ministry of the Environment and Water Resources (MoEWR) (2006) *Singapore Green Plan* 2012, MoEWR, http://app. mewr. gov. sg/web/Contents/Contents. aspx? ContId = 1342, accessed 18 September 2012.
20. National Archives of Singapore (1969) *Lee Kuan Yew Letter to Minister*, Ref. PWD/223/53 (153A), 27 August, National Archives, Singapore.
21. National Environment Agency (NEA) (2008) *Annual Report*, *NEA*, *Singapore*, http://web1. env. gov. sg/cms/epd_ar2008/epd08. pdf, accessed 7 September 2012.
22. National Environment Agency (NEA) (2009) *Annual Report*, National Environment Agency, Singapore.
23. OECD (Organization for Economic Co – operation and Development) (2008) *Cost of Inaction on Key Environmental Challenges*, Organization for Economic Co – operation and Development, Paris.
24. Pollution Control Department (PCD) (1993) 1992 *Pollution Control Report*, Pollution Control Department, Ministry of the Environment, Singapore.
25. Pollution Control Department (PCD) (1994) 1993 *Pollution Control Report*, Pollution Control Department, Ministry of the Environment, Singapore.
26. Pollution Control Department (PCD) (1997) *Code of Practice on Pollution Control*, Ministry of the Environment, Singapore.
27. Pollution Control Department (PCD) (2007) *Annual Report*, Ministry of the Environment,

Singapore.

28. Pollution Control Department (PCD) (2008) *Annual Report*, Ministry of the Environment, Singapore.
29. Pollution Control Department (PCD) (2009) *Annual Report*, Ministry of the Environment, Singapore.
30. Rock, M. T. (2002) *Pollution Control in East Asia: Lessons from the Newly Industrializing Economies*, Resources for the Future, Washington D. C.
31. Tan Y. S, Lee T. J and Tan K. (2009) *Clean, Green and Blue: Singapore's Journey Towards Environmental and Water Sustainability*, Institute of Southeast Asian Studies, Singapore.
32. Urban Redevelopment Authority (URA) (1991) *Living the Next Lap: Towards a Tropical City of Excellence*, Urban Redevelopment Authority, Singapore.
33. World Health Organisation (WHO) (2006) *Guidelines for Drinking Water Quality*, (incorporated as the First Addendum), 3rd Edition, vol. 1, World Health Organisation, Switzerland.

Government publications

1. Clean Air Act (1971) Government Printer, Singapore.
2. Clean Air (Standards) Regulations (1972) S. 14/1972, Government Printers, Singapore.
3. Code of Practice on Sewerage and Sanitary Works 2000 (2004) Singapore.
4. Code of Practice on Surface Water Drainage, 2000 (2006) 5th Edition, Singapore.
5. Employment Act (1968) Act 17 of 1968, Singapore National Printers Ltd. , Singapore.
6. Environmental Public Health Act (EPHA) (1968) Act 32 of 1968, Government Printers, Singapore.
7. Environmental Public Health Act (EPHA) (1999) Act 22 of 1999, Government Printers, Singapore Government Gazette, Acts Supplement, 31 December 1971, Act 29 of 1971, pp. 287 - 300.
8. Environmental Public Health (Public Cleansing) Regulations (1970) Singapore National Printers Ltd. , Singapore.
9. Environmental Public Health Act (EPHA) (1992) *Cap.* 95, *Amendment*, Government Printers, Singapore.
10. Government Gazette, Subsidiary Legislation Supplement, 14 January 1972, S 14/72, pp. 15 - 19.
11. Government Gazette, Acts Supplement (1975), Act 5 of 1975, pp. 21 - 25.
12. Government Gazette, Subsidiary Legislation Supplement, 10 March 1978, S 43/78, pp. 123 - 124.
13. Government Gazette, Subsidiary Legislation Supplement, 2 May 1980, S 127/80, p. 469.

14. Government Gazette, Acts Supplement, (1999) Act 9 of 1999, pp. 109 – 189.
15. Government of Singapore, Singapore Statistics, www. singstat. gov. sg/stats/keyind. html
16. Hansard (1970) Environmental Public Health (Amendment) Bill, Parliament no. 2, Session no. 1, vol. no. 30, Sitting no. 5, Sitting date: 2 September, Singapore.
17. Hansard (1975) Water Pollution Control and Drainage Bill, Parliament no. 3, Session no. 2, vol. no. 34, Sitting no. 15, Sitting date: 29 July, Singapore.
18. Hansard (1977) Debate in Budget Session, Parliament no. 4, Session no. 1, vol. no. 36, Sitting no. 17, Sitting date: 21 March, Singapore.
19. Hansard (1983) Water Pollution Control and Drainage (Amendment) Bill, Session no. 1, vol. no. 43 Sitting no. 3, Sitting date: 20 December, Singapore.
20. Hansard (1989) Oral Answers to Questions: Fishing in Reservoirs, Parliament no. 7, Session no. 1, vol. 54 Sitting 4, Sitting Date: 11 July 1989.
21. Hansard (1999) Bill on Environmental Pollution Control, Parliament no. 9, Session no. 1, vol. no. 69, Sitting no. 13, Sitting date: 11 February.
22. Prohibition on Smoking in Certain Places Act (1970) Act 26 of 1970, Lim Bian Han Government Printer, Singapore.
23. Public Utilities Act (2001) Act 8 of 2001, Government Printers, Singapore.
24. Public Utilities Ordinance (1963) Act 1 of 1963, Lim Bian Han Acting Government Printer, Singapore.
25. Sale of Food Act (Amendment) (2002) Act 7 of 2002, Government Printers, Singapore.
26. Sanitary Appliances and Water Charges Regulations (1975) SLS 43/75, Singapore National Printers, Singapore.
27. Sewerage and Drainage Act (SDA) (1999) Act 10 of 1999, Government Printers, Singapore.
28. Sewage Treatment Plants (Amendment) Regulations (1978) SLS 26/78, Singapore National Printers, Singapore.
29. Statutory Corporations (Capital Contribution) (2002) Act 5 of 2002, Government Printers, Singapore.
30. Science Council of Singapore (1980) Environmental Protection in Singapore, Handbook, Singapore.
31. Trade Effluent (Amendment) Regulations (1977) Publication No. SLS. 39/77, Singapore National Printers, Singapore.
32. Trade Effluent Regulations (1976) Publication No. SLS. 27/76, Government Printers, Singapore.
33. Water Pollution Control and Drainage (1975) Act 29 of 1975, Singapore National Printers (Pte) Limited, Singapore.

4. 用水需求管理

简介

同大多数国家一样，新加坡的用水需求也在逐年稳步增长。人口增长、生活水平提高和城市化进程都加速了工商业的发展，因而除非采取具体的政策对策否则水需求仍将增长。此外，社会经济的发展也增加了节省劳动力设备（如洗衣机）的使用，并进一步推动了城市用水。由于用水需求的增长，大多数国家都倾向于采用稳步提高供水的一般性方法，但最不幸的是，用水管理没有受到与政治、社会或技术同等的关注。

大约在 1965 年新加坡刚独立的时候，新加坡的情况跟其他快速发展的国家很相似。用水量从 1950 年的3,250万加仑/天，增至 1965 年的8,190万加仑/天（增加了 2.52 倍），再增至 1970 年的11,000万加仑/天。在这 20 年中，新加坡的政策焦点集中于供水管理，以解决其严重的城市水管理问题。例如，当新加坡在 1961 年面临着持续干旱时，成千上万新加坡人在 1961 年 8 月 19 日醒来时，发现没有一滴水可用。政府的应对政策是实行了严格的水配给制度。

作为一个在独立时仅有 581 平方公里土地面积的小国，新加坡一直在努力收集雨水，并寻找空间和有利的地形来建造大而深的储水水库来满足每年的用水需求。即使是现在，虽然土地开垦增加了 23% 的国土面积（即 714 平方公里），但这个国家还是继续面临严重的土地制约，限制其收集和存储足够的用水来满足国内的需求。因此，在采用一系列受限的选项以增加供水的同时，岛上也开始应对用水需求。

本章分析了新加坡自 1965 年以来的水需求管理策略，如何采取定价、强制性节水要求和公众教育等手段作为不同历史时期应对用水需求的工具（“教育和信息策略”将会在第 5 章进行深度分析）。

水需求管理：历史背景

新加坡位于赤道雨带，年平均降雨量是2,358毫米。如果这个岛国拥有更大的幅员面积，并对水进行合理管理，这样的降雨量对满足用水需求是绰绰有余的。

20 世纪 50 年代以前，新加坡作为一个独立国家的概念从未被认真地考虑过。这个小港口成为大英帝国在东南亚的心脏。第二次世界大战后，英国把新加坡从当时的马来亚（即现在的马来西亚）分割出来，并期望在可预见的将来使其独立。计划目的是让新加坡作为英国的殖民地，便于运营英国的海军基地和连接南安普敦（Southampton）、直布罗陀（Gibraltar）、马耳他（Malta）、苏伊士运河（Suez）、亚丁（Aden）、科伦坡（Colombo）和香港（Hong Kong）的贸易线路。然而，1956 年苏伊士运河（Suez Canal）失守改变了先前的计划。另一策略是将新加坡与马来西亚联邦和英国属地的北婆罗洲（现沙巴）、文莱和沙捞越一起合并成马来亚联邦。但是，合并不到两年，新加坡就被迫离开这个新成立的国家并独立。这一脱离事件导致两国之间关系紧张。

从联邦政府分离出来后，新加坡不得不立即寻找作为一个独立国家的生存计划，因为此前的计划是将新加坡海岛作为大实体国家的一部分而制定的。这次分离事件也给新加坡带来了形形色色的复杂且难以解决的管理问题，因为新加坡作为一个城市国家并没有任何的天然资源。供水是其中必须要解决的最棘手的问题之一。

考虑到这些困难，新加坡领导人坚持要求马来西亚在分离协议中授权新加坡可以从柔佛（Johor）的两条水路进口水。鉴于其重要性，供水问题不应作为两国各自考虑的问题，且在新加坡和马来西亚两国于 1965 年 8 月 9 日签署的分离协议中明确提及。这个协议确保 1961 年和 1962 年供水协议受到重视（关于此问题的详细信息，参看本书新加坡—马来西亚水务关系的章节）。

在 1965 年新加坡刚独立之时，可利用水资源的形势是非常严峻的，仅有三个水库（MacRitchie，Peirce 和 Seletar）。按照国际标准，内陆资源量是相当匮乏的，只能满足不到 20% 的岛内用水需求。毋庸置疑，纯粹依靠国家资源来尽可能满足国内的用水需求，成为当时重要的国家优先战略。

早在第二次世界大战日本入侵期间，当横跨柔佛海峡的供水管道炸裂时，新加坡就躲过了一次水危机并目睹了水的脆弱程度。独立后，马来西亚的领导人清晰地意识到新加坡对邻国的严重依赖性，尤其是对从柔佛输入淡水的依赖。在新加坡成立当天，马来西亚首相东姑（Tunku）告诉到访的英国高级专员安东尼·海德（Anthony Head），如果新加坡不听马来西亚的话，马来西亚就会切断其水供应。正如东姑（Tunku）猜测的那样，海德即刻将该警告告知了李光耀（李光耀的个人访谈，2009 年 2 月 11—12 日）。

该威胁警告通过一封绝密电报得到了证实，该电报是由联邦事务大臣亚瑟·博顿利（Arthur Bottomley）发给英国外交部驻堪培拉（Canberra）高级专员的，内容是关于安东尼·海德和马来西亚领导人的交流：

> “今天上午 9 点，我见到了东姑，并转呈了首相的电报。他说现在改变为时已晚，且他刚刚在会上告诉了国会议员。他很抱歉之前没有通知我们，但是他很有信心，因为对此并没有什么好争论的，在他看来这是不可避免的。他别无选择。他会尽快答复威尔逊先生（Mr. Wilson）的信息。
>
> “我说我认为作为对峙的中间方，[①]而且我们与马来西亚和它的未来牵连甚深，所以最出人意料的是，对于如此激烈的行动，我们甚至没有机会发表意见或讨论其全部含义。我举例说，我推测李光耀现在会在外交政策上呈现充分自主的姿态。东姑也证实了该观点。我说人们可以很容易地想象到新加坡政府推行外交政策的可能性，这可能使我们处于最尴尬的位置。例如，若他们决定从对峙中抽离出来，会发生什么事情呢。东姑说如果新加坡外交政策损害到了马来西亚的利益，他们可以通过切断柔佛州的供水对其施加压力。用这样一种令人诧异的方法来协调外交政策使我们把目光转向婆罗洲的问题。”
>
> （澳大利亚国家档案馆，1965 年）

该事件在一封英国南部和东南亚艺术（S&SEA）研究部于 1971 年 6 月 1 日写给西南太平洋部门的绝密性信件中也有披露（Feirn，1971 年）。

该威胁为新加坡的领导人和人民敲响了警钟。李光耀总理立即召见了时任市议会和公共工程部工程师的李一添，并要求他估算出新加坡的全年雨量、收集每滴雨水的技术可行方案以及该方案是否可以实现岛内用水的自给自足（李光耀总理的专访，2009 年 2 月 11—12 日）。收集和存储尽可能多的自然水源成为国家安全事务。同时，措施也包括了减少用水，即尽可能减少人均耗水量及大幅降低不必要的用水损失，并即刻实施。

虽然公用事业局已经扩大了集水区和实里达水库的存储量（1969 年完工），并在 1975 年完成了上游皮尔斯水库计划，但不可能无限扩大受保护的集水区（这些集水区需尽可能保持其原生态并不允许开发）。为了尽可能多地从国家资源中获得用水，较小的溪流和河流先被截留，大型的和高度污染的河流留到日后再进行处理。新加坡清理大型河流有两个目的，一是尽可能多地从国家资源中获得用水；二是在英国人统治期间，殖民地人口居住的区域是清洁和美丽的，但是其他岛屿仍然有些肮脏，往往是污水横流，并且市政设施比较少。在“一人一票”的选举制度下，李光耀总理决定，如果政党不想失去选票和选举失败，就应该为全岛和所有人民创造优美的环境。因此，“清洁和绿色新加坡”的理念孕育而生，它成为用水自给自足国家战略和努力中不可分割的组成部分。

李光耀成为近代世界上唯一一位在 31 年执政期间对水持续采取特殊关注的国家总理。在此期间，他个人定期接收关于水的各种新闻，并在他的办公室直接协调处理水的问题。没有部门能以任何方式做出可能危害国家用水安全的决策：它们会被总理轻易否决掉（李光耀总理个人专访，2009 年 2 月 11—12 日）。

由于最高领导层的一贯支持，在李光耀总理卸任的时候，新加坡的供水和污水管理系统已成为世界上最有效的系统之一。它的主要目标是随时随地通过一切可能的手段增加供水。尽管在政治上抑制需求比扩大供水更加难以实现，但是新加坡政府还是通过对需求的管理，在用水安全方面取得了令人瞩目的进展。

水资源需求管理的演变

跟所有国家一样，新加坡的供水需求管理概念和应用也经历了一个演变的过程。在 20 世纪 60 年代和 70 年代期间，供水需求管理还没有作为一个可选的政策而被认真对待。相反地，水需求的稳步增长被认为是经济增长和国家发展的一个很好指标。例如，1965 年，公用事业局就强调其为新独立的新加坡的整体经济发展做出了贡献，因为它可以满足因城市扩张和房地产建设而不断增加的用水需求（PUB，1965 年）。同样在 1967 年公用事业局还声称，尽管供水需求增长率在过去 5 年内出现了衰减（PUB，1967 年），但是饮用水的加工和销售还是稳步增长到了一个令人满意的水平（覆盖了所需的范围）。至1969年，更高水平的水电气生产和销售被认为是积极的进步标志，因为这些增长被视为快速工业化、商业化、房地产发展以及生活水平提高的重要指标（PUB，1969年）。

继1971年发生严重旱灾后，将用水需求增长作为进步标志的概念开始发生变化。同年，新加坡开展了一次节约用水运动，接下来组织了三场主题为“水是宝贵的”展览。此外，在1973年对水价进行了修订且阶梯式水价制度增加了公用事业局的整体收入，并防止了国内行业的浪费。但是，设置更高水价的主要依据不是节约用水，给公众的官方解释是新加坡主要依赖马来西亚供水和需要减少这种依赖。水价调整的主要目的是新加坡需要投资越来越多的资金用于开发昂贵的存储、处理和输送技术（PUB，1973年）。更高的水价在某种程度上可以减少用水需求，但这是次要目的。

由于用水消耗的不断增加，1981年推出了“节水规划”，目的是减少岛内用水需求。该规划与以前的水政策思维大相径庭。与20世纪60年代和70年代相比，当时将较高的用水需求视为经济发展的象征和高生活水平的标志，但是自1981年公用事业局的年度报告中开始肯定节水的优势和重要性，新加坡国会讨论议事录的分析进一步表明了节水措施对逐步减少未来用水需求的重要性。

这些年来，对水需求管理的高度重视成为应对附加供水成本的一个主要反应。20世纪60年代有丰富的供水资源以供开发，即使可供开发的项目数量是有限的，但是，对于尽快扩大供水并提高水价以确保有足够的收入来支付开发成本来说，这是一个相对简单直接的方案。然而，至20世纪80年代，新加坡已在双溪实里达勿洛建成了被认为是最后一个的水库，预计接下来水资源将来自海水淡化，这一替代方案的成本比利用河流地表水的成本高10倍以上。因此，节水的必要性能够在当时的领导者、规划者以及专业人士中引起共鸣。

水价

对用水需求管理的日益关注始于20世纪80年代，当时同时采用了两种定价措施，即成本回收和非收费措施。新加坡政府曾多次表示需提高水价以支付不断增长的用水需求成本（目的是通过提高水价来收回大部分成本）。例如，在20世纪80年代和90年代期间，供水和污水处理的成本不到家庭平均收入的0.5%，这意味着水价不是减少民用水需求的一个诱因。20世纪80年代和90年代期间水价主要是确保成本回收。

跟其他英国殖民地一样，新加坡也继承了英国对水进行收费的制度。同样，面临的挑战并不是收取水费的问题，而是要让民众接受提高水费，以确保成本的回收，同时重新调整收费价格可确保非民用用户不再为民用用户进行贴补。后一目标于1997年实现。

1991年，一个明确针对节水的税收政策开始实施了。虽然这标志着要通过收费的方式来降低用水消耗，但是决定税收定量的基础还不明晰。1997年，新加坡明确开始使用经济有效的价格信号来管理用水需求。随之而来的定价调整旨在通过水费收回生产和供应过程中的全部成本，同时也通过节水税反映出替代供水水源的高成本。由此特殊税收所产生的收入没有分配给公用事业局，因为该机构可以获得资金且不参与水的生产和供应，而是被转至由财政部管理的政府综合基金中（Tan等，2009）。

虽然征收节水税是为了鼓励节水，但是水价中还包含了一些跟水无关的税。例如，1969年出台的用于支付日益增加的国防开支的法定机构税，该税用于建立新加坡的武装部队，以应对英国宣布的1971年从新加坡撤出所有的部队。这项10%的税从总公用事业费账单中支出，当时这个账单包括水电气。从政策的角度来看，此税跟水没有任何关系，尽管它可能会因为影响到消费者的水费单而对消费者的行为造成影响。

水价变动，1965—2012年

在1965年到2012年间，水价（水费和相关税费）修订了10次以上。如前所述，定价最初的主要目的是回收成本，而不是鼓励节约用水。

在20世纪60年代，用户按线性消耗水量来收费，固定费用包括计量仪租费及开通费用。非民用用户分为三类：运输、经营售水的用户和其他。1965年，需要投入大量的资金以满足日益增长的水电气的需求，因而需要进行水费调整。因此自1954年以来的第一次水费修订于1966年11月生效（PUB，1966年；《海峡时报》，1966年10月22日）。民用水价每千加仑从60分涨到了80分，船舶供给水价每千加仑从3.75美元涨到4.00美元，加工销售用水企业的水价每千加仑从2.00美元涨到2.50美元，其他行业的每千加仑水价从1.30美元涨到1.50美元，政府部门每千加仑水价增至1.00美元，法定机构和外国军队每千加仑的水价是 1. 50 美元（PUB，1966 年）。并通过电视、广播和报纸等大众媒体向公众解释加价背后的原因，消费者普遍表示接受（PUB，1966）。

水价的修订使得供水服务增加的成本遍及所有的消费者，并且避免对支撑国家发展的行业增加负担（PUB，1966 年）。另外一个原因即尽可能地确保水电气能够在自己产生的收入下实现自给自足。在报告 1966 年水费修订造成的影响时，公用事业局着重强调这一措施增加了收入，而对管理水需求的影响只是简单提及。再次强调价格调整是几乎可以完全收回成本的，而没有直接涉及节约用水（PUB，1967）。

在 1967 年 12 月关于供水定价的国会预算讨论中指出，虽然生产成本不断上升，但是从 1954 年到 1966 年，水价一直没有变化。1967 年，这些费用预计会从 1962 年的每千加仑 0. 7294 美元增加到 0. 7842 美元以上。因此，公用事业局有必要提高水价，以确保偿还世界银行和新加坡政府用于资助公共事业项目的贷款（议事录，1967 年）。

1969 年，新加坡计划扩大全民的卫生服务，1968 年至 1973 年，污水处理工程的成本约为6,000万美元，为此世界银行提供1,800万美元的贷款，以支付该计划的外汇部分（吴作栋，1970a）。[②]

既然这笔贷款需要依靠污水处理费的调整来偿还，因此水价自 1970 年 3 月开始提高：民用用户每千加仑加付 20 美分，每个卫浴装置每月支付 2 美元；非民用设施每千加仑支付 50 美分；并且工业终端产品用水时将安装水表，以测量用于工业目的用水量，而不是排至下水道（议事录，1969a，1970；PUB，1970）。

当时决定公用事业局代表政府收取费用。超过 55% 人口的民用处所每月支付的费用增加 20 美分到 1 美元，而另外 30% 的人每月支付的费用增加 1 美元到 2 美元。商业和工业处所每月支付的费用增加 2. 5 美元到 15 美元（例如：咖啡馆），小企业每月支付的费用增加 15 美元到 75 美元。考虑到贫困户无法承担增加的费用，公用事业局的免税额从每月 10 美元提高到每月 12 美元。同样，5% 税率的征收范围也从每月 11—20 美元调整至每月12—25 美元，超过 25 美元的部分仍按照 10% 的税率进行征收。尽管出现这些增长，但是在污水处理投资方面的回报率预计不超过资本投资的 2%（议事录，1969a）。

所有注册的用水户（包括没有卫生设施和主要分布在农村地区的用户）

将不得不支付额外的费用。即使需要付费，估计这些用户也愿意享有这些卫生服务。为了公平对待这些用户，公共工程部有责任尽快给所有的用户提供污水处理设施（议事录，1970b）。

1973 年，新加坡修改了水价架构，首次从原先的固定费率调整为递增式阶梯水价。25—75 立方米阶梯区间的成本是增加的，该目的是降低家庭住户的用水浪费。尽管当时对以节水为由来更改水价架构有争议，但是成本回收的理念一直占据主导地位。同年，非民用用户第一次成为一个特定的类别。政府还推出了在同一阶梯水量范围内，对不同家庭规模实行三套水价机制，确保较高用水量的多成员家庭不需承担更高的水价。阶梯式水价是根据家庭的人均用水量而制定出的，使必需的最低用水量的水价降至最低（PUB，1973 年）。

由于用水量和运营成本显著增长，同时也为了促进经济发展，1975 年新加坡再次对民用和非民用水价进行了调整（PUB，1975 年）。水价产生的收益投入上游皮尔斯水库和克兰芝 - 班丹水库项目，这两个主要的供水工程项目的总成本大约是13,700,000美元。更多的费用还涵盖了对高度污染的克兰芝 - 班丹坝原水进行处理的成本（议事录，1976 年）。

1981 年，新加坡出台了若干措施以鼓励更加合理地用水。1973 年推出的三套民用水价机制最终得以简化，并被 1981 年的单一民用水价取代。根据当时的规定和自由裁量权，对两个或更多家庭用户及超过十人同住的情况，公用事业局可给予补助。接下来将 4 级民用水价调整为 3 级。非民用用户的水价结构也在 1981 年进行了调整，从固定费率调整成阶梯增长式费率，用户每月用水量超过 5,000 立方米将支付更高的水费（PUB，1981）。

在水费上涨之前，时任财政部长的吴作栋，在一次国会会议中提到了用水量的急剧上升。他指出用水需求量增长迅速，1979 年增长了 7.4%，1980 年增长了 7.7%。需要引起重视的是，如果用水量继续以这么高的速率增长，蓄水设施如此匮乏的国家将很快面临缺水危机（包括干旱）。他还解释用水量的快速增长是可以通过水配给或价格机制的方式降低的，并指出后者是“两害相权选其轻”（吴作栋，1981：248 列）；1973 年和 1975 年水费调整后，用水量迅速得以降低，这也证实了他先前所言不虚。具体来说，用水量增长率从 1972 年的 7.7% 大幅降至 1973 年的 1.6% 和 1974 年的 1.8%；1975 年，用水量增长了 9%，但是在价格调整后就降至 1.7%。吴部长认为价格调整“对用水浪费有正面的效应”（吴作栋，1981 年：246

列）。为了避免对低收入群体造成不利影响，将他们所需的最低用水量也纳入水费修订的考虑范围内。

1983 年，三个单独类别的用水户（政府、法定机构和军队）被取消了，它们也得按照非民用类水价进行收费。同时引入了三个新的类别，即酒店、饭馆和建筑工地，它们按照非民用水价（统一费用为 100 美分/立方米）中第二级的费率进行收费。再次提高水费以支付建设新水库和处理厂的成本。对于民用用户，按照用水量，水价从 7 美分/立方米上涨至 20 美分/立方米。对于商业和工业用户，根据行业性质，水价从 20 美分/立方米上涨至 40 美分/立方米（PUB，1983）。至 1986 年，有四个类别的用水用户，即民用、非民用、航运和水加工销售。非民用水价结构经简化，回归至统一的水量费率（按照最高级别的民用费率定价）。根据公用事业局的解释，提高水价是为了满足用水生产和供应的安装费用。

如前所述，1991 年出台的节水税作为一个潜在的定价工具，有效地阻止了水的过度消耗（Tan 等，2009）。此后，水价就由水费和节水税组成。民用用水量超过 20 立方米就开始征收节水税，非民用用水一经使用就要交税。1992 年，于国会上再一次提出关于如何降低日益增长的用水量的发展策略（议会议事录，1992 年），讨论如何在不消耗更多用水，尤其是当资源还是主要依赖从马来西亚进口的情况下，也能够取得更高的 GDP。目标是在没有更高耗水的情况下，经济也能够增长。届时，作为该战略的一部分，节水税甚至在用水需求持续猛增之前已开始实施。事实上，在 1991 年，国内用水需求增长了 5.8%，比之前 5 年年均 3.8% 的增长率高出许多。国会甚至再次考虑调高节水税的可行性。

关于水价政策最显著的变化发生在 1997 年。政府第一次尝试根据经济效率和目标来确定水价，从长远来看，就是要把水费和节水税重新整合成统一的费率，尽可能使每立方米水的价格都一样，而不分用户（民用、企业或建设工地），也不论用水量（PUB，1997a）。因此，出现了几个重要的新变化。第一，水价与海水淡化的成本挂钩，以反映出替代供应水资源的高成本。在这点上，新加坡是优先采取边际成本定价法的国家之一。其次，节水税自使用时即开始征收（即使是民用住户），以显示水作为一种国家战略资源的重要性（PUB，1997b）。第三，两个最低的民用消耗级别（0—20 立方米和 20—40 立方米）合并为一个级别，超过 40 立方米的民用耗水将征收更高的水费。非民用用户的水价相当于较低的民用消耗阶梯式费率。最后，容积计量污水处理费也增加到与废水产生量相关的征收费用中。为了避免出现大变动和给消费者造成混淆，这个新的定价结构在接下来的四年内（1997—2000 年）开始逐步实施。

自此之后未再涨价，虽然在 2007 年，政府提及计划为供水、输水及废水收集、处理和清理推出一个单一价格。政府还宣布打算取消固定的卫生洁具的费用，从而全面推进用水量计费机制，使之更为公平。[③]思路是废水处理的成本应和产生的废水量挂钩，而不是与安装的卫生设施数量相关。

多年来新加坡推出退税计划，以确保生活成本上升对低收入家庭的影响降至最低。为此，1994 年启动公民咨询委员会（CCC）援助计划，并随之推出了商品及服务税（GST）。该援助计划的目的是支持虽有全面补贴（包括减少个人所得税和财产税）但仍无法支付商品服务税的低收入家庭。与此类似，1996 年电费的修订也对低收入家庭实施了退税措施（财政部，1996）[④]。这些退税金额存于具有资格的低收入家庭的账户上，可用来支付水电费，包括水费。如果退税金额没有在第一个月内全部用完，可在随后的月份中继续使用。政府选择将消费和援助分开，可以使水资源不会被过度消耗。

此外，公用事业退税措施在 1997 年电价修订及水价和节水税调整后仍然有效。公民咨询委员会援助计划也延伸至受高额水电费影响而又不能享受退税的家庭（财政部，1997）[⑤]。表 4. 1 和表 4. 2 分别总结了上述不同的水费和每立方米水的平均成本（1965—2000 年）以及节水税（1991—2000 年）。

表 4.1　水费与每立方米水的平均成本（美元）（1965—2000 年）

年份	1965	1966	1973	1975	1981	1983	1986	1993	1997	1998	1999	2000
描述	（自 1 月 1 日）	（自 11 月 1 日）	（自 2 月 1 日）	（自 9 月 1 日）	（自 9 月 1 日）	（自 12 月 1 日）	（自 8 月 1 日）	（自 12 月 1 日）	（自 7 月 1 日）	（自 7 月 1 日）	（自 7 月 1 日）	（自 7 月 1 日）
民用用水阶梯区间（立方米/月）												
第一阶梯区间			1—25@ 0.22	1—25@ 0.30	1—20@ 0.35	1—20@ 0.24	1—20@ 0.53	1—20@ 0.56	1—20@ 0.73	1—20@ 0.87	1—20@ 1.03	1—40@ 1.17
第二阶梯区间			25—50@ 0.26	25—50@ 0.40	20—40@ 0.45	20—40@ 0.57	20—40@ 0.75	20—40@ 0.80	20—40@ 0.90	20—40@ 0.98	20—40@ 1.06	
第三阶梯区间			50—75@ 0.33	50—75@ 0.50								
遵循费率	0.13	0.18	75@ 0.44 以上	75@ 0.46 以上	40@ 0.75 以上	40@ 0.95 以上	40@ 1.10 以上	40@ 1.17 以上	40@ 1.21 以上	40@ 1.24 以上	40@ 1.33 以上	40@ 1.40 以上
对于 2 户或更多家庭 +10 < 人数 < 20 的优惠税率												
用水阶梯区间（立方米/月）			1—50@ 0.22	1—50@ 0.30								
第一阶梯区间			50—100@ 0.26	50—100@ 0.40								

续表 4.1

年份	1965	1966	1973	1975	1981	1983	1986	1993	1997	1998	1999	2000
第二阶梯区间			100—150 @0.33	100—150 @0.50								
第三阶梯区间			150@ 0.44 以上	150@ 0.66 以上								
遵循费率												
对于2户或更多家庭 + 20 <人数< 30 的优惠税率			1—75@ 0.22	1—75@ 0.30								
用水阶梯区间（立方米/月）			75—150@ 0.26	75—150@ 0.40								
第一阶梯区间			150—225 @0.33	150—225 @0.50								
第二阶梯区间			225@ 0.44 以上	225@ 0.66 以上								
第三阶梯区间												

非民用	0. 29	0. 33	0. 44	0. 66	1—5000@ 0. 75	1—5000@ 0. 95	1. 10	1. 17	1. 17	1. 17	1. 17	1. 17
					5000@ 0. 85 以上	5000@ 1. 10 以上						
其他												
航运	0. 82	0. 88	0. 88	1. 32	1. 55	1. 95	1. 95	2. 07	1. 99	1. 99	1. 92	1. 92
水加工销售	0. 44	0. 55	0. 88	1. 32	1. 55	1. 95	1. 95					
政府		0. 22	0. 44	0. 66								
法定机构		0. 33	0. 44	0. 66								
军队		0. 33	0. 44	0. 66								
酒店					0. 85	1. 10						
饭店					0. 85	1. 10						
建筑工地					0. 85	1. 10						

表 4.2 节水税（1991—2000 年）（税率基于水价的百分比）

年份	1991	1992	1995	1997	1998	1999	2000
描述	（自 4 月 1 日）	（自 4 月 1 日）	（自 4 月 1 日）	（自 7 月 1 日）	（自 7 月 1 日）	（自 7 月 1 日）	（自 7 月 1 日）
民用用水阶梯区间（立方米/月）							
20 以下	—	—	—	10	20	25	30
20—40	5	10	15	20	25	30	30
40 以上	5	10	15	25	35	40	45
非民用	10	15	20	25	25	30	30
航运	10	15	20	25	25	30	30

图 4.1 显示出当水价提高时，家庭用水量也随着变化。数据也显示出民用用水 20 立方米的水费单、每天人均用水量及每次涨价的应对和已实施的对公众的教育。

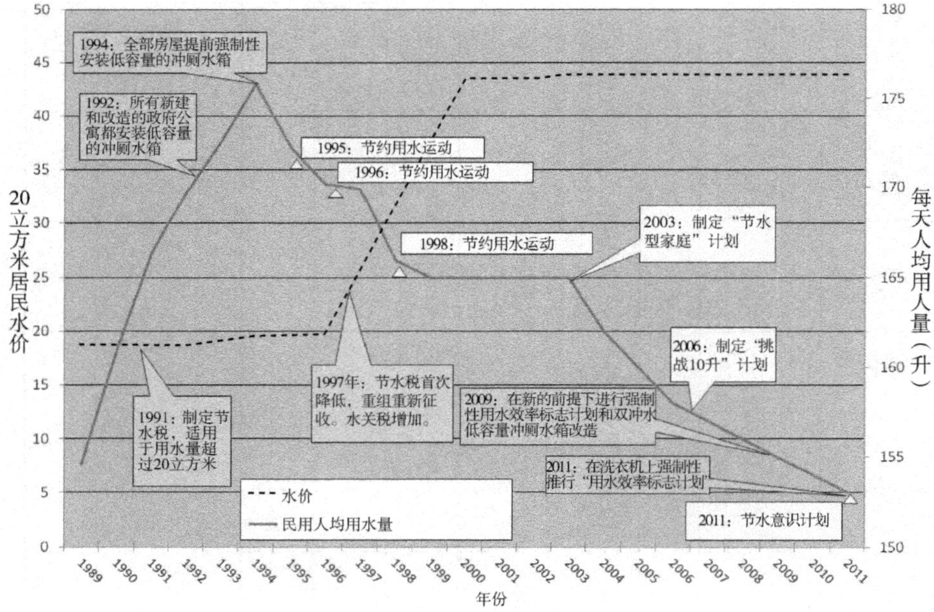

图 4.1 价格变更和采取的措施对人均民用用水产生的影响（1989—2011 年）

定价、强制性和技术性措施以及持续的教育推广计划都已成为节约用水资讯中的一部分。这些努力使人均民用耗水量从 1995 年的 172 升/天降到

2011 年的 153 升/天。此外，也一直鼓励企业使用更高效的替代性“新生水”。节水行动也使得新加坡成为世界上具有最低未计量用水的城市之一（低于 5%）。尽管取得了这些积极的发展和成就，但是，从长期可持续发展角度，需对节水措施进行更加全面的考虑，因为，国家 50% 以上的水资源还得依赖进口（Balakrishnan，2012）。

强制性措施

早在 20 世纪 40 年代，市议会水利部中的测漏部门负责检测供水网络是否泄漏。由于意识到将泄露降至最低的重要性，测漏部门进行逐户检查，量化可计量和不可计量的泄漏，预计经过泄漏检测而节省的水量。从 1978 年起，工程方案应用于客户端以减少用水需求。这一年，公用事业局着手开展试验研究以测试在安装套管后节省的水量（PUB，1978）[⑥]。数据显示能够节省 10% 的用水需求，但是需要更多的研究和实验。因此，从那年起开始陆续安装套管。此后的公用事业局研究发现这种技术可以节省高达 11.6% 的用水量（PUB，1980）。

由于耗水量的不断上升，1981 年开始起草“节约用水计划”，并成立节水部门以实施计划中的具体细则。该计划主要关注大规模用水户，这些用户的用水节省空间被认为是最大的，可达到民用用水量的 4% 以上。也就是说，20 世纪 80 年代，关注的主要对象是非民用用户。跟测漏部门检查泄漏和浪费的职能不同，节水部门主要目的是减少客户端的用水需求，采取包括技术性、强制性和自愿性等措施以及公众教育的方式以实施。用水审计和经济激励措施主要是针对非民用用户。

1983 年，公用事业局对供水条例的条款进行了重大的修改，以减少公共场所的非民用用水的浪费，并提高了管道标准（PUB，1983）。按照修改后的条款，对于非民用用户及所有私人高层寓所和公寓的公共区域，强制性安装自动关闭的延时水龙头和衡流调节器等节水设施。这个措施的目的是减低水龙头过高的流量，并防止那些不需要直接付费的使用者对水的浪费。同时，所有非民用场所都被安装上了限制流量的固定装置并收取费用，如住宅区水龙头的最大流量限制一直持续到 2002 年。

自 1992 年以来，一次冲洗耗水不到 4.5 升的低容量冲厕水箱（LCFC）被安装至所有新建的公共建筑中。自 1997 年开始，所有新的和进行中的建设项目，包括民用住宅、酒店、商业建筑和工业设施都必须安装这些新型的设施，而不再使用传统的9升冲厕水箱。20世纪80年代，住建发展局发现冲厕用水占家庭用水的比例最大，约为20%。因此，开始寻找节水的方案。那时瑞典已经开始使用低容量冲厕水箱，每次冲厕所用水量为3—4升。使用这种水箱可以实现用更少量的水完成同样的工作，看来是一个自然的解决方案。但是，问题是较低的水量可能会减慢甚至停止废水在污水处理系统中的流动，从而引起公共卫生问题。低流速可能无法正常工作，有人持保留意见。有人提出了关于半排放和全排放之间效率的问题，如果用户需要冲洗一次以上才能有效清除废物，那么反而可能无法实现节水的目的。

同时，瑞典LCFC（低容量冲厕水箱）创始公司的一个当地代理商与环境部、住建发展局和公用事业局的官员接洽，并向他们展示了新型的冲厕水箱。随后，这家公司通过驻新加坡的瑞典大使馆，邀请这三个部门的官员来瑞典访问，并评估低容量冲厕水箱的效能以及在当地居民中的接受程度。这次实地考察后，环境部、住建发展局和公用事业局的官员决定在住建发展局的公寓中对低容量冲厕水箱实施为期九个月的测试，在新加坡当地条件下，记录节水量和研究其性能（如冲洗效率、外观吸引力、可能的缺陷和故障、流速减低对污水系统的影响以及节水的程度），三个瑞典低容量冲厕水箱用于实验。测试的结果是成功的，结果表明废水可以在排水管中流动，并且每天每人实际节水量约19升。根据住建发展局的计算，如果将所有住建发展局公寓中的传统9升水箱替换成低容量冲厕水箱，每年节约的水量相当于实里达水库的存储量（超过50亿加仑）。尽管规划者相信强制性安装低容量冲厕水箱的措施会带来显著的节水效果，但是他们还是继续实施技术性措施。

与此同时，住建发展局将进一步确保市场做好应对这种变化的准备。三个用于实验的低容量冲厕水箱产自瑞典，规划者因此担心会对当地的水箱生产商产生负面的影响。住建发展局从7个参与采购和安装卫生设施的团体（新加坡建筑师学会、新加坡洁具进出口协会、新加坡卫生及管道协会、新加坡房地产开发商协会、新加坡承包商协会有限公司、新加坡酒店协会以及新加坡咨询工程师协会）收集反馈信息，以确保私营部门支持预期的措施。这些信息备受瞩目，因而针对反馈进行了一些重要的调整，这些调整对后来的节水强制性措施的成功实施发挥了关键性的作用。例如，新加坡洁具进出口商协会提出，公司需要时间来清理现有传统水箱的库存并获取可以满足新要求的新型水箱，因此，同意在公告日和截止日之间设置期限，便于市场适应新规定。1992 年，住建发展局所有的新公寓都安装了冲水量不超过 4.5 升/次的低容量冲厕水箱。到 1997 年，要求所有新建场所和在建项目（包括所有的民用住宅、酒店、商业楼宇和工业机构等）安装节水型的低容量冲厕水箱。12 年之后的 2009 年，公用事业局采取进一步措施强制推行使用具有双冲洗性能的低容量冲厕水箱（3 升弱冲或 4.5 升全冲）。这款双冲洗的低容量冲厕水箱有弱冲和全冲两种模式可供选择，可为用户节省更多的水量（PUB，2008a）。⑦

除了这些强制性措施外，政府还鼓励自愿采用节水设备。在 1995 年节水运动期间，政府免费分发套管，将之安装至住户的水龙头、喷头和水管接头，可以降低过高的压力和流量。自 1999 年起，住建发展局新建公寓的所有洗脸盆水龙头都安装上了套管。2003 年，施加在非民用用户的最大流速减少了 25%—33%。这也是最大流速首次施加于民用用户。

自那时起，进一步的措施已经落实到位。2006 年，公用事业局启动了一个挑战 10 升的“总体规划”，该规划旨在将人均日耗水量减少 10 升。作为该计划的一部分，公用事业局和新加坡环境委员会推出了自愿性“用水效率标志计划”（WELS），该计划提供耗水和功效的信息，以帮助消费者在采购时选择合适的水配件和产品（PUB，2008b）。强制性用水效率标志计划于 2009 年开始实施，这是一个反映水龙头、混频器、双冲低容量冲洗水箱、便池冲洗阀和无水小便器等产品的用水效率等级的分级体系（用 0/1/2/3 来标志）。

公用事业局按照《公用事业法规（2002）》及其附属条例来实行强制性用水需求管理措施（实施手段将在另一章中进行深入的分析）。⑧这些条款一般采用价格和技术机制来防止水浪费，对违规的行为也采取罚款和法院起诉等惩罚措施。例如，《公用事业法规（2002）》中第 23（2）条规定，公用事业局有权中断对水滥用或浪费的用户的供水。第 34（1）条指出，在未即刻通知公用事业局的情况下，任何阻碍其所在场所的供水管道或设备或破坏供水网络行为都应承担赔偿责任，一经定罪，最高可处以罚款5,000美元。第 50（1）条中也有对浪费水的行为进行严厉处罚的规定，最高罚款 5 万美元或长达三年的监禁或两者并罚；如果再次出现浪费水的行为，则从发现到定罪期间，每天处以最高1,000美元的罚款。

尽管可以利用公权力来推行强制性措施，但是如果消费者并不知道有这样的规定，他们就很难遵守。推而广之，如果在对节水缺乏或没有足够认识的情况下对他们进行起诉，可能会造成不公平。长期节约用水的思想和理念是控制实际日常用水量的决定性因素，通过公民教育和宣传使居民自愿性节水是最重要的途径。这方面内容详见本书第5章。

进一步的思考

新加坡的故事是一个精心规划的长期发展历程。与1965年世界上对新加坡这个岛国国土面积小、几乎没有自然资源以及高度依赖进口水源等明显劣势的印象相反，劣势已转化为机遇，与大多数国家相比，新加坡资源管理的效率更为显著。

长期的规划、务实的政策和周密的实施，使得这个城市国家能够在国家利益和经济效率之间找到平衡。水资源首先是生存的战略要素，其次才是增长、发展和改善生活质量的因素。分析新加坡水资源的可持续发展历程所得出的结论是，全面的水资源管理使得这个城市国家朝总体发展的目标前进。

这些年来，新加坡的水资源管理受到地理、发展和环境因素的挑战，即雨水收集的土地限制、蓄水库的位置、干旱、洪水、污染以及日益增加的民用和非民用人均用水量。除了实施这些短期、中期和长期的规划外，国家一直在寻找和探索传统和非传统的方法以提高用水的效率。

随着时间的推移，政府制定出了水供应和需求战略。在20世纪60年代，公用事业局主要负责供水，而不是着重于管理用水需求。然而，经历了1971年干旱后，特别是在20世纪80年代期间，水需求管理开始扮演日益重要的角色。随后在20世纪90年代，公用事业局开始利用经济手段和以社区为基础的方式管理用水需求。

人的行为很难改变，采取经济激励措施可以促使消费观转变。例如，设置和推行更高的价格能够促进降低耗水量。这意味着进一步提高价格，可以使人均日耗水量减少到153升以下。新加坡现在的耗水量仍然比欧洲的几个城市高出许多，巴塞罗那，哥本哈根，汉堡等城市的耗水量已降低到100升/人·天。

新加坡上一次水费调整的时间是在2000年。自那时起，水价不但没有改变，而且通胀已有效地降低了水的实际价格。相比之下，家庭的平均收入上涨了，这意味着这些年来水费占费用支付的平均比例减小了。最值得关注的是，对于一个半数水资源依赖进口的国家，无论从水资源安全的角度还是未来气候变化不确定性角度，都需要大幅度降低人均耗水量和工业用水需求。

采用经济手段可以重塑消费模式，这已经被人们的行为所证实，因此，未来应优先考虑利用这些手段进一步降低水耗。

注释

①马印对抗主要发生在婆罗洲岛。详见 Lee，1998。

②在海外发展部和海外发展管理局对新加坡污水项目进行评估的过程中，提及污水处理扩建及改善工程计划将在 1968 年至 1972 年 6 月进行。其中包括在 9 个地区建设污水渠和泵站、对现有的 3 个处理厂进行改建和扩建、对现有的泵站及污水渠进行的一些改扩建。所提及的拟建项目总承包预计高达67,200,000（相当于22,400,000美元），其中包括建设期间的利息，拟贷款额（6,000,000美元）将用于满足约 77% 的外汇成本。项目支出费用的余额将通过政府的发展基金进行拨款。贷款期为 20 年，含 5 年的宽限期。基于钱的因素（占公共资本支出的 3.6%），污水处理是第 2 个 5 年（1966—1970 年）发展规划中的小部分，但是对于工业园区、住宅及城市重建项目来说是至关重要的。在当时，住宅和工业园区项目已被视作为"突出的成就"，且没有任何迹象表明将达不到目标（英国国家档案馆，无日期）。

③征收卫生器具费及污水处理费将抵消废水处理、污水管网运营和维护的成本。基于在每一场合所安装的卫生器具的数量，因而其费用是固定的；而污水处理费是基于在任何既定场所消耗的水量而进行征收的（详见 PUB，http：//www. pub. gov. sg/general/Pages/WaterTariff. aspx，2012 年 8 月 31 日 ）。

④财政部，1996 年，详见 http：//www. mof. gov. sg/budgent _1996/rebates. html，2012 年 8 月 31 日。

⑤财政部，1997 年，详见 http：//www. mof. gov. sg/budgent _1997/utilitiesrates. html，2012 年 8 月 31 日。

⑥套管是中间钻有一洞的金属盘，并置于管道中以减少流速并因此降低用水量。

⑦PUB，2008a，http：//www. ies. org. sg/e – newsletter/PUBMWELS. pdf

⑧详见律政署，http：//statutes. agc. gov. sg/aol/search/display/view. w3p；page = 0；query = DocId%3A138d92b9 – 9a21 – 4649 – b14d97552a8af9a1%20%20Status%3Ainforce%20Depth%3A0；rec = 0，2012 年 9 月 8 日。

参考文献

1. Balakrishnan，V. （2012） *Opening Speech*，Singapore International Water Week 2012，Singapore.

2. Feirn，V. （1971） *Letter to Mr. J. S. Chick*，*South – West Pacific Department*，FCO24/1208，National Archives of the United Kingdom，Kew.

3. Gok，K. S. （1970） *Increase of Water Charges. Statement by the Minister of Finance*，Parliament

no. 2, Session no. 1, vol. no. 29, Sitting no. 5, Sitting date: 27 January, Hansard, Singapore.

4. Goh, C. T. (1981) *Debate on President's Address*, Parliament no. 5, Session no. 1, vol. 40, Sitting no. 5, Sitting date: 20 February, Hansard, Singapore.
5. Hansard (1967) *Session on Budget, Loans and General*, Parliament no. 1, Session no. 1, vol. 26, Sitting date: 20 December.
6. Hansard (1969) *Increase of Water Charges*, Statement by the Minister of Finance, Parliament no. 2, Session no. 1, vol. no. 29, Sitting no. 1, Sitting date no. 23 December, Singapore.
7. Hansard (1970) *Local Government Integration (Amendment) Bill*, Parliament no. 2, Session no. 1, vol. 29, Sitting no. 7, Sitting date: 27 January, Singapore.
8. Hansard (1976) *Public Utilities Board. Increase in Revenue*, Parliament no. 3, Session no. 2, vol. no. 35, Sitting no. 5, Sitting date: 18 March, Singapore.
9. Hansard (1992) *Budget, Ministry of Trade and Industry*, Parliament no. 8, Session no. 1, vol. no. 59, Sitting no. 10, Sitting date: 11 March, Singapore.
10. Housing & Development Board (HDB) (2001) *Annual Report*, Housing & Development Board, Singapore.
11. Lee, K. Y. (1998) *The Singapore Story. Memoirs of Lee Kuan Yew*, Singapore Press Holdings and Marshall Cavendish Editions, Singapore.
12. Lee, H. L. (2007) *Prime Minister Speech*, ABC Waters Exhibition, Asian Civilisations Museum, Singapore, February 8.
13. Ministry of Finance (1996) *Budget Speech* 1996, Singapore, http://www.mof.gov.sg/budget_1996/rebates.html, accessed 17 September 2012.
14. Ministry of Finance (1997) *Budget Speech* 1997, Singapore, http://www.mof.gov.sg/budget_1997/utilitiesrates.html, accessed 17 September 2012.
15. National Archives of Australia (1965) *Confidential Telegram from the Secretary of State for Commonwealth Relations to the British Foreign High Commissioner*, CRS A1838/280, 3006/10/4/1 Part 1, 9 August, Canberra.
16. National Archives of Singapore (2008) 10 *Years that Shaped a Nation* 1965 - 1975, Singapore.
17. National Archives of United Kingdom (no date) *Appraisal of Singapore Sewerage Project*, Ministry of Overseas Development and Overseas Development Administration, Malaysia and Singapore Department and successors, Registered Files (MS Series), World Bank aid for Singapore for the 1967 - 1969 period, OD 39/105, Kew.
18. Public Utilities Board (PUB) (1965) *Annual Report*, PUB, Singapore.
19. Public Utilities Board (PUB) (1966) *Annual Report*, PUB, Singapore.

20. Public Utilities Board (PUB) (1967) *Annual Report*, PUB, Singapore.
21. Public Utilities Board (PUB) (1969) *Annual Report*, PUB, Singapore.
22. Public Utilities Board (PUB) (1973) *Annual Report*, PUB, Singapore.
23. Public Utilities Board (PUB) (1975) *Annual Report*, PUB, Singapore.
24. Public Utilities Board (PUB) (1978) *Annual Report*, PUB, Singapore.
25. Public Utilities Board (PUB) (1980) *Annual Report*, PUB, Singapore.
26. Public Utilities Board (PUB) (1981) *Annual Report*, PUB, Singapore.
27. Public Utilities Board (PUB) (1983) *Annual Report*, PUB, Singapore.
28. Public Utilities Board (PUB) (1985) *Yesterday & Today. The Story of Public Electricity, Water and Gas Supplies in Singapore*, PUB, Singapore.
29. Public Utilities Board (PUB) (1986) *Annual Report*, PUB, Singapore.
30. Public Utilities Board (PUB) (1997a) *Annual Report*, PUB, Singapore.
31. Public Utilities Board (PUB) (1997b) *Singapore Government Press Statement*, PUB, Singapore.
32. Public Utilities Board (PUB) (1998a) *Circular on the Mandatory Water Efficiency Labelling Scheme (MWELS) and Mandatory Installation of Dual Flush Low Capacity Flushing Cisterns*, PUB, Singapore, 23 October, http://www.ies.org.sg/enewsletter/PUBMWELS.pdf, accessed 14 September 2012.
33. Public Utilities Board (PUB) (1998b) *Annual Report*, PUB, Singapore.
34. Public Utilities Board (PUB) (2008) *Annual Report*, PUB, Singapore.
35. Singapore Department of Statistics (2008) *Report on Household Expenditure Survey, List of Statistical Tables*, Table 16A: Average Monthly Household Expenditure by Type of Goods and Services (Detailed) and Income Quintile, Singapore.
36. Tan, Y. S., Jean L. T and Tan K. (2009) *Clean, Green and Blue, Singapore's Journey towards Environmental and Water Sustainability*, Institute of Southeast Asian Studies, Singapore.
37. The Straits Times (1966) Water and Power Rates Are Up Next Month, The Straits Times, 22 October.

5. 节水教育和信息战略

介绍

公众参与和行为改变是谋求可持续发展过程中一个基础部分。通过宣传节约用水的必要性，建立节水意识，公众开始参与节水。一旦达到初级参与度，政府就组织活动尽力激发公众对降低耗水量的关注，说服受过良好教育的公民来共同参与或采取行动以节约用水，由此进一步扩大公众参与度。

社会、经济和制度框架、治理问题以及供水系统（包括物理、化学和生物因素）之间的相互作用，决定了不同政党和利益之间互动管理的程度。在以下的讨论中，这种相互作用的程度将被认为是“公众参与的程度”，在特定社会经济和政治的大环境下，交流和相互作用的加强依靠于政府管理的方式以及利益相关者所扮演的角色（Van Ast and Boot，2003）。因此，不同的公众参与活动不应仅基于对政府管理方式或参与者的角色进行分析，而应从预期的结果进行分析。

尽管节水非常重要，但是宣传活动只能为有限的公众提供互动，因为参与活动通常受控并受限于目标群体。因此，应鼓励开展公共项目以促进政府和公民之间的共同责任感。这种基于“以公民为中心”的合作关系，有助于公民参与、实践并将节约用水理念作为生活方式的一部分而被接纳。它也有助于在个体和水之间建立一种个人关系，以此作为可持续发展的支柱之一。

为使公众更深入地参与活动，可以基于参与、授权、合作和促进的策略，鼓励参与者根据他们的专长和参与度，作为顾问、决策的制定者、合作伙伴和发起人而发挥互补的作用。为此，政府通常会根据他们的管理模式，采取更加合适的参与政策。这种更高程度且更具意义的互动和参与最明显的收获就是对特定情况下的优势和劣势更为了解，并因此赢得更广泛的公众接受度，得到支持和建议。然而，许多政府认为紧密的互动和参与并不能必然提高决策的质量，有时还会抑制快速政策的实施，并导致具体目标最终无法实现。

下面是关于新加坡民间团体和政府之间独特关系的描述，这有助于了解自新加坡独立以来公众参与水资源运动的历程。

新加坡社会

新加坡社会结构主要由外来移民构成。除了原住民马来人外，新来的移民或早期移民的后代属于其他“种族”群体。新加坡主要分成四个族群：华人、马来人、印度人和其他（主要是欧亚混血儿）。在新加坡独立后的前 35 年，这些族群的人口比例基本保持稳定。1970 年，这四个族群的人口比例分别是 77%、14.8%、7% 和 1.2%；2010 年的数据稍微有些变化，分别是 74.1%、13.4%、9.2% 和 3.3%。[①]

虽然不同族群的人口比例几乎没有变化，但是人口总量显著增加，新加坡已成为一个人口数从 1824 年的10,683人增至 2011 的 510 万人的第一世界城市型国家。刚独立的时候，其人口数量已经达到了 150 万，年均增长率为 4.5%（Saw，1991）。1965 年，每个家庭平均有 6 个成员，逐渐减少到 1977 年的 5.3 人，再到 1982 年的 4.8 人。两个或两个以上家庭住户（三代或三代以上居住在一起）的人数也从 1965 年约 9 人降低到 1982 年的 8.2 人（Lee，1991）。在经济上，1965 年人均 GDP 是1,580美元（根据 2012 年的市场价格），1977 年达到 7,022美元（根据 2012 年的市场价格）。[②]这种社会经济发展和人口增加之间的逆关系，解释了为什么 2011 年住户平均人数降至 3.5 人而人均收入增至61,071美元。也就是说，在新加坡初期发展阶段，平均家庭规模减少了，而平均家庭收入在 20 年间增加了近 5 倍。[③]

家庭收入经历如此快速的增长，主要归功于政府的努力，即通过吸引外资和技术，快速实现以出口为导向的工业化并制定出意义深远的劳工法，以促进增长和发展。成功的另一个主要原因是国家对教育的高度重视。政府将教育作为提高新加坡社会生活质量最重要的长期方法来看待，并不断地向民众灌输该价值观，同时也着力培养劳动力以获取最大的经济生产力。为了实现这些目标，在人民行动党执政的第一个九年里，政府将近三分之一的预算用于教育，旨在促进学术和职业技术的进步，提高国家劳动力的质量和生产力（Turnbull，1989）。

此外，无论经济生产力还是教育都是政府用来应对来自反对党派和团体，如工会、宗族协会和学校系统等组织（这些组织历史上具有反对早期政治殖民的精英阶层和他们的继承者的倾向）挑战的关键机制。新加坡在 1959 年自治后的十年内政局一直动荡不安。一方面是因为人民行动党内的两个派系之间就是否并入马来西亚联邦政府的问题争执不休，另一方面是因为教育和文化的因素。新当选的政府建立了一个能够平等兼顾四种主要语言的长期教育政策（Turnbull，2009），并打造了一个可以融合多种族、多文化和多语言的社会，并促进各族群间互相尊重，从而达成国家认同的总体目标。

在国家大力促进和发展教育的情况下，全国的识字率从 1957 年的 52.2% 增至 1980 年的 84%，再增至 2011 年的 96.1%。④在独立后的 15 年内，15 至 24 岁的识字率从 1980 年的 97% 增至 1992 年的 100%。⑤学生人数从 1962 年的 401,064人增至 1972 年的537,278人。这种进步使得学校成为开展多样化公共宣传（例如个人健康和自然资源保护）的理想场所。

1966 年，当时的总理李光耀在一次给学校校长进行的演讲中提到了文化分裂的严重性，他说：

> 我们的社会缺乏一些内在的习惯性思维——忠诚、爱国主义、历史和传统……，我们的社会和教育系统，没能把人培养成一个具有团体意识、认同集体利益并为之努力的人……
>
> 必须建立集体意识，以确保社会的生存，而不是个人的生存，这就意味着价值观要重新调整和定位……。在上我们必须具有领导的素质，在下则需要有凝聚力的品质。
>
> （Lee，1966：3）

因此，国家建设和每个孩子能力的全面发展，成为教育的主要目标之一。英语仍然是这个国家的官方语言，并作为发展和现代化的语言而日益被接受。

在独立后短短 20 年内，新加坡发生了巨大的变化。半乡村地区、荒废的村庄、贫民区和棚户区消失了，那里的居民被重新安置到住建发展局新建的社区里。新的社区配有基础设施和服务，包括学校、市场、诊所、商场和娱乐设施。

早期按照族群分界居住的人们，在新的住宅建设方案下（该方案的目标是实现种族的融合）开始共同生活。这样政府就更易于举办社区活动，以促进社会的良性互动并开展关于健康、环境和家庭等议题的公共活动。由于公共住房、供水和卫生设施、教育活动等总体环境的改善，卫生的标准也大幅提升。到了 20 世纪 70 年代，婴儿死亡率和平均寿命可以跟最发达的国家相媲美，分别为 20.5‰和 65.8 岁。⑥至 2011 年，预期平均寿命上升至 82 岁，婴儿的死亡率降至仅为 2‰（该数据指的是常住人口，而非总人口）。⑦

像大多数机构一样，在新加坡独立后，大众传媒也发生了显著的变化。首先，所有当地语言的报纸逐渐将国家建设当作一个共同的宣传目标。正如陈（Chan，1991）提到，迫于形势，报纸不得不优先宣传国家的目标，并成为传播重要国家信息和参与重要民生事项（如水资源）的工具。这种方式有助于国家政治和工业的稳定，从而间接地促进了经济增长。

由于识字率在1980年达到84%，因此，1965年到1980年，民众对资讯有更多的需求，这使得报纸的发行量翻了3倍。到1976年，新加坡成为亚洲拥有最多读者的国家之一，每100人拥有20.9份报纸（Chan，1991）。印刷出版物是向民众传播信息的一种有效手段。例如，报纸在帮助广大市民了解预期的和重要的信息的过程中，发挥了重要的作用，比如它们对“保持新加坡清洁”或“节约用水”等全国性的活动和最近提出的新生水概念给予了大力支持。新加坡的广播电视（RTS）和已经企业化的新加坡广播公司（SBC），在民众中播放健康、就业、国防和环境等具有教育意义的节目。

政治和公民参与

自1959年政府取得自治以来，一个最重要和显著的政治发展特点就是新加坡一直实行一党制。政治稳定、政策的预见性和连续性，有效地确保了经济和社会发展的成功。一党制也使得执政的人民行动党可以提前为将来的挑战未雨绸缪，并大力引进和重用可以为国家带来更好发展的最优秀的人才（Lee，2011）。

Chan在1991年提到，人民行动党通过组建一个立宪代议制政府，赞同专制的决策并将权力集中于少数几个高层，形成了一种独特的管理风格。在政府和公众的活动和举措中可见这样的政治决策思维方式，在前两个公众参与节水的阶段也有所体现。新加坡人会对切实可行的方案快速响应，但在一般情况下也会依赖于政客，满足于跟随进取、敬业和专业的领导层。当大多数人接受人民行动党的有效领导，政府的强势行为“使得作为社会一部分的民众整体参与感趋于消失”（Turnbull，2009：322）。

尽管新加坡经历了20世纪70年代的石油危机和1987年的国际股市大跌，但繁荣和政治稳定造就了更轻松的氛围，大多数市民生活水平大大提高，过得很舒适。随之而来的选举中，当选的反对派成员进入议会。因此，政府采取了一种政策，即给予人民一些空间以表达自己的观点，即使是非政治性的观点。反馈机构成立于1984年，并以官委议员（NMP）和非选区议员的组织形式而发展壮大，在实际上一党制的情况下听取执政党以外的观点和意见（Chong，2005）。

1990年11月，当吴作栋接任总理时，他接受更广泛的公众咨询，并鼓励更广泛的民众参与（Goh，1990）。因此，作为国家最重要的资源，其利益成为政府的第一要务，同时民众也被鼓励积极参与政府发起的各种项目。此外还放宽了艺术和电影的审查。社会环境开始发生变化，广大民众开始表达自己的意见，但对进入政治舞台依旧兴趣不大。从1992年起，政府开始鼓励公众就与环境有关的问题提出意见，公众参与活动的基调也相应地发生改变。

与此同时，那些有抱负、受过高等教育的新加坡人也在新兴的民间社会团体展现他们的野心和行动力。对于政府来说，这些群体的理念是“一种非政治性的行动主义”（George，2006：42），可以补充完善官方行为。在这个小小的城市国家，土地和资源有限，且被高度敏感的东南亚政治环境所环绕，每个人都在兜售自己的想法，并努力利用资源实现他们的抱负，但这种行为也有其自身的缺点。HO（2000：440）提到，政治制度确立了具体的参数，也就是说“规定了公民参与决策的实际限制”。这场斗争形成了新加坡民间社会与国家的关系，甚至延续至今。

为了了解大众的愿望，政府鼓励开展公众征询活动（Chong，2005：15）。这些活动也成为制约不合法的鼓动和倡议活动的工具，并形成制度化的反馈式流程，从而建立了明确的框架，使宣传、抗议和反对意见在此框架中去政治化并以平静有序的方式进行。为了鼓励在法律范围内及尊重种族和宗教的前提下进行理念的表达，政府于2000年9月设定了户外演讲角。

在协商机制下，国家提供平台或创造机会以了解及听取专业人士、专家、有关社会团体和公众的意见和想法。在新加坡国家远景报告“新加坡21”（新加坡政府，1999）的起草过程中，协商机制得到最深刻的表现。“新加坡21”所商讨的几个议题包括基于协商和达成一致、决断力和快速行动。在远景阐述中，政府出于建立社会资本的目的，鼓励公民积极参与社会服务和其他民事活动，使民众保持凝聚力并扎根于新加坡。

提出这一倡议的委员会包括国会议员、民间社会团体、社会活动家、律师、工会人士、商人、专业人士等，该委员会与民众互动并就五个主要问题听取意见：减压生活与保持活力；老年人的需求及年轻人的志向；吸引人才与关注新加坡人；国际化/区域化和以新加坡为家；协商和达成共识、决断力和快速行动。此外，公众征询给社会公众和国家之间的关系带来了一些变化，因为它表明政府关心市民的意见。例如，在公众参与的活动中，特别是在有关水的活动中，建立“伙伴关系”的概念。即使是在“新加坡21”这样的国家报告起草中，政府仍自上而下地保持与民众的联系。

“非政治化”的民间社会组织与国家及其机构结成联盟以进一步落实政府的目标和利益，这些民间组织优于那些偶尔与政府观点进行对抗和挑战的组织。对于这样的“非政治性活跃组织”，如社会福利机构，国家倾向于称之为“市民社会”而非“公民社会”，“因此，给予公民权利以公民共和主义的概念，在此公民权利的重点非个人权利而是公民与国家的责任”（Chong，2005：10）。民间社会组织参与新加坡水需求管理并没有与政府形成对立，因此，他们的活动在政府的支持下蓬勃发展。关于他们所进行的活动将在随后的章节中进一步讨论。

对于一个有决策力、社会影响力、支持民间组织，并通过公共合作伙伴关系来提高组织基层而非决策层凝聚力的政府来说，拥有强大的领导力和远见卓识并重视民众需求是当务之急。

政治领导

良好的政治领导一直是新加坡繁荣和富裕的主要因素。新加坡的精英阶层已形成一种观念，即领袖是国家命运最好的法官，而普通民众的知识水平、对政治事务的理解与兴趣并不总是使他们能够对影响国家命运的问题做出有意义的决定（Ho，2000）。这一想法也被世界上众多政策制定者所认可。

到目前为止，这种理解已经被这个城市国家持续的经济增长及令人印象深刻的转型所证实。政府已能够在民众中灌输信任感这一事实使民间社会团体和公民在政府和政策事务中表现得相对无关紧要。另一方面，通过高效率的政府、有效的立法实施、公共活动、选区工作、公用系统及其他高效的政府专业机构，这种信任能够从根本上带来有效的政策变化。

这再次归功于新加坡的领导层，尽管有精英决策方法，但对于替代进程的修正始终保持开放的态度。各种机制，如反馈单位、服务改善单位、公民咨询委员会（CCC）和民选代表的各种会议平台，为公民提供了试图影响政策投入的机会。20世纪60年代初，人民行动党领导层激活基层机构，以促进政府和人民之间的联系。通过职业教育、娱乐和体育活动，使社区中心及人民协会（PA）成为社会融合的焦点，被看作在选区产生社会凝聚力的催化剂（Lee，1978）。设立公民咨询委员会向民众传递政府政策，并将基层要求反馈回政府。公民咨询委员会增强了政治领导人管理的能力，同时也承担在基层管理和开展多种官方教育活动的主要责任以重新定位市民的行为（Chan，1991）。在20世纪70年代的最后几年，在所有住建发展局的地产中建立居民委员会，以促进社区与政府的凝聚力，确保委员会内的中高层管理者参与其中。对于突出这种参与的重要性，前总理吴作栋解释说：

> 高级公务员必须了解民众的愿望、需要和感受，以更有效地履行自己的职责。通过成为居民委员会的一员他们可以了解基层的问题，因而有机会证明自己解决问题的能力，并与来自社会各界的居民建立联系。
>
> （《海峡时报》1980年4月4日）

在新加坡，缺乏公共论坛和民间社会组织使得国会议员的作用更加重要。在传统意义上，他们是政府和民众之间重要的调停人。此外，议会所辩论的议题也已经成为公共政治教育的来源，因为几十年来已在电视、广播和报纸上进行了宣传。

可以说，从公众意识的角度来看，与在议会的任务工作相比，国会议员在各自的选区发挥更重要的作用。国会议员被期望出席每周一次的民众见面会，这是密切政府与民众联系，增加政府与民众接触的基本方式，并提供了发展基层联系的机会。通过这些会议，领导者学会准确地评估政府政策的影响和民众与政府反应互动的方式。一般情况下，国会议员与已增选进入公民咨询委员会的当地社区领袖仍保持密切联系。当而国会议员试图尽可能多地参与公民咨询委员会的会议时，公民委员会成员协助议员向一般民众解释政策。

不论会议是否将水作为议题，公用事业局都有专门的工作人员参加当地的月度国会议员会议，目标是解决任何可能提出的与水有关的问题。国会议员也应邀出席公用事业局在各自选区举办的活动。

国会议员也在各自的选区协助实施国家目标，并组织相应的活动。例如，从一开始，新加坡政府已推出多项活动以模拟有吸引力的、有用的和相关的具体做法和行为。“反随地吐痰运动”、“保持新加坡清洁无污染”和“节约用水运动”，即是由当地的国会议员与公民咨询委员会及选区分支机构合作举办活动的最早的例子，（Chan，1976）。和过去一样，国会议员继续动员民众参与水资源保护活动。

以下是多年来由政府发起的各种策划、活动和方案，目的是使民众参与节水。总体而言，在独立后，新加坡主要进行国家建设，公共机构看重其员工的专业精神和行动力。从20世纪70年代初开始，通过海报、小册子和其他教学材料，以及在电台和电视台播出节目，鼓励全国性的清洁习惯。

1977年推出的“清洁水道”项目尽管是从源头驱动的，但被证明是非常有激励性的，它使人们认识到保持水体清洁的需要。持续的国家性节约用水教育和宣传活动成功建立了节约用水的公众意识。同样，在水的问题上通过共同努力对学生进行教育，进一步向青少年灌输节约用水的观念。

1992年，咨询宣传方案推出，同时配合大量大型活动和各界人士的广泛磋商。到2001年，当公用事业局（PUB）重组为国家水务机构，并采用了一套新的企业价值观，开始设计多样的、有趣的、创新的参与活动，以吸引民众兴趣，采取了协商参与的框架，利用互动活动鼓励民众积极参与。这一突破发生在2004年，政府鼓励广大市民在水域或水域附近开展活动，以便加深人与水的关系。这样的计划不仅寻求公众的参与，而且建立了长期合作伙伴关系，例如3P战略（独立的个人、公共部门和私营部门的伙伴关系）以及“全人类的水：节约、价值和享受”等活动。[⑧]

公共关系活动

作为公用事业局的一部分，公共关系部于1964年6月1日成立，负责促进消费者和公用事业局之间的良好关系，参与公众投诉及查询、对所提供的服务提出建议并与相关部门负责人进行联络（PUB，1964）。

开始的时候，与公众的互动仅限于解决投诉、提供就业新闻和传播与公用事业局活动相关的信息。《公用事业局通讯（英文版）》创刊于1964年12月，发行量约2,100份，其开始传播信息包含公用事业的特性及目标、就业机会、公用事业局员工的技术概要和人员配置、在解决问题以及处理投诉方面所取得的进展等（PUB，1965）。

1966年3月，与公用事业局相关的信息采用四种语言，通过广播和电视得到更广泛的传播。为了进一步改善公用事业局与消费者的关系并提升其公众形象，在公共关系方面，公用事业局开展了“礼貌谈话”活动，共190名政府人员与公众联系，包括收银员、柜台文员、抄表员（PUB，1966）。这一活动持续了数年，公众通过新闻发布了解公用事业局相关信息，即其角色、责任和工作成绩以及主要的政策决策和所批准的计划（PUB，1967）。1969年，公用事业局对阻止水浪费进行宣传，并在同一年积极参与政府组织的"保持新加坡清洁"运动。该机构借用了这个概念并将之应用到保持和促进所有机构办公楼及宿舍更高标准的洁净。公用事业局在员工中组织"最干净的宿舍、办公室和地面"竞赛，同时100多名高级管理人员和公用事业局成员自愿清洁位于Tanah Merah Besar的公用事业局度假屋对面的海滩。在公用事业局所在地及其周围还推出了改善卫生活动，并定期检查以确保其保持清洁（PUB，1969）。但到目前为止，民众未参与公用事业局的清洁运动，只是涉及工作人员和他们的家属（PUB，1970）。这些内部的努力通过新闻发布等途径向公众公开。

其时，学术界也开始谴责浪费用水行为并强调节水的必要性。公用事业局过去经常警示公众要节约用水以避免定量配给，加深其危机意识。在这方面，报纸也扮演着重要角色，通过几乎每天发布诸如"削减将何时开始进行?"之类的头条新闻，报纸将缺水描述为一个"国家灾难"并呼吁市民节约用水（谢，1971a，1971b，《海峡时报》，和1971年5月9日，10日，12日，18日）。《海峡时报》还发起了"不要浪费水"的运动，从1971年至1978年，超过7年每天发表关于耗水量的故事。

这些举措源于1971年的持续干旱，公用事业局发表了节约用水的媒体声明：

> 限量配水的幽灵将在未来数个月追随着我们……。如果民众不继续努力节约用水，并进一步降低他们的每日耗水量，不进行限时配水，我们将很有可能无法渡过这段时期。
>
> （《海峡时报》，1971年5月16日：1）

那年的干旱期比预期持续得更长，动员其他团体投身公益，呼吁明智地用水。例如，新加坡私人市场业主协会敦促其成员节约用水并指出浪费行为：

> 从经验来看，家禽档档主的做法一直是在持续水流下清洗他们的家禽并拔毛，这是最严重的浪费。蔬菜摊贩耗水量为第二，因为他们一直在水龙头下洗蔬菜。接下来是鱼贩。这三类是最糟糕的浪费水行为。如果他们能意识到水的价值及这样做给自己和他人造成的不便，如果实施水配给，每天每个市场至少可以节省500加仑的水，从而有助于接近目标数字并可能避免限量配水。
>
> （《海峡时报》，1971年5月28日：8）

通过一个数据可以判断1971年旱灾的严重性，即当年前四个月的降雨量小于1963年同期水平，而在当时已实施限量配水（《海峡时报》，1971年5月9日）。但公用事业局通过具有更广泛影响的活动努力激励更好的用水习惯，得到了公众良好的反应，日耗水量大幅减少。据报载，10天之内（5月15—24日），每天用水量下降了20%（《海峡时报》，1971年5月18日：1，1971年5月25日：1）。

尽管如此，日耗水量仍然未降至目标水平，公用事业局发出警告：浪费水的人将被处以500元的罚款（《海峡时报》，1971年5月28日）。此后，公用事业局的检查员开始收集对浪费水的个人进行罚款的案例，媒体通过发布大量的相关报道声讨、阻止和揭露这些行为。

与1971年5月初的1.3亿加仑/天的耗水高峰相比，1971年6月的日耗水量大多低于1亿加仑，证明共同的努力是成功的。此外，由于水资源持续匮乏，1972年的水资源保护活动利用了公用事业局与干旱打交道的经验。同年，公用事业局取消了使用英制加仑用水量收取费用，并引入公制系统（在那之前，水费的基准为1,000加仑）。

公众参与活动的开端

如前所述，水资源稀缺性和对进口水的依赖性逐渐成为一个值得关注的理由。当日均耗水量已从1965年的8,190万加仑提高到1972年的1.138亿加仑（PUB，1965，1972）。政府不断提醒民众及企业节约用水的重要性及成功改进用水需求管理，但1972年的水消耗量仍很高。生活用水消耗量与前一年相比上涨了10.38%，工业用水消耗量比1970年上升了20.93%，年度用水总量从147.8亿立方米上升到159.4亿立方米（水研究所，1997）。这样的突增成为政治关注的一个原因，特别是因为新加坡的供水仍然依赖于外部资源，迫使其开始寻找替代水源并加强节约用水工作。Tan等人（2009）提到，住建发展局和环境部开展一项试验计划，在居民区使用工业水冲厕，目的在于避免将饮用水用作他途。更重要的是，经过慎重考虑，采用高品质纯化再生水作为潜在的替代水源以增加总体的供水量。然而，在这个阶段，迫切需要的是提高公众节约用水的意识。

1972年11月，公用事业局发起了一个全国性的节约用水活动。根据“水是珍贵的”的口号，宣传活动旨在让人们意识到日益增加的水的重要性，并灌输和鼓励节约用水的习惯。公用事业局在全岛举办社区活动向人们展示了许多节约用水的实用小方法，并强调节水该做什么和不该做什么（PUB，1973）。公用事业局利用报刊、广播和电视在民众中宣传这次活动，这是公用事业局第一次大规模的以消费者为导向的活动。当时的教育部长和公用事业局主席林金山强调要重视节水，“干旱的时候才节约用水对我们而言是不够的，节水必须成为我们日常生活的一个习惯”（PUB，1965：3）。

到1973年，节约用水行动初见成果，新加坡自1967年以来生活用水量首次出现负增长（政策研究院，1997）。作为早期教育的举措，学校的孩子们被确定为主要目标群体，向他们灌输节约用水观念保持良好的用水习惯。除了在大众媒体上的公众活动外，通过水价机制提高生活用水的价格也使用水量降低。

在1976年再次遭遇突然干旱之后，公用事业局呼吁酒店、咖啡厅、洗衣店等用水量大的用户避免浪费水（PUB，1976）。在公共场所展示节水口号，如“不要等到只有最后一滴——节水从现在开始”，宣传节约用水的必要性。同年举办“水很珍贵”的展览，包括总理办公室、文化部和人民协会等政府部委、机构和协会，共同协作并巡视了12个社区，成功地举办了展览。活动的信息通过海报、宣传单、贴纸、户外投影和广告节目进行传播。

当时严格保护水体并禁止民众进入。其中一个例子是公用事业局收到公众的反应，要求像其他发达国家一样允许在水库钓鱼：

> 在这些国家条件是不同的，主要是因为与人口密度相比，它们的水库和集水区面积要大一些，水库垂钓者所造成的污染负荷被认为是微不足道的……。但在我们的国家，由于大量垂钓者的存在及活动所带来的污染非常严重。
>
> 即使是现在严格限制在水库活动的情况下，仍能在水库的水中看到垃圾。除了乱扔垃圾，开放水库钓鱼及其他不良行为还有健康方面的考虑。
>
> （VAZ，1977：5）

新加坡河流清理工作

伴随着1977年上皮尔斯水库的蓄水使用典礼和随后几年的众多重建活动，李总理号召新加坡人“让每一条溪流、每一个涵洞、每一条小河都避免不必要的污染”，并采用一种保持水域清洁的生活方式（环境部，1987：8）。

与公用事业局磋商后，新加坡广播电视制作了纪录片“寻找水源”，突出公用事业局不断寻找新水源的努力（PUB，1977）。

在1978年，公用事业局采用了一个新的行动指南：“适应，创新和繁荣”，这也许是方法和态度改变的征兆。李一添当时主持新加坡河的清理工作，1978年被任命为公用事业局主席。他意识到正是这些年的宣传活动增强了公众对机构所扮演的角色和所承担的责任的了解，这一举措催生了一系列固定专栏并且保留至今，例如安排新员工、学生、有组织的团体及海外游客参观水处理厂及发电站。这些公众宣传计划的第一项活动就是电力部门裕廊综合厂对公众正式开放（PUB，1978）。

迄今为止，另一项发展消费者与公用事业局之间良好的公共关系的措施是，国会议员应邀出席公用事业局政策和业务的简报会。随后，公共事业局又为社区中心、公民咨询委员会的代表和人民协会的官员举行了三个简报会。这些活动对于收集建议、解决问题和澄清疑虑非常有用（PUB，1978）。

与用户保持联系

1978年，公用事业局实施了很多措施以加深民众对水的了解。这一年，约有8,163人参加了抄表比赛，公用事业局在许多社区组织消费者参加活动以提高消费者对水的重要性的认识，并教授他们如何自己读表。在社区中心、学校及其他公共场所播出双语视听节目“抄表指南”。一年后，试图让人们更接近水域并提供更多娱乐设施，同时开放克兰芝和上皮尔斯水库（PUB，1979）。

人口增长和工业部门的快速发展导致用水量继续大幅增加，1972年至1981年新加坡的总耗水量上升了46%。1981年民用水消耗量比1972年的水平增加了51.2%（水政策研究院，1997）。耗水量达到峰值，因此将节水信息通过更有效的手段（而不是通知的形式）传递给消费者成为当务之急。1981年，公用事业局同时进行了多个任务工作。首先，设立节水部门在民用及非民用领域促进节约用水以及提出适当的政策建议。这个机构的职能之一是联络大型工业用水用户，并针对减少水的消耗提出建议。这种信息交换在未来几年成为一个常规的功能，也促进了公用事业局的信息反馈。同年9月，作为节水方案的一部分，节水部门的人员访问了约4,000个民用和非民用领域的用户。另外，640个商业和工业用户积极回应公用事业局的建议，采用水控制器监控用水量（PUB，1971）。

与公众联系

为了引起公众对减少水的浪费和消耗的重要性的关注，公用事业局除了派出官员在中小学、大学和职业院校举行会谈以鼓励节水措施和减少浪费之外，还推出为期一个月的“让我们不浪费宝贵的水资源”的活动（PUB，1981）。这些具有说服力的节约用水措施宣传和教育加深了公众的认知，使平均用水量的增长比上年略有减少，但仍然很高。所以，尽管做出了这些努力，修订水费依然被认为是最佳替代方案，以促使更高效地利用水资源，减少浪费。《海峡时报》发表了公用事业局的水价调整策略建议，并将其作为试图将耗水量增长率削减7.7%的手段在1980年记录下来（《海峡时报》1981年7月30日）。

报纸一直非常支持公用事业局的节水活动。在一篇解释新加坡用水需求和公用事业局作用的社论中，《商业时报》写道：

> 由此看来，公用事业局采取的行动和方向变得更容易理解。除非消费者能够自己节约用水，否则他们应该欢迎公用事业局努力帮助他们遏制浪费。毕竟公用事业局已经花费了时间、精力和金钱，派遣人员到过度用水的家庭和机构，以帮助他们找到可以节省水和金钱的方式。
>
> 但是由于许多新加坡人自满的态度，他们对公用事业局进行帮助的提议反应冷淡。但是，即使因此被责难，公用事业局已经决定以更为恳切的态度尝试使习惯性浪费改过自新。公用事业局对问题提供免费咨询服务，应当获得大多数消费者更积极的响应。
>
> （1981年11月4日：8）

机构纪念日也成为进一步传播节约用水信息的机会。1983年，公用事业局利用20周年纪念活动组织用户参观公用事业局的设施，以提供有关其活动的信息并创建节水重要性的认知度。这个活动反响很热烈，那年约有37,000人参观了各种公用事业局的设施（PUB，1981）。

进一步的举措

与1981年为期一个月的“让我们不要浪费宝贵的水资源”活动类似，1983年举办了全国性节约用水运动。这些活动进一步提高了公众和工业界的认知度，并主要集中在商业和工业领域，因为在10年内（1973年至1983年）工业用水量占总耗水量的比例从29%增至36.4%。到1983年第三季度，节水部门视察了7,500个大型耗水场所，并说服了超过70%的人采取节水措施。据公用事业局报道，这些努力减少了这些场所11%的年用水量（PUB，1983）。为了延续和加强非民用领域节水运动的成就，政府开始为成功减水降耗的消费者提供奖励。例如，对大幅减少耗水量的行业宣布为节水设备提供50%的投资税津贴（PUB，1983）。1984年，通过拜访私人机构和企业推广节水措施，超过700个商业场所安装了节水设备，如自动延时关闭的水龙头和恒流量调节器（PUB，1985）。同时也鼓励企业使用工业水替代饮用水。

1985年，除了以前使用的参与方式如展览、研讨会、标识设计、比赛、会谈和公用事业局官员的频繁访问外，也鼓励社区领导熟悉公用事业局的活动和节约用水的重要性（PUB，1985）。1986年，公用事业局采用一种不同的方法宣传节水信息并教育公众在紧急情况下应采取的步骤：新加坡民防部队、一些基层组织和约3,500的住户参加“紧急”水训练（PUB，1986）。本次活动是针对新加坡独立后出生的人口，他们从来没有经历过水危机。最终的结果是，民用水消耗量从1985年增加4.3%，到1986年下降了2%（政策研究院，1997）。

有人认为，水资源保护活动需要通过教育进一步推进，这将对幼小的心灵产生长期的影响。1987年，节水课程被引入中学，通过组织18节课程，帮助596名学生了解新加坡的水资源挑战（PUB，1987）。1988年，3,800名学生参加课程，随后有更多的人参加课程（PUB，1988）。此外出版成套的教程并分发到学校，自20世纪90年代持续关注公众教育活动。

这些年来，不同寻常的长期干旱迫使新加坡再次呼吁市民削减10%不必要的水资源消耗并保持水库库存（《海峡时报》，1990年4月7日）。当时的国务部长（外交部，财政部）杨荣文公开强调了以下消息：“水是宝贵的，关系到生死存亡……。新加坡人应该自我灌输：水是来之不易的。”（《海峡时报》，1990年4月9日）

广泛而深入的宣传活动获得了成果，1990年3月至4月短短的一个月中，新加坡日耗水量下降了11.2%，水库库存水平提高了，当年不再需要进行定额配水（PUB，1990）。报纸在此期间再次发挥了作用。他们发表的文章，重温20世纪60年代的干旱和定额配水，回忆市民在此期间所面临的困难，并敦促他们不要浪费水（《海峡时报》，1990年3月22日；《海峡时报》，1990年4月6日）。

然而，一旦旱季结束，尽管广泛运用信息、认知和教育活动宣传节约用水，民用及非民用水消费再次增加。因此，为进一步促使民众自觉自愿地参与节水，新加坡于1991年出台了节水税作为定价工具来抑制水的过度消耗。根据这项强制性规定，每月民用水消耗超过20立方米将征收5%的税，而对于非民用水消耗将采用10%的税率。尽管采用这种经济措施，1992年和1995年耗水量仍然增加，在此期间年度民用耗水量增幅超过3.99%，年度商业耗水量增幅超过6.2%（政策研究院，1997）。

宣传和教育计划

根据耗水量增加的速率，存在每16年翻一番的风险。考虑到这一点，并考虑到迄今为止使用不同的公众参与方法取得的效果，公用事业局目前正专注于整个家庭参与的、更广泛深远的大规模的保护活动。这种方式体现在1992年推出的新加坡绿色计划中，该计划指明了战略方向，即新加坡将实现可持续发展的目标。[9]

新加坡绿色计划表明，有效的公众参与是实现未来政策目标的关键。Tan等（2009）提及，环境部认识到，为了绿色计划行之有效，必须与人民的意愿产生共鸣。因此，政府举办公众论坛解释该计划的目的和目标并进一步进行宣传，赢得了广泛的公众支持及反馈，超过10万人次参加了1993年新加坡绿色计划展。该计划所鼓励的广泛的公众咨询激发决策者在其他活动中也效仿类似的民众参与过程。这是新加坡在环境问题上以“公众咨询”作为参与工具的开端。

随着教师的积极支持，大规模参与活动扩展至许多学校。仅在1993年就有超过20,000名学生参与公用事业局节水节能的讨论（PUB，1993）。同样，1994年，约12,000名学生接受高效用水和能源重要性的培训（PUB，1994）。1995年公用事业局节能展览中心继续提供节约水和能源的常规课程，已有10,798名学生参加了此课程（PUB，1995）。此外，自1994年以来，国家环境局开通了环境教育顾问（EEAS）网络，作为教师和环境部之间的沟通平台。这项计划的目的是从小改变学生的行为，向他们灌输可持续性节约资源的观念。另外进行的计划还包括由环境部组织的社区参与计划，鼓励学生参加与水、资源保护、公共卫生和回收利用等相关的社区活动（Tan等，2009）。

通过利用常规信息工具及观众更喜欢的互动式电台节目传播和强化相关

信息。1995 年，公用事业局推出了另一个“全国节约用水运动”，以提高对水资源短缺和资源保护必要性的认识。这一举措主要是针对社会团体和学生，并首次在各大商场举办活动展览，在市民中更广泛地传播节约用水需求信息。同年，在一次长达六天的不寻常的活动中，进行全岛的限额配水的演习，其中涉及30,000户家庭。在此期间，每天演练供水中断 14 小时（PUB，1995），其目的是改变公众的惯性，特别是在青少年中提醒水的重要性。

所有前面提到的举措主要是针对新加坡国民，但由于国家工业化，自 20 世纪 70 年代以来，外国工人的数量已大幅增加。1995 年共有约 35 万国外劳工，占劳动力总量的 20%。[10]那一年，外国工人第一次成为水活动的目标群体，组织者向他们分发泰语、僧伽罗语、他加禄语和印尼语的传单，向他们解释如何明智地使用水（PUB，1996）。

公用事业局在 1997 年持续实施以宣传和教育为基础的计划，以加强水运动的知名度。例如，在 Bedok 建立一个新的水资源保护中心，提供一些互动展览（PUB，1997）。同年设立一个新的水价机制，对合理用水的用户引入更大的财政激励措施，并遵循在多次活动中收到的一系列建议和意见。水价格上涨被认为能够引起公众对管理、保护和珍惜水资源的必要性的关注，因此，公用事业局通过大规模的宣传活动及时对这些财政措施给予支持。

清理新加坡河的工程促使一些热情投入环保的社会团体建立起来。这个过程是缓慢的，但结出了硕果。1997 年，航道监督协会（WWS）在清理船舶和克拉克码头（Boat and Clarke Quays），维护新加坡河沿岸景观方面取得了适度进展。一年之内，该协会在水上巡逻时收集垃圾4,000种。从那时起，该协会约 60 名成员不断地驾驶船只沿水道捡垃圾。作为通过培训保持水道清洁的长期战略的一部分，水域监督协会也一直致力于参与水上清理活动，如“清洁和绿色周”、“国际海岸清洁运动”（PUB，2004）。

1998 年，宣传方案又取得了新进展。环境部连同基层组织开展了社区参与计划，为居民提供一个预防登革热的信息传播平台。1998 年，第一个预防登革热志愿者社团（DPVG）在实龙岗花园成立。到 2009 年，加入这类活动的志愿者已增至6,200人（Tan 等，2009）。这一努力引发了公众对各式水问题和公共健康问题的兴趣和自愿性承诺。

从 2000 年开始，大量的节约用水广告出现在电子广告牌上，“节约用水”的信息播放得到了新加坡电信的支持。类似的消息也被印制在交通联结卡上。这些计划利用无处不在的消息不断提醒民众节约用水的重要性。此外，还采取更直接的措施管理水需求，如成功地实验性使用套管减少了水的浪费后，新加坡政府将此设备送至每家每户。

公用事业局的重组

2001 年 4 月 1 日，公用事业局成为新加坡国家水务机构，并从贸易和工业部转至环境部。这一新形象附带一套新的企业价值观及新的使命，即以低廉的成本确保水供应充足。为了完成这一历史使命，确定了五个广泛的战略，包括产量的最大化和水资源多元化；水回收和再利用；废水妥善处理和处置；暴雨水管理和水需求管理（PUB，2001）。从那时起，公众参与仍然是需求管理的重要工具，公用事业局持续实施计划，例如在学校里进行关于节约的讲座，在教科书和儿童出版物中编入水保护的消息及提示，向普通公众分发节水材料并举办节水展览。

努力让公众接受新生水

对比美国和澳大利亚各种涉及废水再利用且具有争议性的项目，在新加坡，市民接受新生水是一个平和的过程。超过 30 年的持续不断的水资源保护活动，帮助当地居民了解再生水是其来源之一。

作为一个小城市国家有助于新加坡成功实施其政策，也让民众了解了水的重要性。新加坡岛面积小，使其避免了多层次架构的政府、复杂的监管安排及重叠的部门和责任所产生的问题。相对于全世界大部分水设施通用的保守措施，公用事业局显示出更为精明的活力。新加坡依赖进口水和土地面积有限的情况，使得公用事业局积极主动地改善其管理实践，建立合适的定价机制并接受最先进的技术。

尖端技术已被投入新生水。在超过20,000次全面的测试和分析后，新生水被认定为安全和可持续的水源，并于 2002 年开始生产。同年 9 月，新加坡政府决定将 200 万加仑/天的“新生水”（不到岛上日常消费量的 1%）加入水库。至 2012 年，新生水已经能够满足 30% 的总需水量，预计到 2060 年这一比例将达到 50%。[11]

在 2003 年成功推出新生水后，公用事业局通过宣传活动将国家四大水源作为城市国家的供水战略。新加坡自己的集水区利用供水构成第一个水源；从马来西亚进口的水代表第二水源；新生水作为第三水源；淡化水已成为第四水源。为了使新加坡的供水系统兼具可靠性和弹性，保持水源的多样化并进行有效的需求管理是关键性因素。这不仅是新加坡对其供水能力的自信宣言，也是一个精妙的尝试，以使人们接受新生水作为永久性水源。

新生水访客中心于 2003 年 2 月开放，已成为公用事业局关于新生水公共教育的焦点。该中心强调水的重要性，以及新加坡如何利用技术的进步进行资源回收。访客能够查看用于生产新生水的先进双膜和紫外线技术的第一手信息。截至 2011 年，中心已吸引了近800,000国内外游客（PUB，2011a）。

为了克服公众在接受新生水时的心理恐惧，尝试将公众的注意力从处理过程转至最先进的膜技术。公用事业局自觉地避免使用含有负面含义的术语，而以积极含义的术语替代。例如取消使用“废水”和“生活污水”，创造新词“用过的水”（Leong，2010）。

公用事业局也就新生水的重要性、质量和生产过程，开始实施密集的宣传计划，广泛采用巡回展览、简报、海报、广告、宣传册和公开讲座对公众进行新生水是安全和可持续发展的饮用水源的教育。广泛的公众宣传活动得到了普遍的支持，并在推出的六个月内生产出 150 万瓶新生水在社区分发。在 2002 年 8 月 9 日国庆庆典期间，总理及其他高层领导和60,000人出席活动并以新生水干杯庆贺（PUB，2002），表明人们已经接受了新生水。在其首次生产 3 年后，公用事业局生产了 500 万瓶新生水并向社区分发作为公众采样（PUB，2005b）。同年，公用事业局推出 PUB—ONE 作为联络中心，这是向用户日夜开放的独立窗口，用户可就水、排污、排水和新生水提出自己的疑问并获得反馈信息。为了有效地做到这一点，新加坡已经建立了六个多渠道联系（PUB，2002a）。

媒体管理

新加坡媒体一直非常支持再生水相关的问题报告。如 Leong（2010）提到的，在 1997 年和 2008 年间，该地区的三大报（《海峡时报》、《新闻文件》和《商业时报》）有 200 多篇关于再生水的报道发表。多数报道对再生水持积极的态度或有利的观点，只有极少数给予了负面的评价或转达了邻国政治家对再生水的不满意见。

新加坡媒体的态度是理性且富有建设性的。媒体认为，重要的是让读者了解拥有干净的水供应对新加坡是至关重要的且新生水质量是安全的。相比较而言，如澳大利亚昆士兰州等其他地方媒体的反应是非常不同的，2005 年到 2008 年，该省因为严重的长期干旱生产再生水，当时近三分之一的媒体发表报道对再生水进行负面评论（Leong，2010）。即使是媒体提到再生水所使用的语言，在两种情况下也是不同的。在新加坡，媒体强调再生水便宜（成本更低）、纯化和经过反复测试，而澳大利亚媒体使用“经处理的污水”、“厕所到自来水管”和“屎水”等词汇。

公用事业局一直负责高效的媒体管理。新生水一经推出，不仅定期进行传媒简报会，记者还应邀参观成功运行的水回用项目现场。这有助于媒体认识到在世界上一些地区用过的水已被利用多年了。同样重要的是说服宗教领袖有关先进技术的可靠性，公用事业局鼓励他们自己测试新生水的质量，从理性和逻辑方面说明再生水的重要性，而不是感情用事。公用事业局说服人们，事实上并没有所谓的“新鲜”水，自然界已经无数次进行水再生了。

3P 伙伴关系和公众参与的新时代

随着新加坡一半以上的土地作为集水区，让民众了解到他们正住在集水区，落在他们邻近处的雨水被收集、运输至水库，进入水处理厂后输送至每家每户，这对于公用事业局极为重要，因而公用事业局决定尝试提高公众对这一“周期”的认识。其目的是，一旦人们了解了这一信息，他们将对水更为负责。

推广在水库周围活动的想法在过去是受到限制的。过去由于乱抛垃圾、工业污染和淤泥排放造成实际问题，促使当局要确保民众远离水库。这是一个思维方式的转变。由于采用先进的处理技术且前提是人们在水中进行活动将是对水的最后污染，公用事业局开始规划一般民众和水体之间的个人关系发展（PUB，2004）。以更加微妙和情感化且具有长期影响的沟通策略用于信息传播，使水变得更具吸引力而引起公众的兴趣，采用积极的媒体方式利于提高民众对公用事业局活动的了解。

2004 年，公用事业局引入多个活动以鼓励人们享用水并发展与水的关系，后来被称为 3P（People，Public and Private，民众，政府和私人企业）方式。这一网络背后的基本依据是通过建立民众与水的亲密关系，使他们保持水的清洁并逐步进行节水管理，从而控制水资源的需求。在这一方式中所使用的重要术语是“伙伴关系”，因为它期待获得人民及公共和私营部门的支持，同时实现水需求管理目标。伙伴关系显示了实用主义理念，不同利益相关者所做出的贡献基于他们的能力和承诺。

民用领域的节水

尽管新生水成功问世且克兰芝和实里达新生水工厂开幕并进行调试，公用事业局继续注重节约用水。节水型家庭（WEH）计划于2003年开始实施，用以帮助家庭节约用水。在此计划下，期望顾问和基层组织在各自的选区安装节水设备和推广节水习惯，涌现更多节水型家庭。至2003年年底，10万个家庭已安装节水设备并节约了5%的水。据公用事业局反馈，2003年，在他们的努力下，民用水消耗量仅缓慢增长了0.5%，且连续5年维持生活用水量165升/人·天的水平。

为继续努力使人均耗水量下降至每天160升，作为节水型家庭计划的一部分，公用事业局和基层志愿者分发了超过333,000个节水套装。这项计划旨在减少过多的水流量，鼓励家庭安装节水设备，如水龙头套管、淋浴喷头及9公升冲厕水箱中的节水袋。公用事业局还为此计划提供了必要的技术和后勤支持。"自己动手"套件包括免费提供节水设备、安装说明和节约用水小贴士。在每个选区针对民众进行一个简短的演示展览，解决如何操作设备的疑问，并采用该方案的建议（PUB，2003）。

2006年，公用事业局推出"10公升挑战"，以鼓励每个人减少日常用水。相应的举措包括通过一个网络门户以不同的方式教育新加坡人，使他们能够在家节约用水并更好地遵循节水型家庭计划。公用事业局人员和志愿者还组成了水志愿团体（WVGs）进行家访，包括私人住房，记录更高的水消耗，从而帮助他们安装节水设备和共享节水小窍门。[12]

为不断努力提高理智用水认识的重要性，公用事业局在2011年推出更具有针对性的活动以触及不同阶层的民众。这些举措的目的是鼓励市民将节约用水作为一种生活方式，包括电视广告、由学生进行用水审核项目、通过就业机构培训招聘的家政人员、改造节水套件和开展巡回展览。认知计划在2011年成功实施之后，公用事业局在2012年继续努力，通过社交媒体传播信息。

非民用领域的节水

除了良好的管理和维护，流量控制是非民用部分领域用水管理的一个关键因素。公用事业局的试点项目研究表明，公共水龙头2升/分钟的流量对于正常洗涤用途是足够的。基于这一发现，建议非民用客户进行审查检查，并降低他们的公共和员工厕所水龙头的流速。公用事业局的 2003 年年报提及公共机构、小贩中心和镇议会的节水结果令人鼓舞，每月的节水率高达 5%。2004 年 3 月，公用事业局还推出了“节水大厦”（WEB）计划，以鼓励建筑管理者和所有者使他们的房产用水效率提高。自该计划推出以来，超过2,200座商业楼宇采用已经“节水大厦”认证的良好节水措施。

纵观这些年来，节水举措已更具智慧和创造性。2008 年，公用事业局开始实施一个保护计划，用以提高非民用领域的用水效率并减少水消耗，此计划被称为“挑战 10%”。它立足于提高认识和企业能力建设，以提高用水效率。其门户网站可为一个机构的用水需求现状提供完整的评估，对类似机构进行基准测试，进行审核以寻求改进的机会，并针对不同的建筑类型列出了一系列提高用水效率的措施。[13]

此外，公用事业局开始与酒店、学校和医院共同编制并自愿提交用水效率管理计划（WEMPs）。该计划分析了当前用水状况，识别潜在的节水行动，并提供这些措施的实施时间表。它还为符合既定标准、能够使用公用事业局现有水利用效率基金，用以实施用水效率管理计划所认定的措施的用户提供融资便利。

多年来，公用事业局已经开发了相当多的创新举措，以在民用及非民用领域促进教育、提高认识、宣传节约用水和提高用水效率。相应的例子包括用水效率标志计划（WELS）（与新加坡环境理事会共同开发），强制水效率标志计划（MWELS），节水基金，水用户计划，水枢纽（Water Hub）（旨在使水业能够聚集在一起并提供技术发展、学习和交流的机会），新加坡水协会的成立以促进私营企业者的动态协作，等等。

“活跃，美丽，干净的水源”计划（ABC 水域）是 3P 方针的核心，拟将新加坡的水库和水体改造成兼具公园和花园的干净的溪流、河流和湖泊，从而创造新的社区和娱乐空间，并最终将新加坡岛变成一个“城市花园和水域”。它代表着非常全面的努力，使新的社区空间吸引民众享受水边活动，体会到资源及这些设施的价值。约 20 个 ABC 项目在全岛实施，并在不久的将来计划进行更多的项目。

水的价值

新加坡一直高度重视水的价值，并因此定价。定价的理念基于水的合理利用，正如公用事业局的愿景文件所表述的“全人类的水：满足我们未来 50

年的水需要”（PUB，2011b），理由是下一个水源的成本可能远远超过现有水源成本。这种说法建立了一个现实的水价机制基础，反映了这一资源的价值，并确保子孙后代的可持续性发展。

对新加坡的水源进行定价包括两个组成部分。第一部分是水价，旨在涵盖水的生产和供应的全部费用。然而，水价定价保持在仅比回收成本高的等级，仍可能造成水的过度使用（PUB，2011a）。第二部分包括政府累计节水税、水费征收以反映其真实成本及因此开发其他水源产生的较高成本。尽管如此，净水的价值远远超过对供水的定价。对于今天的新加坡，水的价值在于认识其对发展、安全、环境、保护和整体生活质量的重要性。

进一步的思考

基于务实主义，新加坡已经通过多种方式设计并实践其发展道路使民众意识到节约用水的重要性。公共传播、信息和教育策略已与该国的社会经济和政治路线交织在一起。

除了独立时所面临的政治危机，对于新成立的国家，最重要的切身问题包括促进经济增长和社会凝聚力。因此，自 1965 年至 1972 年，因为政府重点推进经济增长，几乎没有任何节约用水的公共宣传活动。在此期间，公用事业局重点向全体民众提供具有高效率和高效益的服务。与水有关的运动开始于 1972 年，同时 1968 年的环境公共卫生法出台，为公众认识到生活在干净的环境中的价值提供了一个体系。

到 1972 年，新加坡已取得“经济奇迹”，约 80% 的人口识字，就读的学生人数超过人口的四分之一。在政治上，国家是稳定的，人们正准备快速响应由政府推出的切实可行的方案。与此同时，新加坡几乎完全依赖进口水，而经济和人口增长都加速水量的消耗。年长的公民中大多数还是文盲，都非常支持政府的方针政策，因为在 20 世纪 60 年代早期，他们对限额配水深有感触。因此，即使没有太多的政府和民众之间的互动，表明节水重要性的简明消息依然是最好的需求管理策略。

即使没有任何实证说明这些活动对节水具有影响，通过概览在 20 世纪 70 年代和 80 年代民用领域的节约用水模式，可以推断如果不承认这些举措实际所带来的正面影响将会怎样。更重要的是，这些宣传行动使大多数人认识到确实需要节约用水。非交互式活动产生影响的一个直接证据是在 1990 年罕见的超长干旱期期间，当时由于基于“恐吓战术”的广泛宣传活动的开展，新加坡耗水量明显下降。

本着“态度的转变需要多年”的理念，水教育计划已在学校实施。公用事业局官员认为，需要两代人去认识任何具体问题并需要两代以上的人去巩固，因此，他们从20世纪70年代初开始持续关注学生节水习惯教育。

至1992年，新加坡的识字率高达90%以上且15—24岁年龄段的人群普遍识字。超过80%的人口居住在政府兴建的高楼且人均收入位居世界前列。富裕的、受过良好教育且雄心勃勃的民众见证了新加坡岛转型成为一个清洁高效的国际化城市。政府很快就认识到，这一代人是富有才华和专业能力的人士，可以通过更广泛的公众咨询挖掘他们的想法。

20世纪90年代后期，政府鼓励民间团体参与公众节水活动，突出积极的公民促进社会文化和环境的问题。然而，反响并没有达到预期的水平。其中一个可能的原因是与世界其他地区相比，新加坡具有独特的民间社会组织形态。一般来说，在世界的其他地区，民间社会和非政府组织接受的项目，要么是其他机构不承担的，要么是经公共部门努力却不成功的。与此相反，新加坡政府鼓励民间团体与政府正在成功实施的项目形成互补，期待社会团体激发民众并激励他们与政府机构的合作，一起努力。这是基于加强在居民中树立“我的新加坡”民族精神的原则。

伴随着新生水的推广，水参与活动的设计范式发生转变。那时，公用事业局意识到旧口号和非交互式的方法在公众参与活动中已变得过时和陈旧。由于公众不再认为供应是主要的难题，相应的活动不得不进行修改。由国家四大水源的概念构成了水管理的需求。新的信息是以更微妙、更具吸引力、更令人印象深刻的方式传达给公众。因此，节水运动发展至目前的范围，“与水相结合”、“水的价值”和“享受水”的概念被引入。随着整个新加坡极具吸引力的水景的发展，水的娱乐价值得以普及，并最终在ABC水计划中达到极点。

自2004年以来，公用事业局与普通民众的合作关系达到一个更高的水平。新时代的战略通过互动的公众参与已使人们认识到水质的重要性。ABC水计划被认为是鼓励民众接近水的理想计划。可以认定的是，随着具有吸引力的水景向民众开放，不论人们在家里、在工作或是娱乐，水的价值都不会被忽视。滨水活动不是富裕公民的一项特权，广大民众也可以从他们的住房享受优美的景色并可以在家门口参加水上活动。作为一项战略，政府鼓励民众接近水并掌握责任的所有权。

然而，更加注重伙伴关系和公民个人与水的关系创新并不意味着不考虑以前的信息宣传活动。事实上，他们一直在寻求更具活力的方式，并牢记世代交替的问题。最根本的信念是新时代的新加坡人从来没有经历过缺水，因此，他们与坚持节约和避免浪费水的老一辈是不同的。这些活动也一直试图使新的一代加入活动行列，并让他们意识到，即使供水可能不是一个大问题，但可持续用水仍然是一个问题。政府为此使用了不同的手段来传播信息并提高年轻人的认识。

教育、信息和认识活动的价值无法量化，也没有经验数据评估其对节约用水产生的直接影响。即使公用事业局每两年进行一次观感或读者调查，重点也不是活动本身所产生的影响，而是针对整个公用事业局的活动。2007 年 11 月由尼尔森主导的评估调查结果发现，94% 的受访者认为他们在新加坡的水管理中尽了一份力，这一比例比 2005 年进行的一项类似调查增长了 88% 。另一个例子是公用事业局所进行的一项接纳新生水的研究，公众表现出了非常积极的反响。正如前面所提到的，我们可以假设这些活动作为一种有效的手段，使人们认识到了节约用水的重要性。

最后，新加坡的长期而全面的水资源战略（决策、规划、管理、治理和发展）一直认真考虑到教育、信息和意识所发挥的基础性作用。众所周知，计划、方案和项目的实施取决于公众的接受和支持，因此，决策者和政治家需为民众提供参与的方式并对属于他们的资源负责。新加坡设置了不同的合作伙伴之间的合作、协调和沟通系统，更重要的是，这种努力一直在持续。尽一切努力使民众融入整个系统，这更具挑战性，但对当前和将来都是积极的。

注释

①详见新加坡统计数据，http：//www. singstat. gov. sg/pubn/popn/c2010acr. pdf，2012 年 5 月 24 日。

②详见新加坡统计数据，http：//www. singstat. gov. sg/stats/themes/economy/hist/gdp. html，2012 年 9 月 14 日。

③④详见新加坡统计数据，www. singstat. gov. sg/stats/keyind. html#keyind，2012 年 5 月 24 日。

⑤详见 http：//earthtrends. wri. org/pdf_ library/country_ profiles/pop_ cou_ 702. pdf，2012 年 5 月 24 日。

⑥详见新加坡统计数据，http：//www. singstat. gov. sg/stats/themes/people/popnindicators. pdf，

2012 年 9 月 14 日。

⑦详见新加坡统计数据，www. singstat. gov. sg/stats/keyind. html#keyind，2012 年 5 月 24 日。

⑧详见 PUB，http：//www. pub. gov. sg/LongTermWaterPlans/cve_ love. html，2012 年。

⑨详见环境和水资源部，http：//www. mewr. gov. sg/sgp2012/about. htm，2012 年 9 月 4 日。

⑩http：//migration. ucdavis. edu/mn/more. php? id =929_ 0_ 3_ 0，2012 年 9 月 4 日。

⑪关于新深水更多的信息，详见 PUB，http：//www. pub. gov. sg/ABOUT/HISTORYFUTURE/Pages/NEWater. asp，2012 年 9 月 4 日。

⑫详见 PUB，http：//www. pub. gov. sg/conserve/Households/Pages/default. aspx，2012 年 9 月 15 日。

⑬详见 PUB，http：//www. pub. gov. sg/conserve/CommercialOperatorsAndOther/Pages/default. aspx，2012 年 9 月 15 日。

参考文献

1. Chan，H. C. （1976）'The Role of Parliamentary Politicians in Singapore'，*Legislative Studies Quarterly*，Vol. 1，No. 3，pp. 423 - 441.
2. Chew，C. T. and Lee，E. （1991）*A History of Singapore*，Oxford University Press，Singapore.
3. Chong，T. （2005）*Civil Society in Singapore*：*Reviewing Concepts in the Literature*，Institute of Southeast Asian Studies，Working Paper，Singapore.
4. Department of Statistics Singapore（2001）*Key Annual Indicators*，http：//www. singstat. gov. sg/stats/keyind. html#keyind，accessed 24 May 2012.
5. Government of Singapore（1999）*Singapore* 21：*Together We Make the Difference*，Singapore 21 Committee，Government of Singapore，Singapore.
6. Ho，K. L. （2000）'Citizen Participation and Policy making in Singapore：Conditions and Predicaments'，*Asian Survey*，Vol. 40，No. 3，pp. 436 - 455.
7. Khoo，T. C. （2008）'Towards a Global Hydrohub' Pure：Annual 2007/2008，Public Utilities Board，Singapore，pp. 4 –5.
8. Lee，H. L（2011）Speaking on Leadership Renewal—The Fourth Generation and Beyond，Kent Ridge Ministerial Forum，National University of Singapore（NUS），5 April，*in Knowledge Enterprise*，NUS，Singapore，p. 5.
9. Lee，K. Y. （1966）*New Bearings in our Education System*，Ministry of Culture，Singapore.
10. Leong，C. （2010）'Eliminating 'Yuck'：A Simple Exposition of Media and Social Change in Water Reuse Policies'，*International Journal of Water Resources Development*，Vol. 26，No. 2，pp. 111 - 124.
11. Ministry of the Environment（ENV）（1987）*Clean Rivers*：*The Cleaning up of Singapore River and Kallang Basin*，Ministry of the Environment，Singapore.

12. Public Utilities Board (PUB) (1964) *Annual Report*, PUB, Singapore.

13. Public Utilities Board (PUB) (1965) *Annual Report*, PUB, Singapore.

14. Public Utilities Board (PUB) (1966) *Annual Report*, PUB, Singapore.

15. Public Utilities Board (PUB) (1967) *Annual Report*, PUB, Singapore.

16. Public Utilities Board (PUB) (1968) *Annual Report*, PUB, Singapore.

17. Public Utilities Board (PUB) (1969) *Annual Report*, PUB, Singapore.

18. Public Utilities Board (PUB) (1970) *Annual Report*, PUB, Singapore.

19. Public Utilities Board (PUB) (1971) *Annual Report*, PUB, Singapore.

20. Public Utilities Board (PUB) (1972) *Annual Report*, PUB, Singapore.

21. Public Utilities Board (PUB) (1973) *Annual Report*, PUB, Singapore.

22. Public Utilities Board (PUB) (1976) *Annual Report*, PUB, Singapore.

23. Public Utilities Board (PUB) (1977) *Annual Report*, PUB, Singapore.

24. Public Utilities Board (PUB) (1978) *Annual Report*, PUB, Singapore.

25. Public Utilities Board (PUB) (1979) *Annual Report*, PUB, Singapore.

26. Public Utilities Board (PUB) (1981) *Annual Report*, PUB, Singapore.

27. Public Utilities Board (PUB) (1983) *Annual Report*, PUB, Singapore.

28. Public Utilities Board (PUB) (1985) *Annual Report*, PUB, Singapore.

29. Public Utilities Board (PUB) (1986) *Annual Report*, PUB, Singapore.

30. Public Utilities Board (PUB) (1987) *Annual Report*, PUB, Singapore.

31. Public Utilities Board (PUB) (1988) *Annual Report*, PUB, Singapore.

32. Public Utilities Board (PUB) (1989) *Annual Report*, PUB, Singapore.

33. Public Utilities Board (PUB) (1990) *Annual Report*, PUB, Singapore.

34. Public Utilities Board (PUB) (1993) *Annual Report*, PUB, Singapore.

35. Public Utilities Board (PUB) (1994) *Annual Report*, PUB, Singapore.

36. Public Utilities Board (PUB) (1995) *Annual Report*, PUB, Singapore.

37. Public Utilities Board (PUB) (1996) *Annual Report*, PUB, Singapore.

38. Public Utilities Board (PUB) (1997) *Annual Report*, PUB, Singapore.

39. Public Utilities Board (PUB) (2001) *Annual Report*, PUB, Singapore.

40. Public Utilities Board (PUB) (2002) *Annual Report*, PUB, Singapore.

41. Public Utilities Board (PUB) (2004) *Water for All*: *Annual Report*, PUB, Singapore.

42. Public Utilities Board (PUB) (2005) *Water for All*: *Annual Report*, PUB, Singapore.

43. Public Utilities Board (PUB) (2006—2007) *Water for All*: *Annual Report*, PUB, Singapore.

44. Public Utilities Board (PUB) (2011a) Powerpoint Presentation on 3P Approach, PUB, Singapore.

45. Public Utilities Board (PUB) (2011b) *Water for All*: *Meeting Our Water Needs for the Next* 50

Years, PUB, Singapore.

46. Singapore Department Statistics (2010) *Census of Population* 2010: *Advance Census Release*, http://www.singstat.gov.sg/pubn/popn/c2010acr.pdf, accessed 24 May 2012.
47. Tan, Y. S., Lee, T. J. and Tan, K. (2009) *Clean, Green and Blue: Singapore's Journey Towards Environmental and Water Sustainability*, Institute of Southeast Asian Studies, Singapore.
48. The Institute of Policy Studies (1997) Water For Life: Singapore's Search for an Adequate Water Supply, Unpublished, Institute of Policy Studies, Singapore.
49. The Singapore Green Plan (2012) *Debate on Foreign Workers*, http://www.mewr.gov.sg/sgp2012/about.htm, accessed 4 September 2012.
50. Turnbull, C. M. (1989) *A History of Singapore* (1819—1988), Oxford University Press, Singapore.
51. Turnbull, C. M. (2009) *A History of Singapore* (1819—2005), NUS Press, Singapore University of California (UCDAVIS) (1996) *Migration news*, http://migration.ucdavis.edu/mn/more.php? id = 929 _0 _3 _0 >, accessed 4 September 2012.
52. Van Ast, J. A. and Boot, S. P. (2003) Participation in European Water Policy, *Physics and Chemistry on the Earth*, Vol. 28, No. 12—13, pp. 555—562.

参考报纸

1. The Strait Times (1971) 8 May.
2. The Strait Times (1971) 9 May.
3. The Strait Times (1971) 10 May.
4. The Strait Times (1971) 13 May.
5. The Strait Times (1971) 16 May.
6. The Strait Times (1971) 18 May.
7. The Strait Times (1971) 28 May.
8. The Strait Times (1971) 23 August.
9. The Straits Times (1976) 18 February.
10. The Straits Times (1977) 18 July.
11. The Straits Times (1981) 25 July.
12. The Straits Times (1990) 22 March.
13. The Straits Times (1990) 6 April.
14. The Straits Times (1990) 7 April.
15. The Straits Times (1990) 9 April.
16. The Business Times (1981) 4 November.

6. 新加坡河和加冷盆地的清理

介绍

虽然近年来水资源短缺问题备受关注，但在可预见的未来很可能会出现的重大危机将是水质恶化。这个问题被世界大多数国家和地区所忽略，尤其是在发展中国家，其城市中心附近的河流和湖泊都已经被已知和未知的污染物严重污染。全球各地的人都疾呼要求更好的生活质量，但经济、健康和环境条件并不因人们的愿望而有所改善，这的确是一个发展的悖论。

新加坡整体可持续发展战略一部分是清理新加坡的几个水系，其中许多在新加坡独立之时已被明显污染。幸运的是，这个城市国家的政治领导具有远见卓识且极具活力，并在任何情况下都能领先于时代。1969 年，当时的总理李光耀要求政府有关部门制订和实施计划以清理新加坡河。然而，因为他们主要关注计划的实施成本，只取得了有限的成果。1977 年，由于对 8 年所取得的进展感到失望，总理给政府机构 10 年时间以完成此项工作。依赖于新加坡风格，清理新加坡河（历史上新加坡岛最重要的贸易动脉）及加冷盆地的战略在此期限内实施。李总理对新加坡的愿景可以通过对积极影响进行粗略统计而清晰地提炼出来，这些积极影响包括水体的恢复，普通民众显著受益的健康、社会和环境改善及河岸周边商业活动及土地价值的惊人增长。

本章分析了由新加坡政府制定的对新加坡河与加冷盆地进行清理的规划，以及它是如何成功实施的，还讨论了这些策略中的人文和环境因素，不仅改善了河流及周围的条件，而且发展了这个城市国家，同时为民众改善了生活质量并提供了更清洁的环境。

历史背景

新加坡成立于 1819 年，至 19 世纪末已成为世界上最重要和最繁忙的港口之一。随着轮船的发展（1840）及苏伊士运河的开放（1869），贸易额飙升且经济蓬勃发展。至1954年，每年超过500万吨的进口和出口物资（商业价值为12亿美元）沿着新加坡河进行运输。鉴于其重要性，这条向南流动的河流构成了岛上的贸易主动脉且大部分城市从沿岸向中部地区发展。几十年来，新加坡河成为整个岛的代名词。事实上，从1819年殖民地港口城市创建，直至1983年最后twakow（在新加坡沿河使用的中国原产的轻艇或货物船）的消亡，新加坡河逐渐成为经由新加坡岛的全球和区域贸易中心（Dobbs，2003）。

兴盛的贸易为新加坡带来更多的财富，随之而来的还有新的问题，其主要涉及水、水的使用及其质量。日益增加的航运开始限制河流，沿岸日益发展的活动吸引了越来越多的民众、寮屋殖民地、小贩和包括加工甘比尔、西米和海藻在内的后加工工业。所有这些居民和经济活动产生的民用和工业废水及固体废物，未经处理就排入河中，造成越来越严重的污染（Tan等人，2009）。显然，几十年的快速发展和缺乏长远规划导致中部地区人满为患且河流遭到了严重污染。

水道

新加坡河最大通航长度为2.95公里，自金声桥（Kim Seng）至滨海盆地的入海口；宽度自驳船码头（Boat Quay）的160米至金声桥（Kim Seng）的20米。加冷河是新加坡最长的河流，自皮尔斯水库下段至尼科尔公路绵延10公里。加冷盆地有五条主要河流：Bukit Timah/Rochor，Sungei Whampoa，Sungei Kallang，Pelton和Geylang。新加坡河本身形成了约1,500公顷的集水区，而Rochor，Kallang和Geylang的总流域面积为7,800公顷（Yap，1986）。它还与来自位于城市前沿的加冷盆地的5条河流汇集并通过滨海湾流入大海。虽然它们不是大的河流，但对于新加坡的重要性和相关性类似于世界上伟大的河流对于流经国家的重要性。

自19世纪开始，贸易增加及相关的城市和工业增长很快造成了新加坡河的重度污染。早在1822年，莱佛士成立了一个委员会来调查河流的状态，发现在北驳船码头建设码头造成其入海口附近有大量沙子。在19世纪50年代，新加坡建造了一艘挖泥船除去河流中的泥沙，但此措施并未被证明是有效的，至1877年，由于淤塞，船运变得非常困难。随后成立了一个政府委员会，以进一步探讨如何清洗和深挖河流，并决定购买一艘挖泥船来冲刷河床（多布斯，2003）。从19世纪80年代起，河道疏浚成为常规行动，但它没能解决日益恶化的污染问题。多布斯（2003：3）提请注意新加坡市政当局在1896年发布的一份报告，说明“正在解决中的爆发的霍乱和腹泻可直接归因于新加坡河不卫生的状态”。

1898年，新加坡河委员会成立，以解决这条河的污染问题。这个新的组织强调沿着新加坡河运输货物的船只数量惊人，并推荐了几个备选方案以改进其条件。委员会在报告中建议的措施包括拓宽河流、改进堤防、定期疏浚，加高所有桥梁、在河流或河口附近海域建设一个船港。然而，这些建议并未实施，主要是由于财政拮据，无法实施涉及的土地收购和置换或建设跨河桥梁。由于财政上的考虑，1905年和1919年提出改善新加坡河条件的建议也未被实施。

这条河被认为对新加坡经济至关重要，殖民政府和私营部门团体一致认为河道需要拓宽和清理。然而，这些任务涉及范围太大，需要巨大的投资和强烈的政治意愿。这样的考虑持续推迟了整套措施付诸实施的决定，整套措施建议在不同时间清理水体。

1953年建立了一个新的机构，将新加坡河作为港界内的一个贸易动脉加以控制、维护和改善（国家档案馆，1953）。1955年9月，新加坡河工作委员会向政府提交最后的报告（国家档案馆，1955），并提出了一系列建议改善沿河条件和周边地区，以促进贸易以及控制污染所带来的慢性问题。实施这些建议的成本估计为1,500万美元（Dobbs，2003）。这是殖民地政府为找到一个改善新加坡河的路线而进行的最后的尝试，但从来也没有实现过。

随后劳工阵线和人民行动党政府也强调河流对商业和社会的重要性。新的建议被提出，但与以前的措施相类似，没有采取任何行动。金融拮据停滞了一切努力，同时因为新加坡河作为主要贸易动脉的重要性，在此进行的活动不能中断。然而，随着时间的推移，新加坡河的污染变得越来越严重，垃圾常年漂浮在其水域（国家档案馆，1967）。

污染的程度是恶臭绵延至河道周边的整个区域。从养猪场和养鸭场、寮屋、后加工业、山寨产业、厕所、街头小贩、菜贩、船维修和类似的河边活动所排出的有机和无机废物、淤泥水以及从没有污水设施房屋排出的废物，都直接倒入河流。这些行为不仅对新加坡河，还对新加坡其他所有河流都造成了严重污染，且水中没有任何水生生物的迹象（环境部，1987）。

发展规划

后殖民时期的新加坡面临的最紧迫的问题之一是严重的住房短缺。这一严重问题列入人民行动党竞选的优先级列表中，一旦人民行动党赢得了1959年的大选，将立即对其付诸行动。自治后，规划者所注意的是：

> 中央区的许多店屋占用率数字已飙升至原有家庭住房细分后占用率的20倍以上，居住密度达到每公顷2,500人。此外，在市中心有大量空置和边际土地，而同时民众挤在主要由易燃材料建成的小屋内，缺乏卫生设施、水或任何基本公共卫生条件。
>
> （Tan，1972：334－335）

1960年，据估计，除了近250,000寮屋居民，还有约250,000人居住在城市贫民窟。有人算过，为了解决新加坡的住房问题，必须在1961年至1970年间建成不少于14,700所新房。

执政的人民行动党设定了一个五年计划，以改善民众的生活，让民众感到自己是城市的主人，并解决关于经济、住房短缺及中心区拥挤的诸多挑战。达到这一效果的第一个重要法案是1960年的《住房与发展法》，该法案授予国家发展部部长权力，实施低成本住房计划（Quah，1983）。这一举措包括清理贫民窟以及建设、转换、改善和扩建用于销售、租赁、出租或其他目的的任何建筑。为了制定这样的政策，建立制度以发展公共住房并促进经济增长，住建发展局成为首个法定机构，于1960年2月1日开始运行。这反映了对严重的住房短缺的优先处理。其次是1960年7月1日创立人民协会，通过控制和协调所监督的28个社区以处理政治动荡和公共威胁问题。一年半后，成立经济发展局（EDB）以解决岛上不断上升的失业率，这是新加坡吸引外商投资所面临的一个挑战（Quah，2010）。

在取得独立后的1965年，新加坡的整体经济增长速度是前所未有的。20世纪60年代，其国内生产总值年增长率达9%以上，而工业生产增长率超过20%。例如，岛上的造船和维修业务几乎翻了一番，从1966年的6,400万美元增长到1968年的1.2亿美元。1968年，新加坡成为亚洲美元市场的总部，1969年，它成为超越香港和贝鲁特的黄金市场，并超过伦敦成为英联邦最繁忙的一个重要港口。此外，裕廊镇改组为裕廊镇管理局，制造业在其管理的11个工业区内飙升。至1970年年底，裕廊进驻了264家生产工厂，雇用了

32,000名工人，另外106家工厂正在建设中（Turnbull，1977）。至1970年，这个城市国家接近充分就业水平，且面临放宽移民法的需要（Turnbull，2009）。

整个20世纪60年代，在人民行动党政府的领导下，新加坡见证了又一个前所未有的变革，这一次是关乎市区重建。重建城市破旧部分且清除贫民窟，并代之以现代化的高楼大厦。在这十年中，住建发展局建造了数以千计的公共住房，新加坡的人口被转移至中心城区以外的新开发的城镇。从那时起，政府宣称，增长不应以牺牲自然环境为代价，相反，人们认识到干净和绿色的环境对于吸引外资留住人才以确保进一步增长是必不可少的。因此，尽管资金供不应求，但这个城市国家仍在独立后投资建设关键的环境基础设施。例如，在许多支持举措中，花费20亿美元以建设排水发展项目，花费36亿美元用于深层隧道排污系统的第一阶段，并分配3亿美元全年来清理新加坡河（这个数字不同的资料来源是有差异的，例如Chou在1998年提到了一个较小的数字即2亿美元）。

政治意愿所引发的变革

城市改革对新加坡的发展至关重要，但同时对水道造成了严重污染。当时的总理李光耀没有将这一个挑战看作一个孤立的问题。他正确地指出，河流污染是所有其他在新加坡普遍存在的污染问题的最终结果。如果国家要发展成为生产型工业社会且民众的生活质量得以改善，就必须设想、计划和实施解决影响普通民众问题的方案，特别是那些生活在新加坡河周边的民众的生活问题。

1969年3月，李光耀致电公共工程局的排水工程师和公用事业局的工程师，让他们携手合作制订一个计划，以解决与水路相关的环境问题。他强调了控制河流污染物的必要性和河岸恢复。在给公共工程局主管的备忘录中，李光耀清楚地阐述了他的目标，即“保持这些河流和运河的水干净透明，鱼、睡莲及其他水生植物可以生长”（国家档案局新加坡，1969a）。一系列活动作为该计划的一部分开始开展。在两个星期内，主要机构举行会议，确定污染源并提出解决方案，以降低河流污染水平。与独立前的管理不同，总理所感兴趣的不是讨论，而是要求直接告知相应的实施措施。例如，从他致公用事业局和其他部门的信中可见，公共事业局的领导Lionel de Rosario直接在信中回复总理所要求的反馈（新加坡国家档案馆，1969b）。

事实上，甚至在上述备忘录之前，总理已经表示了他对清理新加坡河的兴趣。1968 年，他所领导的政府通过了严格的《环境与健康法》，该法案允许起诉任何正在污染河流和水道的人。当时，讨论和进度报告定期交至总理，紧迫感在快速见效的活动中得以反映（新加坡国家档案馆，1969c）。新加坡成立了一个大气和污水污染研究小组，对河床、水和空气进行了详细的分析，并确定在河水和河流周边存在哪些污染物和气体。正如所预期的那样，这项研究得出的结论是河流已被有机物严重污染。作为一个技术解决方案，可以在特定地点播撒几吨的次氯酸钠以缓解这种局面，但研究人员很快意识到这不是一个切实可行的解决污染的办法（新加坡国家档案馆，1969d）。1969 年的中期报告确定了民用、工业的固体和液体废弃物是污染的主要来源（新加坡国家档案馆，1969e）。这些污染源头背后的原因也被列入，例如，许多生活垃圾来自生活在沿河或河流集水区的居民，像唐人街这样的老定居点也是相当大的水体污染来源。当时决定，小贩、寮屋、临时替代性行业（驳运业例外）的劳动者、仓库员工和所有沿河生活的人将要尽快搬迁至其他地方。

1969 年 8 月，沿普劳西贡河的造船工人、木柴和木炭经销商第一批被告知，因为他们构成了重大污染源，他们将不得不远离河流。通知被送至沿河所有的企业和个人经营场所。住建发展局规定，受影响的个人和企业将优先获得分配住房及用作商业用途的经营场所（Dobbs，2003；新加坡国家档案馆，1970）。

搬迁活动得到了广泛的媒体报道。然而，即使在收到赔偿并获得新的、大大改善的住房或商业设施之后，需要安置的群体仍不愿意搬迁。新加坡将采取行动防止沿新加坡河堤建设未经许可的设施，一些国会议员对此表示关注（新加坡国家档案馆，1971a）。由于政府非常希望以尽可能小的对抗和尽可能少的负面消息开展此项行动，并继续对未经许可的小贩和棚户区进行安置（新加坡国家档案馆，1971b），但拆除速度仍然缓慢。总体而言，在 1969 年和 1979 年间，被拆迁的棚户区人数约 3,959 人（Tan，1986；Dobbs，2003）。1971 年，提出商贩安置程序，约 5,000商贩搬迁到小贩中心（Tan 等，2009）。

清理操作：1977—1986

到 1977 年，大部分河流污染源的环保工作和控制活动已由负责河流的不同部门进行计划或正在考虑之中。不同水道的清理已接近盆地的入海口，但在确保水质改善之前，入海口和集水区仍面临一个重大的挑战：大约44,000户棚户区居民仍然生活在河流附近不卫生的条件下；自小贩、菜贩、市场和没有污水设施的场所产生的液体、固体废物仍是一个难题；仍有610个猪场和500个鸭场将未经处理的废水排入水道，尤其是排入加冷盆地（Dobbs，2003）。

尽管住建发展局兴建新公寓房的速度很快，但到1977年仍有46,187户寮屋居民，其中大部分使用粪便桶或坑式厕所。有些悬垂厕所直接将废物排入溪流和河流（Chou，1998）。加冷盆地拥有最多的寮屋，数量达42,228户，新加坡河集水区拥有3,959户。此外，沿上圆路摆摊的4,926个小贩、批发菜贩所产生的废物在排水渠中腐烂的现象大多已经结束并最终不再污染河流。贸易、驳运、货物装卸、造船和修理等沿河的行业被安置在拥挤的老建筑里，由于没有污染防治设施，油、污水和固体废物被排放到河流中，环境恶化的情况令人担忧。

与此同时，新加坡河的重要性由于转口贸易而发生了变化。20世纪70年代，经营五家海上门户码头（吉码头、裕廊港、三巴旺货运码头，丹戎巴葛集装箱码头和帕西班让港区）的新加坡港务局（PSA），处理经由新加坡岛的大多数货物。这十年，港口设施成倍发展，使新加坡成为世界上最繁忙的港口之一。货物装卸技术的改进在此次快速变革中发挥了重要作用。至1972年年中，新加坡已经开放该地区的第一个集装箱港口，另有两个港口正在建设中，预计在1978年完成。这些行动导致新加坡河在贸易方面至关重要的作用加速退化并很快变得渺小，迅速变成一个“废弃驳船的墓地”（Dobbs，2003：110）。一旦确定这条河不再在新加坡的经贸交流中发挥关键作用，政府热切推进的清理工作变得更加容易。1977年2月27日，在皮尔斯水库开幕式上，总理李光耀给了环境部一个明确的时间范围和期限以清理新加坡河与加冷盆地。他的要旨是保持水质清洁作为一种生活方式，为“在10年的时间内实现……在新加坡河加冷河捕鱼。这是可以做到的”添加一个未来的愿景。他进一步阐述了他的远见，即“因为在10年内整个地区将被开发，因而所有的污水将排入下水道且溢出口必须是干净的”。他警告说，任何未能令人满意地履行或设置障碍物来阻碍实现这一目标的人，“将不得不对此负责”（Hon，1990：41）。

总理所示的紧迫性和严重性对每一个政府机构都是明确的。例如，由环境部发送的拟建工作任务清理河流的资金请求，立即被财政部批准了。按照计划草案所做的规定，在已提供污染治理设施的地区，要确保这些设施高效利用和运行；在没有提供污染治理设施的地区，除了尽可能落实到位，将会设置城市发展目标；最后，在余下的不可能或经济上不允许提供这些设施的地区，例如，路边小贩、船屋聚居地等，则要控制、减少或消除其中的污染源（Hon，1990）。

1977 年 6 月发起了一个深入实地的调查以确定各种污染源，并于 1978 年 9 月（Chiang，1986）完成，对三类人为污染源进行了鉴定。Ⅰ型污染源包括未与下水道相连的房屋、小贩摆卖地点或工厂所在的地区。在这种情况下，解决方案是提供污水处理设施、培训户主和健康服务人员使用适当的方法处理废物。Ⅱ型污染源包括随后发展的没有污水设施的土地污染（主要来自寮屋斗式厕所），这类污染可以通过及时安置棚户区居民得到改善。Ⅲ型污染源相关区域是无法使用污染控制设施的地区、没有明确重建计划的地区或不可能提供这些设施的地区。这些区域包括非生产性范畴的土地寮屋、船厂和养猪场、所有需腾出的地区（Hon，1990）。

在环境部常任秘书长的领导之下，成立督导委员会调查计划草案，并最终编制了一个总体规划。一旦得到内阁批准，该文件即成为在环境部协调下由有关政府机构实施的政府法令（环境部，1981）。该计划承认并指出污染问题的复杂性和各部委及政府机构在清理过程中需要发挥的作用。除环保部之外，其他的部委也将直接或间接地参与列入国家发展部、贸易和工业部、信息与通讯部（MICA）、市区重建局（URA）、裕廊集团、初级产品部（PPD）、港务局、公共工程局（PWD）及公园和娱乐部的项目。为了避免机构间的冲突，有必要将整个项目融入国家的长期战略发展计划，所以它不会单独执行。

由于集水区占据了新加坡约 30% 的面积，面临这一挑战，规划者们列出了防止不同性质的污染并使其远离河流的方案清单（Tan 等，2009）。综合管理行动计划由此制订出来，不仅直接采取必要的步骤来清洗河道，而且采取长期保持无污染的方法（周，1998）。

清理河流始于 1978 年，确定了没有污水设施的场所约有 21,002处，如 Geylang，Kim Chuan，Kg Bugis，Jalan Eunos，Havelock Road 等领域（Chiang，1986）。这些地方遍布棚户区且人口稠密，对其进行清理几乎是不可能的。多数没有污水设施的场所采用不卫生的粪便桶、蹲坑和悬垂厕所，是难闻气味和污染的来源，通常对健康有害。在计划伊始，确定有 11,847个粪便桶厕所，除了通往下水道的533个粪便桶厕所，其他的都被淘汰。最后一个粪便桶和621个悬垂厕所在1987年被最终淘汰。此外，至1977年，没有污水设施并将污水排至水道的处所数量由3,961处降至36处；至1981年9月，710个不具备垃圾清除设施的场所仅剩有129处（新加坡国家档案馆，1981）。更重要的是，通过在淡滨尼和勿洛淘汰私人采砂场并在一个公众持股公司下集中进行砂洗而对洗砂行业进行了控制。

该行动计划的主要目标是恢复新加坡河与加冷盆地中的水生生物生长。预计通过以下五大行动方针此目标得以实现：清除或搬迁污染源及淘汰污染行业；发展受搬迁影响的合适的基础设施；提高对整体发展规划的认识；严格执法；清理和疏浚航道。

以下各节详细描述了在清理工作实施过程中，政府和普通民众所面临的挑战。

移民安置，搬迁和逐步淘汰

住建发展局领导下的徙置事务处，是监督土地清理及安置寮屋居民的主要机构。作为清理程序的一部分，优先考虑清拆寮屋聚居地和破败的城市地区以进行重建。为完成这一计划，设定了8年目标（Tan，1986）。

寮屋居民安置的政策在20世纪60年代首次推出。这一措施只适用于新加坡公民，对于受安置影响的所有人和商业机构提供住房和赔偿（Tan等，2009）。1978年，46,187个棚户区中约一半都在私有土地上。根据移民安置规划，征地部门将在土地能够清理之前优先获得土地。此外，权力机构也不得不应对在新区建设合适的基础设施以安置大量的商店和后加工业的重大挑战。

徙置事务处根据寮屋产生污染的数量和类型将其分为三类。严重污染源，如养猪场，迫切需要清除，且其中675个猪场作为重中之重，计划在1981年前完全清除。第二个当务之急是处理集水区的寮屋，将其搬迁到新城镇的居住区。最后，作为清除过程的后续阶段，留下小块土地变为开放空间、绿地或用于未来的发展。

为了使安置工作有条不紊地进行，清拆及搬迁计划在对受影响的寮屋进行人口普查的基础上开展。以土地所有人为据，由国土局、徙置事务处、住建发展局和裕廊集团给予搬迁通知。有时候要发放好几次搬迁通知，多次警告说服寮屋居民搬迁。对不服从的寮屋居民及无正当理由拖延离开的将采取严厉行动。

一般情况下，政府会为受搬迁影响的所有个人和商业机构提供安置货币补偿和比他们以前住房质量更好的住宅，并提供租金优惠或首付豁免以使其获得新设施。以政府批准的固定费率对寮屋居民进行赔偿，这是特惠性质的赔偿。例如，对农民的住房补偿费率约为 205 美金/平方米，而寮屋居民住房安置补偿为 105 美金/平方米。此外，对农民给予现金补助以代替农田，对愿意将住处安置在中心城区的居民家庭和商业机构也给予现金补偿（谭，1986）。表 6.1 显示了清拆新加坡河与加冷盆地寮屋的数量。

为了尽量减少由于从熟悉的环境搬迁到新环境而造成的不便，政府对受影响的人口给予广泛的帮助。与此同时，政治稳定和经济快速增长也有助于减轻搬迁过程的痛苦。

表 6.1 清拆新加坡河与加冷盆地寮屋数量（户）

集水区	清除寮屋的目标数量	1979 年		1981 年		1983 年		1985 年(9 月)	
		清除寮屋数量	%	清除寮屋数量	%	清除寮屋数量	%	清除寮屋数量	%
新加坡河	3,959	1,097	27.7	1,921	48.5	3,213	81.2	3,744	94.5
加冷盆地	42,228	9,657	22.9	24,781	58.7	34,596	86.9	40,830	96.7
合　计	46,187	10,754	23.3	26,702	57.8	37,809	81.9	44,574	96.5

资料来源：Tan（1986）住建发展局搬迁安置部及其在新加坡河和加冷盆地集水区清理计划中的作用，东亚海协作体关于清理城市河流的研讨会。新加坡环境部及联合国环境规划署，新加坡，1 月 14—16 日。

移民安置与规划部门之间密切有效的协调，保证在寮屋居民搬迁前构建替代性住房。尽管如此，事实证明重新安置对于商业而言是困难的，因为大多数人持续拒绝为他们提供的新设施，但最终还是将社区和企业安置在政府所提供的新处所。反过来，从长远看，重新安置对最初不愿意搬迁的民众是有益的（Hon，1990）。例如，甘榜武吉士位于加冷盆地集水区内，被认为是火灾隐患地、死亡的陷阱和靠近城市的贫民窟，此外还是盆地污染的主要来源之一。1982 年，该地区有居民1,137户，共3,000人，居住在木质或锌质的房子里，拥挤不堪且没有适合的卫生设施，此外，还有约 151 个不同种类的行业、5 个大型仓库、12 家船厂，50 家商店及 12 座中式寺庙。现在，经过 20 年的河道清理后，该地区成为新加坡最具都市化的风景之一（Mak，1986）。

至 1986 年，设立清理集水区的 8 年期限到达，所有的寮屋居民都已被重新安置。清空的区域随后由住建发展局开发并转为居民区、新城镇和工业园区：如甘榜武吉士、璧山新城、波东巴西，龙岗新城、友诺士村，甘榜乌美工业区、芽笼住宅区等。最初，因为缺乏替代性设施提供给居民、他们的商店以及相应的行业，安置被刻意放缓。为了加快这一进程，裕廊集团要求从住建发展局获得支持，此后发布一个公告，即在 1984 年和 1985 年有更多的公寓可提供与搬迁。

对于本地产业，在 Lorong Tai Sengan 和 Kampong Ubi 建设特殊用途的车间，而其他一些工厂安置在加冷广场，100 平方米模块化单元可供出租以满足他们的需求。最后，Kampong Bugis 的造船商和维修商都在 Jurong 的 Tuas Basin 找到合适的搬迁地方。两年内将已确定的地点、道路、排水渠、桥梁和下水道工作完成，安置程序启动。最后，在 1985 年 12 月前，所有人都搬迁完毕。

街头商贩

20 世纪 60 年代，随着民族国家工业和经济的快速发展及就业机会的充足，越来越多的人加入劳动力大军。对于街边便宜又方便的食品需求迅速增长，成千上万的人看到了商机而成为商贩（Tan 等，2009），20 世纪 60 年代一度每 100 人就有一个食品商贩。由于对固体废物缺乏管理，街头商贩将食品废物任意扔在公共道路上，对健康和环境造成了严重问题。许多街头摆卖地点就在新加坡河的集水区，这意味着固体废物被扔进河中（Kuan，1988）。情况变得如此严重，在 1968 年，新的小贩执照不再签发，除非申请人真的没有任何其他的选择赖以谋生。

1978 年 12 月，在新加坡河与加冷盆地集水区摆摊的街头小贩达到4,926 名，其中大部分集中在 Tew Chew 和唐人街区内的中国街（Chiang，1986）。由于1,000多名小贩的存在，在高峰期，任何车辆都无法在这些领域通行（Hon，1990）。除了在街边售卖食品的小贩，蔬菜批发商也在这一区域经营，且大多习惯于在狭窄的人行道、街道和空地经营，而没有合适的设施。大量被丢弃的蔬菜通常腐烂在路边的排水沟里。

政府开展了一项计划以建立美食中心和市场，经许可的小贩转移至此并搬离街道。最初，商贩不喜欢搬迁到新的地方。为了鼓励他们，环境部的官员与商贩代表及公民咨询委员会进行了长时间的讨论。搬迁在不同政府部门之间产生了分歧。例如，在武吉士街，新加坡旅游促进局没有将街头小贩移至别处的想法，因为这项措施会导致这个地方缺乏吸引力，因此，旅游发展局坚持小贩迁往相同氛围的地方，要与原来的地方有相似的街景。这些要求均被忽视，街头小贩搬迁后，所腾空留下来的地方是一个不卫生的地方（Hon，1990）。至1985年12月，所有的街头小贩已迁往市场或美食中心（见表6.2）。

表6.2 安置在新加坡河和加冷盆地地区摆摊的小贩（名）

	1978年12月			1985年12月		
	新加坡河区域	加冷盆地区域	合计	新加坡河区域	加冷盆地区域	合计
街头小贩数量	2,421	2,505	4,926	79	0	79
接头摆摊地点的小贩数量	90	169	259	2	0	2
在市场及美食中心的小贩数量	4,960	8,026	12,986	5,851	9,217	15,068
市场及美食中心的小贩数量	43	58	101	47	65	112

资料来源：Chiang（1986）. 新加坡河和加冷盆地集水区的清理，东亚海协作体关于清理城市河流的研讨会，新加坡环境部及联合国环境规划署，新加坡，1月14—16日。

每一次搬迁后的垃圾处理都是规模巨大的行动。例如，清理唐人街花了三个月，所清除的垃圾达390吨。后来又推出了一个大规模的灭鼠行动，以消灭该地区的老鼠和其他害虫（TEO，1986）。除了这些工作，环境卫生部还进行了广泛的健康教育计划，包括分发健康教育材料，对在校儿童开展提高认识的宣传活动，与居民互动并呼吁社区领导参与公众活动。

驳运行业

在新加坡河与加冷盆地集水区，主要的河上活动包括贸易、运输及船的建造和修理，均与沿河岸所建的仓库和/或车间相关。严重河流污染背后有多项因素，例如，该地区的污水处理设施不足，住在船上的船员及家人排出污水、垃圾和废物，以及柴油和发动机漏油。因此，为完成河流清理，搬迁成为必要。环境部指出："两条河集水区的污染来源有很多——驳运及相关活动是主要来源之一。唯一经济可行的解决方案是驳运业的迁徙。"（《海峡时报》，1980年8月9日：9）

负责实施这一计划的是港务局和裕廊集团。驳运业从超过150年的传统基地搬迁到巴西班让这一全新的地区是一个相当困难的任务。对搬迁计划进行了综合性研究，提供给整个沿河社区的新设施开支约为2,500万美元，不包括土地成本。新设施的开发要经由新加坡驳船主协会（SLOA）与驳运社区协商，鉴于他们与河流打交道的悠久历史，只要有可能，他们维护船主利益的建议都会被考虑。但这并没有阻止驳运业在1977—1983年经允许继续沿河进行蓬勃的运营，甚至辩称其行为不需要对污染负责（Poon，1986）。

在巴西班让，港务局提供了19个额外的驳船①泊位来搬运货物，还修建了百米防波堤以保护木质驳船不受西南季风的冲击，以此回应驳船夫对新地点缺少泊地的抱怨。驳船夫反对的依据是巴西班让的风浪比河流受掩护的水域强大，并且对于主要住在唐人街区的驳船夫来说巴西班让距离太远（Tan等，2009）。此外，在Terumbu Retan Laut提供了驳船的维修设备并安装了约160个浮标用于停泊驳船，指定了一个码头便于驳船夫在大陆和锚泊区之间往返，还为工人提供办公室、休息室、厕所、食堂等改进设施。

800艘驳船的搬迁分两个阶段进行。第一阶段在1982年9月完成，所有的驳船从滨海湾、直落亚逸盆地、Rochor和加冷河搬至巴西班让。1983年，剩余的驳船也从加冷河、新加坡河和芽笼河搬迁（Poon，1986）。至1985年，64家船厂仅有6家仍在芽笼河，他们都同意实施污染控制措施。至1986年12月，沿芽笼河经营的木炭贸易行业迁往罗弄哈鲁士，住建发展局在此投资566万美元建设了合适的设施（环境部，1987）。

搬迁驳运业作为清理行动的一部分是合理的，因为这个行业不再在新加坡港口商贸中发挥曾经的关键作用（Dobbs，2003）。在搬移这些船的过程中，从克劳福德街、独立桥的拱桥下、加冷盆地岩石外滩沿线拆除和处置了120吨废料和垃圾。1983年8月，在新加坡河驳船码头（Boat Quay）处理了超过260吨垃圾。

养猪场

第二次世界大战后，养猪场在新加坡蓬勃发展（Hon，1990）。它们很快成为一个严重的污染源，因为它们不仅产生数量最多的固体废物，而且废物含量也是最高之一。1971年，在克兰芝香兰水库开发期间进行了一项试验以将克兰芝传统的养猪场搬迁至榜鹅高度集约化的养猪场区，那里当时位于集水区之外。不幸的是，由于多个原因，这并没有解决猪废物管理的难题，其中之一是处理产生的废物需要大幅土地，这根本就无法在新加坡实现（Khoo，无日期）。

因此决定淘汰生猪养殖可追溯到1974年，当时第一个未受保护的集水区水库建于克兰芝。然而，当清理水库和河流的计划推出后，这一进程明显加快。在1974年，约10,000家环岛本地猪场（超过716,500头猪）生产了大量的新鲜食物以满足国内的需求，仅在克兰芝集水区就有2,926家养猪场。

最初，拥有100头以上生猪的大型养殖场可选择搬迁至榜鹅地区，从集水区污染点的角度来看，该地区被认为是安全的。要求规模较小的养猪场逐步淘汰猪饲养而转向如家禽饲养等无污染的农事活动。1977年3月，要求已获准留在克兰芝的所有农场完全停止养猪。1979年10月，决定在城邦的所有集水区终止生猪养殖，包括新加坡河和加冷盆地集水区，在这些地区有超过3,259家农场。对所有农场发出通知，要在两年时间内停止活动，如果农民决定从事完全不同的经济活动则为其提供重新安置的选择及补偿。与此同时，能够变换成现代集约化养猪场的较大型养猪场可选择在榜鹅申请土地许可（1986）。

位于集水区的3,259家养猪场中，963家选择接受安置福利，余下的2,296家选择留在原地，并转换为非污染性的农业活动。至1982年3月，这些地区的所有猪饲养活动均已停止，包括新加坡河和加冷盆地在内的集水区内不再饲养生猪。与此同时，在榜鹅670公顷土地上投资现代化的设施用于生猪养殖。1984年年初，尽管榜鹅不是一个集水区，但与大量动物废物的管理相关的环境问题，致使政府决心在新加坡完全淘汰生猪养殖（Loy，1986）。

养鸭场

在1980年2月，超过两百万只鸭子被饲养在新加坡的7,290个鸭场，其中许多是在加冷盆地。鸭子开放饲养，污染环境及集水区。问题如此严重，以至于在1980年4月政府决定停止开放鸭饲养，初级产品部开始通知一年内所有的许可农场淘汰鸭饲养。但至1981年4月，只有大约一半的农场关闭。初级产品部向剩余农场送达提醒通知，要求农民立即终止他们的农场，并告知他们不会延长时间，除非有正在建设合适的鸭舍等正当的理由，并以实际行动帮助有兴趣建设合适设施的农民做出行动。至1981年12月，关闭了80%的开放鸭场。对于剩下的20%，环保部不得不发出通知起诉其造成的污染。最后，至1982年3月，所有开放饲养鸭子的养鸭场被关闭（Loy，1986）。

公共卫生，教育和执法

本章前面已经提到，环境卫生部进行了广泛的健康教育计划及清理（TEO，1986）。从1968年开始，通过正规教育课程和宣传活动构建公众意识，并开展宣传活动以提高公众对环境问题的认识。这些活动涵盖了范围广泛的问题，包括污染、食品卫生、传染病、废弃物管理、环境卫生、随地吐痰、禁止乱扔垃圾、河道清理以及全球环境问题。通常情况下，在推行环保或公众健康法之前，环境卫生部会为普通民众开展一次活动以熟悉新规定及其可能的结果。

乱扔垃圾及将排水渠作为传统废物处置的便捷通道的习惯是个大问题，环境卫生部因此对污染源进行定期检查。在河道清理期间，环境卫生部提供主要劳动力清理公共区域，警惕关注来自市场和美食中心、垃圾箱混合物、商业楼宇、家庭和建筑工地洗涤液的偶然和意外的污水和废物排放。监督和执法的关键是向公众灌输纪律意识并改变超过100年的老习惯。

1979年年初至1982年3月是执法的鼎盛时期，在已有污水设施的区域共进行了11,409次巡查，在没有污水设施的区域进行了4,139次巡查。在审查过程中，148人被检控，向712人发出通知。为了监控铺设污水设施的民用场所的污水排放，共进行了155,292次巡查，监测排放的污水，发布了1,179封警告信/通知，有80人被检控。为了向商贩灌输清洁理念，对餐馆进行了61,509次巡查，其中107家污染单位被起诉。对市场和美食中心的86,569家场所和94,051家垃圾收集站进行了检查。在此期间，有7,615人被检控乱扔垃圾（环境部，1987）。在1982年8月到2005年之间，超过2,600人被检控乱扔垃圾、在公共场所倾倒垃圾和排放污水（TEO，1986）。严格检查加强了法律实施，便于清理工作，也有助于鼓励民众养成更卫生有序的习惯。

成就和教训

新加坡开展了大规模的工作以改善岛上的环境，包括清理新加坡的河流，主要是新加坡河及加冷盆地，涉及许多变化也面临着无数的挑战。这个过程对新加坡整体社会和经济发展及环保产生了无数的积极成果、成就和经验教训。

住建发展局决定在离市中心五英里半径范围内建设住房来提供公共住房。

这是因为大多数人的活动集中在中心区及其周边，因此居民不准备搬到他们不熟悉的社区，而且如果交通成本高，人们也不愿与工作的地方距离很远（HDB，1963；Waller，2001）。

公共住房为民众提供一个从贫民窟到高层建筑的搬迁机会，并在这个过程中提升了供水服务水平（从社区水塔直接供水和天然气、电力供应）。为了表现扩展公共住房的必要性，据估计，中心城区每拆除一家店屋都要求建造最少5—8间公寓以安置受影响的民众（Chew，1973）。

这种大规模的城市发展过程需要安置26,000户家庭，其中大部分迁入住建发展局所建造的公共住房中，享有大大改善的基础服务、社区设施和交通设施。因此，这些家庭感觉到生活质量的显著改善。为了公众卫生，所有4,926个小贩搬迁到住建发展局、市区重建局和环境部建成的美食中心。这次搬迁是在高效和严谨的情况下执行的，因此1986年起，新加坡不再有无证商贩。

此外，以前在上圆路经营的蔬菜批发商于1984年1月搬迁到巴西班让批发交易市场。这些设施也是由住建发展局以2,760万美元建造的（环境部，1987）。超过2,800家后加工贸易和家庭手工业场所也被搬迁，其中大部分搬至由住建发展局和裕廊集团建设的工业区。最后，关于农事活动，至1982年3月，初级产品部已从集水区淘汰了所有的养猪和养鸭场，大大减少了污染。所有这些的重中之重是公众需求和领导从根本上应对挑战和问题的意愿，而不是选择头痛医头、脚痛医脚的政策决定，即使这意味着要进行长期且昂贵的公共投资。

至1983年9月，800艘驳船搬迁至巴西班让，港务局在此提供了价值2,500万美元的泊位及升级设施。当驳船不再沿河循环，清理河流的任务变得更容易、更快。从1982年到1984年，清理了来自新加坡河、加冷河、芽笼河和梧槽河的2,000吨垃圾，大大提高了这些区域的卫生条件和景观的审美性（Poon，1986）。渠务署疏浚了新加坡河的沉积物约4万立方米，梧槽河和加冷河的沉积物约60万立方米（Yap，1986）。1986年12月，木炭贸易从芽笼河搬迁到罗弄哈鲁士，住建发展局以566万美金在此构建了相应的设备。

公共住房计划对规划者和用户在供水方面产生巨大的影响。一方面，它要求水务规划者迅速扩大供水管网；另一方面，该方案有助于提供管道供水，增加计量消费者的数量，以及随之而来的水消费模式的记录。如前所述，住建发展局所建住房的数量大幅上升，从1960年的19,879间增至1970年的118,544间。由于为每间公寓提供计量式管道供水，因此计量连接的数量从

1960 年的102,819个增至 1970 年的264,314个。鉴于住房的纵向增长，所安装计量表的数量增长中，超过 90% 来自新建公寓，再次促使人们注意机构间的协调和全面规划是绝对必要的。

对水道也进行了进一步的改进。例如，输送主管道及供水总管道的长度分别从 1960 年的约 1200 公里和 80 公里增至 1970 年的 1840 公里和 104 公里。输送主管道长度的扩展中，超过 65% 是服务于城区外的村庄和住建发展局的住宅区。因此，住建发展局发展方案所发挥的重要作用不仅体现在供水覆盖面的扩大，而且体现在确保连接至管网的消费者用水可被计量。值得注意的是，在长期规划（如 1971 年的概念性规划和 1971 年的水利总体规划）创立之前已经对其进行了显著的改善。因此，即使没有这些政策，住建发展局与公用事业局间的机构协调也能保证公用事业局发展必要的供水基础设施，以确保新的住房发展计划顺利按时完成。

水质监测提出在规划最初三年内的重大改进是清理河流。样本分析结果表明，有机污染物含量已大幅度减少，溶解氧水平几乎从零升至 2—4 毫克/升。表 6.3 表明了河水质量的改善。清洁的水意味着，作为清理工作的主要目标之一，恢复河流动植物是非常有可能实现的。

由新加坡国立大学（NUS）进行的生物调查表明，浮游和底栖的水生生物已返回到水道。1986 年的一项研究表明，在新加坡河和加冷盆地已发现约 20—30 个水生物种（环境部，1987）。

表 6.3 水质参数

河流	1978 年（平均值）			1985 年（平均值）		
	BOD	AMM - N	DO	BOD	AMM - N	DO
Singapore	11	1.7	NA	4	0.8	3.9
Bukit Timah/Rochor	58	13.0	NA	7	1.2	3.7
Kallang	76	26.5	NA	4	1.2	2.6
Whampoa	9	8.8	NA	3	0.5	3.4
Pelton	33	20.2	NA	3	0.8	3.2
Geylang	21	13.7	NA	7	1.1	3.2

资料来源：Chiang (1986) . 新加坡河和加冷盆地集水区的清理，东亚海协作体关于清理城市河流的研讨会。新加坡环境部及联合国环境规划署，新加坡，1 月 14—16 日。

注：DO = 溶解氧，检测水中含氧量；BOD = 在 20 摄氏度，5 天的生化需氧量，反映了水中有机物的含量；AMM - N = 氨氮在水中营养物质的含量。

至 1983 年，从河里已经可以抓到鱼和虾，这远远超过了设定的目标，促使新立法仅允许用鱼钩和鱼线钓鱼（Chou，1998）。水质提高的明证是 1987 年年底在芽笼河发现了两只海豚，它们在那里住了一个星期。同年 9 月，环境部庆祝“清洁河流纪念”的成功（Hon，1990）。

1955 年，估计清理新加坡河的成本约为 1,500万美元，该金额在 1960 年修正为 2,300万美元，1964 年经评估后调整为 3,000万美元。最终计算的金额在 2 亿到 3 亿美元之间，（这取决于不同资料来源）。从中能够看出由于延迟贯彻清理政策，新加坡如何由最初的估计金额一再增加支付。对于试图改善水道质量的任何政府而言，这是一个重要的教训。

总体而言，在投资方面，Chou（1998）估计实施清理计划的总成本为 2 亿美元。他还引用了港务局、住建发展局和其他政府机构所花费的额外费用，如前所述，在加冷盆地额外花费 2,100万美元构建海滩，额外花费 1,300万美元去除泥浆和其他建筑物。Leitmann（2000）也将清理成本定为 2 亿美元，该金额不包括所提供的公共住房、美食中心、工业厂房和排水设备的成本。然而，在最近的研究中，Tan 等（2009）将清理成本设定为近 3 亿美元，不包括安置补偿。这个数字是否包括直接和间接的人力资源成本、时间成本、学校的教育计划成本、公共宣传成本等还不明确。无论包含哪项成本，它都反映了新加坡政府对金融、资本、人力成本和机会成本进行了相当大的投资。当然，这种对普通民众的生活质量及整个环境持续积极的改善常常难以完全量化。

将河道清理计划的成本与累积效益进行比较的结论是，这无疑是值得进行的措施。这一计划具有许多直接和间接的益处，因为它释放了许多与发展有关的活动，这些活动提高了民众的生活质量，改造了新加坡的国内景观，转变了新加坡的国际形象，并将新加坡提升为城市规划和发展的典范。水道和集水区沿线的土地价值和土地需求成倍增加，并通过巨大的投资吸引旅游、娱乐及相关的活动。例如，驳船码头和克拉克码头区域很快就被翻新，变成结合现代和传统结构的中心娱乐区；同样，加冷盆地的新沙滩和公园改造使其成为水上运动和其他休闲活动的场所、海滨长廊和其他商业场所。

除了在这些特定区域取得的成就，河流一旦变得干净就能够支持其他长期发展计划。作为一个全面广泛、包罗万象的城市和国家发展计划的一部分，新加坡河沿岸建筑遗产的恢复和修复，有助于完善公共景观和保留民族认同感。整个计划为子孙后代留下了遗产，民众为所取得的成就感到振奋。此外，假如水道及其周边被严重污染，新加坡沿岸土地的经济发展以及在地下进行大众捷运隧道的建设将是不可能的。

最重要的经验，还是要回到具有决断性的、肯定的和协调性的决策过程。新加坡政治领导的典范性政治意愿凸显其设想并鼓励社会经济进步的可持续发展，通过进行变革改善民众生活质量，赢得成功的城市发展，保护环境，使新加坡步入了可持续发展的正轨。

进一步的思考

为什么新加坡在规划、实施和跟进城市重建计划中取得成功，而其他即使是高度工业化的国家都无法这样做，有一句话可以得出正确的结论，即这样的举措不能孤立地实施。新加坡的经验表明，能达成这样的计划和努力是因为长远的设想、全面的计划、有效的机构协调以及国家领导施加的强烈政治意愿。

新加坡城市发展和规划以协调的方式同时考虑所有相关的元素，例如征地、拆迁和安置受影响的家庭，提供公共住房，交通的改善等，还不止这些。更重要的是，如同普通民众的合作和支持一样，发展和加强新加坡的法律体制框架和技术专长对实施不同的计划和方案是必不可少的。规划与实施相匹配，不是因为它是一个简单的任务，而是因为新加坡政府进行了必要的框架开发、适应性调整及推动。

当这个过程结束时，破旧的建筑物、临时棚屋和小贩摊档让位于良好优质的住房、商业和工业设施，改善服务的娱乐和休闲中心，以及整修过的道路和小巷结合古老和新建的建筑物，新加坡河呈现全新的风貌。以前充斥着造船厂、后加工业和棚户区的河岸，已被改造成漂亮的河滨人行道和景观公园，展现出新的面貌。新加坡河与加冷盆地的清理及对整体经济、社会和环境的影响，只代表了新加坡发展成为可持续发展城市的整体愿景的一小部分。这是许多国家将成功模仿的愿景。

作为一位具有远见的总理，李光耀在 20 世纪 60 年代中后期意识到，基于长期来看，在污染环境中生活比在清洁环境中生活的社会成本更高昂。近半个世纪后，世界一些地区的政治领导人还没有认识到这个基本事实。

注释

①驳船是亚洲本土用来在河上运输货物的船，因此行业包括与运输货物船只相关的活动。这种船主要有两种类型：Tongkang（印度船员使用）和 Twakow（中国船员使用）。

参考文献

1. Chew, C. S (1973) 'Key Elements in the Urban Renewal of Singapore', in: C. P. Chye (ed) *Planning in Singapore, Selected Aspects and Issues*, Chopmen Enterprises, Singapore.
2. Chiang, K. M. (1986) *The Cleaning up of Singapore River and the Kallang Basin Catchments*, COBSEA Workshop on Cleaning – up of Urban River, Ministry of the Environment of Singapore and UNEP, January 14 – 16, Singapore.
3. Chou, L. M. (1998) 'The Cleaning of Singapore River and the Kallang Basin: Approaches, Methods, Investments and Benefits', *Ocean and Coastal Management*, Vol. 38, No. 2, pp. 133 – 145.
4. Dobbs, S. (2003) *The Singapore River: A Social History* 1819 – 2002, Singapore University Press, Singapore.
5. Hon, J. (1990) *Tidal Fortunes A Story of Change: The Singapore River and the Kallang Basin*, Landmark Books, Singapore.
6. Housing & Development Board (HDB) (1963) *Annual Report* 1960, Government Printing Office, Housing & Development Board, Singapore.
7. Khoo, T. C. (No date) *Water: Turning Scarcity into Opportunity*, Unpublished Draft.
8. Kuan, K. J. (1988) 'Environmental Improvement in Singapore', *Ambio*, Vol. 17, No. 3, pp. 233 – 237.
9. Leitmann, J. (2000) *Integrating the Environment in Urban Development: Singapore as a Model of Good Practice*, Urban Development Division, World Bank, http://www. ucl. ac. uk/dpu – projects/drivers _urb _change/urbenvironment/pdf _Planning/World% 20Bank _Leitmann _Josef _Integrating _Environment _Singapore. pdf, accessed 26 October 2012.
10. Loy, W. S. (1986) *Phasing out of Pig and Open Range Duck farms in Water Catchments*, COBSEA Workshop on Cleaning – up of Urban Rivers, Ministry of the Environment Singapore and UNEP, 14 – 16 January, Singapore.
11. Mak, K. C. (1986) *Jurong Town Corporation: A case study on Resettlement of Squatters and Backyard Industries in Kampong Bugis*, COBSEA Workshop on Cleaning – up of Urban Rivers, Ministry of the Environment Singapore and UNEP, 14 – 16 January, Singapore.
12. Ministry of the Environment (ENV) (1977) *Progress Report, Cleaning Up of Singapore River/ Kallang Basin and all Water Catchments*, MOE, PWD 223/53 Vol. VI, National Archives, Singapore.

13. Ministry of the Environment (ENV) (1981) Annexure of draft memo No. ENV/CF 09/77 PE1, 6 May, Singapore.

14. Ministry of the Environment (MOE) (1987) *Clean Rivers: The Cleaning up of Singapore River and Kallang Basin*, MOE, Singapore.

15. National Archives (1953) *Government Order*, CSO, 1163/53/21', PWD 223/53, Vol. I, 9 September, Singapore.

16. National Archives (1955) *SEE (C&M)*, PWD 198/53, p. 143, 28 September, Singapore.

17. National Archives (1967) *Sim Ki Boon's* (A member of Advisory Board to the Government), Letter to Permanent Secretary, Ministry of National Development, PWD 223/53, Vol. IV, p. 44, Singapore.

18. National Archives (1969a) *Prime Minister's Memorandum to Wong Chooi Sen*, PWD 223/53, Vol. V, p. 100A, 26 March, Singapore.

19. National Archives (1969b) *Lionel de Rosario's Letter*, PWD 223/53, Vol. IV, p. 167, 10 October, Singapore.

20. National Archives (1969c) Various Communications and Interim Reports, PWD 223/53, Vol. IV, Singapore.

21. National Archives (1969d) *Director of Public Works' letter*, PWD 223/53, Vol. IV, p. 121, 2 June, Singapore.

22. National Archives (1969e) *Interim Report on Improvement to Rivers and Canals in Singapore*, PWD 223/53, Vol. IV, p. 181A, draft submitted by Ling Teck Luke, Ag. SEE (D&M)/ PWD, Singapore.

23. National Archives (1969f) *Lee Kuan Yew Letter to Minister of National Development*, PWD 223/ 53, p. 153A, 27 August, Singapore.

24. National Archives (1970) Various Communications and Interim Reports, PWD 223/53, Vol. V, Singapore.

25. National Archives (1971a) *Hon Sui Sen, M. P. for Havelock's letter to Director*, PWD 223/ 53, Vol. V, p. 117, 24 May, Singapore.

26. National Archives (1971b) *Letters to Supdt. Hawker Branch, Ministry of Health*, PWD 450/6, 223/53, Vol. V, p. 118 and 112, 25 May and 14 April, Singapore.

27. National Archives (1981) *Progress Report on Cleaning Up of Singapore River/Kallang Basin and all Water Catchments* (1977 - *September* 1981), Ministry of the Environment, PWD 223/ 53, Vol. VI, p. 15A, Singapore.

28. Poon, I. H. (1986) *PSA's Role in the Cleaning Up Programme*, COBSEA Workshop on Cleaning-up of Urban Rivers, Ministry of the Environment Singapore and UNEP, 14 - 16 January, Singapore.

29. Quah, J. S. T. (2010) *Public Administration Singapore Style*, Emerald Group, Bingley.

30. Quah, S. R. (1983) 'Social Discipline in Singapore: An Alternative for the Resolution of Social Problems', *Journal of Southeast Asian Studies*, Vol. 14, No. 2, pp. 266 - 289.

31. Tan, S. A. (1972) *Urban Renewal in Singapore and its Associated Problems*, Technical Paper No. III/3, pp. 334 - 335, Workshop on Water Resources, Environment and National Development, Science Council of Singapore, Singapore.

32. Tan, W. T. (1986) *The HDB Resettlement Department and its Role in the Cleaning up Programme of Singapore River and the Kallang Basin Catchments*, COBSEA Workshop on Cleaningup of Urban Rivers, Ministry of the Environment Singapore and UNEP, 14 - 16 January, Singapore.

33. Tan, Y. S., Lee T. J and Tan, K. (2009) *Clean, Green and Blue: Singapore's Journey towards Environmental and Water Sustainability*, Institute of Southeast Asian Studies, Singapore.

34. Teo, B. T. (1986) *Role of Environmental Health Department in the Clean Up Programme*, COBSEA Workshop on Cleaning - up of Urban Rivers, Ministry of the Environment of Singapore and UNEP, 14 - 16 January, Singapore.

35. Turnbull, C. M. (1977) *A History of Singapore* 1819 - 1975, Oxford University Press, Singapore.

36. Turnbull, C. M. (2009) *A History of Singapore* 1819 - 2005, NUS Press, Singapore Waller, E. (2001) *Landscape Planning in Singapore*, Singapore University Press, Singapore.

37. Yap, K. G. (1986) *Physical Improvement Works to the Singapore River and the Kallang Basin*, COBSEA Workshop on Cleaning - up of Urban River, Ministry of the Environment of Singapore and UNEP, 14 - 16 January, Singapore.

参考报纸

The Straits Times (1980) 'Lighters Must Ship Out for New City', The Straits Times, 9 August.

7. 媒体对新加坡—马来西亚水关系的观点

介绍

新加坡和马来西亚形成了一种既复杂又相互依存的关系，地理、历史传承、经济和文化促成了这一关系。1963 年到 1965 年，新加坡是马来亚联邦的一部分。在 1965 年获得独立后，新加坡缺乏天然资源以支持其经济增长和社会发展，主要是水资源，这使其国家领导人认识到制定和实施具有明确愿景、长远规划及前瞻性的政策和战略的重要性，并将以足够的灵活性实现越加雄心勃勃的发展计划（Ghesquière, 2007; Yap et al. , 2010）。

从历史上看，新加坡用水的一个重要来源，是从马来西亚柔佛进口水，这至少将持续到 2061 年。为了这个缘由，双方已签署四份水协议：1927 年（不再生效）、1961 年（不再生效）、1962 年和 1990 年协议。1927 年、1961 年和 1962 年的协议授权新加坡从柔佛进口水，并允许柔佛从新加坡购买处理过的水作为回报。1990 年的协议授权新加坡在柔佛河上建设和运营林桂（Linggiu）坝，依据 1962 年的协议（见附录 A），允许柔佛向新加坡出售来自林桂坝的除向新加坡供水以外的处理水。这些协议阐明两个国家在水的问题上一贯合作的历史，甚至当他们的“水关系”在不同历史时期所持观点有严重的分歧和差异时（见 Kog, 2001; Long, 2001; Kog et al. , 2002; Lee, 2003a, 2005, 2010; MICA, 2003; NEAC, 2003; Chang et al. , 2005; Saw and Kesavapany, 2006; Sidhu, 2006; Dhillon, 2009; Shiraishi, 2009; Luan, 2010）。

这些年来，媒体为塑造两国之间的水关系扮演了重要的角色。无论是正式还是非正式的，媒体对于其受众和其他国家的相关方不仅担当报道的责任，还是交流沟通的工具。某种情况下，媒体被描述为双方的刺激物（MICA, 2003; Chang et al. , 2005），有助于提高两个国家的情绪（Chang et al. , 2005: 3）。

媒体对于两国之间水关系的最根本的重要性在于，除了新加坡政府在 2003 年所公布的文件（MICA, 2003）外，主要文件很少公开，新加坡—马来西亚水关系的公共信息一直主要通过媒体披露。一个明显的迹象是，关于这一主题的整体研究，有时密切地依赖于首先在媒体所报道的信息。

本章分析了平面媒体在新加坡—马来西亚水关系中所持的观点及所扮演的角色，主要是对双边谈判进行的广泛报道（1997—2004），并对这两个国家的媒体行业进行了概述。

由各自政府所管理的新加坡和马来西亚媒体超出了本文的范围，且已通过其他方式做出了详细分析（例如：Ang，2002，2007；George，2007；Kenyon，2007；Kim，2001）。因此，在此不作讨论。

新加坡和马来西亚的媒体

新加坡和马来西亚的媒体行业受到各自政府的高度监管。特点是品牌众多，但由少数几家公司所拥有，一种媒介与另一种媒介在媒体内容上可能无显著不同。两个国家的媒体结构被描述为具有亲政府的倾向，这可能会影响对行业的态度和报告。理想的情况下，对于这两个国家水关系的报道应该是公正、客观和符合事实的，实质上，报告显著地反映了各自国家所持的观点，这也是关于水谈判的写照可能不一定相同的原因。

新加坡媒体

实际上在新加坡只有两个平面媒体公司：新加坡报业控股（SPH）和新传媒私人有限公司。新加坡报业控股是主要的平面媒体公司，而新传媒虽然主要是广电公司，但仍发行一份报纸。新加坡报业控股拥有新传媒报章40%的所有权，新传媒报章也拥有新加坡报业控股的大量股权。尽管这两家公司都是私人机构，但他们的管理与政府相关，一般持对政府有利的立场（Ang，2002；Tan，2010）。

新加坡媒体市场所有权常常被形容为垄断（Ang，2007；Tan，2010）。除《今日报》（Today）是由新传媒报章拥有，其他所有平面媒体都是新加坡报业控股拥有的。新加坡报业控股以四种语言出版17种报纸，在15岁以上的新加坡人中拥有77%的读者。出版的报纸如下：《海峡时报》、《星期日泰晤士报》、《商业时报》、《商业时报周末刊》、《新报》及《新报周日刊（英文)》、《联合早报》、《联合早报周日刊》、《联合晚报》、《新明日报》、《zbComma and Thumb up（中文)》、《我报（英文及中文)》、《Berita Harian》、《Berita

Minggu（马来语）》和《泰米尔之声（泰米尔语）》。《海峡时报》被认为是在新加坡最具影响力的英文报纸。在2010年8月，它是发行量最大的报纸，每天分发365,800份（SPH，2010）。

广电媒体由新传媒控制，由淡马锡控股公司和政府的投资部门所拥有。新加坡与互联网相关的媒体相比平面媒体受限较少，但受制于有争议的许可管理条例（Ang，2007）。

新加坡媒体实行广泛的监管。《报刊和出版物法案》（新加坡政府，1974）要求出版商每年更新执照。法律也要求媒体公司成为公共实体，且无任何单一股东能控制没有获得政府首肯的报社12%或以上的股份。此外，政府有法定权力批准所有权和经营权转让以持有这些公司更高的投票权。根据《不良出版物法》，“违背公众利益”的出版物是被禁止的。[①]

马来西亚媒体

在马来西亚，马来民族统一机构（巫统）（UMNO）不仅是执政党，而且拥有大部分主要报纸。在马来西亚，平面媒体主要有英语、马来语、中文和泰米尔语。主要公司是新海峡时报社（NSTP）和马来前锋报社（UMP）。新海峡时报出版的英文报纸如：《新海峡时报》、《新星期日时报》、《商业时报》以及《每日新闻》、《每日新闻星期刊》、《大都会日报》、《大都会日报星期刊》。基于马来语出版物的马来前锋报社出版《马来前锋报》、《马来西亚前锋报》、《马来西亚前锋报星期刊》、《时代前锋报》。除了巫统之外，其他政党，如马来西亚印度人国大党（MIC）和马来西亚华人协会（MCA），都与媒体有密切联系（Kim，2001）。类似新加坡，虽然马来西亚有很多报纸，但却由几家公司控制，且这几家公司与联合执政党都有联系（Shriver，2003）。一般情况下，主流平面媒体对政府不持批判态度（Kenyon，2007）。

广播和电视也是政府全资拥有和控制。互联网虽然受到某种形式的控制，但仍是最受限制的沟通渠道。众所周知，政府采用监控系统，限制访问权限且禁止几个网站（Kim，2001）。通过《通讯与多媒体法》，互联网服务供应商需要具有许可证，规定反对诽谤和虚假内容。

《内安法令》、《印刷与出版法》授权政府控制媒体。《内安法令》对被认为是威胁到国家利益和安全的事项进行限制（Kenyon，2007），《印刷与出版法》规定媒体执照的授予和撤销。根据这项法案，媒体出版商每年更新执照，政府可酌情撤销许可证且不作任何解释（Kim，2001）。

媒体对新加坡—马来西亚水关系的观点

在分析媒体观点之前，重要的是介绍1997年至2004年期间水谈判的情势，如由新加坡新闻通讯艺术部所发布的一样（MICA，2003）（见附录B发展年表）：

“故事开始于1998年危机，他们说我们要团结起来。因此，在亚洲金融危机最盛的时期，两国就‘更广泛的合作框架’开始谈判。马来西亚希望得到贷款以支持其通货。为了能够附带新的条件，新加坡建议马来西亚给予长期向其供水的保证。马来西亚最终没有提出贷款的需求，因此谈判围绕共同关心的其他问题。特别是，马来西亚希望在新加坡共同开发更多的地块，并将回迁目前在丹戎巴葛的火车站作为交换。

在随后的3年，更多的项目捆绑进入谈判方案中。新加坡增加了一个要求：恢复其使用马来西亚领空进行军事运输和培训。马来西亚增加了三个要求：以一座桥取代更换长堤，在新加坡工作的马来西亚人提前支取中央公积金储蓄及以更高的水价将水出售给新加坡。官员会见对应的领导人；新加坡总理吴作栋和内阁资政李光耀到马来西亚首都吉隆坡访问其领导人……”

早在1995年，水谈判就是新加坡—马来西亚合作框架最重要的部分，并与讨论大马铁路在新加坡的部分及马来西亚提出的连接两个国家的电力火车的方案相关（《商业时报》，1997年6月）。至1996年，马来西亚公开宣布愿意提供水给新加坡，但应视其国内需求而定（《商业时报》，1997年6月6日）。1998年2月新加坡总理吴作栋对马来西亚进行为期两天的访问时对此强调，在此两国发表了联合公报重申这件事情（《新海峡时报》，1998年4月4日；《商业时报》，1998年4月10日）。按照预定，新协议的细节在正式访问后的60天内进行了精炼。然而，未能满足此期限，是因为双方在细节方面无法达成协议（《商业时报》，1998年6月30日）。

1998年，水谈判与新加坡给予马来西亚的经济援助方案相联系，这是马来西亚在1997年亚洲金融危机中遭受经济问题的背景之下提出的。马来西亚之后转达它不再需要财政援助。马来西亚随后提出采用“统包交易”的方式（《商业时报》，1998年12月18日，MICA，2003）。这种方式涉及水问题谈判及其他悬而未决的双边问题，包括：“大马铁道新加坡部分，大马铁路出入境检查站搬迁，新加坡飞机使用马来西亚领空，马来西亚人股票转让不再于新加坡国际系统交易而转至吉隆坡证券交易所，提早释放马来西亚工人的中央公积金（CPF）储蓄”（《商业时报》，1998 年 12 月 18 日）。那时对谈判情况的报道非常少。大约在同一时间，宝联控股，一家新加坡上市的建筑公司，对从印度尼西亚引入水源进行可行性研究（《海峡时报》，2000 年 7 月 2 日）。

2001 年 9 月，新加坡国务资政李光耀与马来西亚总理马哈蒂尔达成原则性协议，以解决包括水在内的一系列悬而未决的双边问题（《工商时报》及《海峡时报》，2001 年 9 月 5 日）。协议中新的内容是用铁路隧道更换连接两个国家的堤道大桥（《海峡时报》，2001 年 9 月）。官方方案和反馈提案在两国间进行交流，随后两国外长又于 2002 年 7 月和 9 月进行了新一轮双边会谈。几个因素，如直到 2059 年马来西亚才愿意讨论新的水协议（在 1962 年协议失效前两年），对马来西亚有权审查现有协议中的售水水价等，具有分歧，谈判陷入僵局。随后，马来西亚在 2002 年 10 月将水与统包交易脱钩，统包交易的方式被终止，而赞成 2002 年 10 月进行高层官员会谈的独立方式，但没有达成交易。马来西亚只想讨论目前的水价，而新加坡希望未来供水的问题纳入议事日程（《海峡时报》，2002 年 11 月 21 日；MICA，2003）。这样的僵局导致媒体上流传有关寻求付诸法律以解决马来西亚是否有权力审查水价的讨论（《海峡时报》，2002 年 11 月 21 日）。

2003 年 1 月，新加坡发布谈判的公函以正视听（MFAS，2003），随后马来西亚媒体发布谈判涉嫌虚假陈述及负面宣传。这些函件中的几封发表在新加坡的《海峡时报》上（《海峡时报》2003 年 1 月 26 日 a，b；2003 年 b，2003 年 1 月 28 日），还发布在外交部官方网站上（MFAS，2003）。这一决定遭到马来西亚的严厉批评（《新海峡时报（NST）》，2003 年 1 月 28 日），并于 2003 年 7 月发布为期一周的系列报道，题为“水：新加坡—马来西亚争端：事实”（NEAC，2003 年；NST，2003 年 7 月 13 日）。

不久后，正式谈判终止。马来西亚声明，它仍然会兑现现有的协议，但谈判终止了（《海峡时报》，2003 年 8 月 2 日）。相比之下，新加坡表达了使现有水协议在 2011 年到期的意愿（《新海峡时报》，2002 年 8 月 6 日）。

其他因素也影响了双边水关系。其中包括两国追求在水方面相互独立：新加坡希望水自给自足且柔佛的目标是不依赖来自新加坡的处理过的水；新加坡从印尼进口水的可能性；通过生产新生水和海水淡化厂支持新加坡发展水工业；新加坡对再生水所做的工作，据称影响了马来西亚，在白礁岛问题上引起争议。②

水关系的报道

在分析新加坡—马来西亚水关系中媒体所发挥的作用时，考虑两国在特定时期的历史和政治背景是首要的。关于双边问题，经验表明，媒体报道在一般情况下并不一定遵循媒体作为一个公共领域的理念，在此“公民讨论和商议共同利益和公众关注的事宜，并使政府负有责任”（George，2007：94）。在双边问题上，媒体往往是持有均一观点的民族主义，这主要集中在代表自己国家的利益和反映各自国家的意见。新加坡和马来西亚媒体的情况并没有什么不同。

两个国家对水谈判进行的报道随着时间的推移而演变。起初，在双边谈判中描绘合作正面形象的新闻文章占主导地位，且新加坡和马来西亚新闻的情况是一致的。可是后来，报道越来越负面且议题的构想很快就有所不同。本土利益与扩散的观点、新闻文章旁的社论文章一起增长。双边谈判很快成为一个国内政治问题，领导人利用媒体向各自的民众澄清并解释谈判的情况。

重要且值得一提的是，在这一点上，大众媒体对政治问题的报道是有选择性的，这是正常和必然的。媒体依赖于将复杂问题进行相对简洁的论述，这是通过有选择的观点、选择突出某些项目而忽略其他、经常寻找某些问题上的共识或分歧来实现的。对特定主题，能够引起受众重视的问题的数量和种类通常是有限的，所以公开辩论受限于事件，即使这些事件是相关的。这仅仅是因为公民在构建他们的意见时往往把重点放在具体问题上。至于新加坡—马来西亚的水关系——正如人们所预料的，在任何正常的双边关系下的情况一样——媒体可以决定主要传递自己政府的观点以达到形成有利舆论的明确目标。

德国社会学家和哲学家哈贝马斯提出，媒体功能已从促进在公共领域的理性对话和辩论转化成将公共话语塑造、构建和限定于传媒集团所批准的主题（Kellner，2000）。不过，人们也可以辩解，民众往往相信他们的精英。在这种情况下，就双边关系他们相信他们国家的大众传媒，因为他们认为这些传媒是可信的信息来源。此外，正如安迪纳迪亚斯（2007：66）所讨论的，媒体的影响力“既不如最初所认为的那样显著，也不如后来所假定的那么渺小”。这是因为公民并不一定盲目地追随媒体或被动地接受所有观点，他们都有自己的动机和自己的偏见，可能会也可能不会与媒体提出的观点不谋而合。

因此，作为媒体重要的是塑造民意，媒体所传达的信息能与自己试图创立塑造的民意相一致，在这个平衡关系中最基本的是读者。公民不一定是单纯的观众，总是允许媒体塑造他们的观点：他们通常用自己的看法以及受他们通常所赞成的事情的影响来解读媒体内容以加强自己的看法和观点。

为了便于分析，随着媒体的作用不断演变，双边谈判所涵盖的时间（1997—2004）分为三部分（见表 7.1）。第一阶段是水谈判的早期，媒体作为事件的报道者，其传统型的角色是明确的；第二阶段和第三阶段，媒体作为沟通平台发挥更大的作用。尽管如此，第二个时期显示，媒体是面向有兴趣了解谈判的人而非面向官方起澄清事实的作用；第三个时期表明，媒体在新加坡和马来西亚政府之间扮演了非官方沟通媒介的角色。

表 7.1 1997—2004 年新加坡—马来西亚水关系中媒体的作用

媒体角色	时期	媒体内容		媒体构想
		双边新闻	平面媒体的构成	媒体报道的比较
作为报道者	第一阶段 1997—1998	大多是正面内容	新闻文章	前后一致
作为报道者及沟通平台	第二阶段 1999—2001	越来越多负面内容	新闻文章，意见，社论，论坛，信件	与负面倾向的新闻构想一致
沟通	第三阶段 2002—2004	多为负面内容	新闻文章，意见，社论，论坛，信件和小册子	水谈判的构想不同

下面的章节详细讨论上述各阶段。这包括来自不同新闻来源的媒体描写及媒体内容（不论媒体来源的新闻内容一致性）与新闻的媒体构想（不同来源的媒体内容描写的评价，在此，通过不同方式以定义、构建一个政治议题或公众争议呈现或突出相同的媒体内容）的一致性。这种分析还包括将数据分为正面、负面或中立，并在不同媒体来源中进行分析。

媒体作为报道者

在谈判的早期阶段（1997—1998），媒体所发挥的大多是报道的作用，其中新闻文章叙述了两国间谈判的进程。只有每个国家的总理和外交部长直接参与谈判进程。此外，新加坡和马来西亚媒体所报道的内容是一致的。这个时期主要是对双边供水协议中进一步合作的可能性进行积极的新闻报道。这些报道突出表现的是两国签署协议的要点（《商业时报》，1997 年 6 月 6 日），即新加坡愿意从马来西亚购水，而后者在 2061 年后愿意向新加坡供水（《新海峡时报》，1998 年 4 月 4 日）。到 1998 年中期，由于两国未能达成一个协议，因而在陷于僵局的会谈中有一些负面新闻内容，还有一个改变就是将水交易与金融援助方案及许多双边议题相关联（《商业时报》，1998 年 12 月 18 日）。尽管如此，新闻报道仍与新加坡、马来西亚和国际媒体所发布的内容一致。

在第一个阶段中，两个国家的媒体构想并没有显著不同。然而，在新加坡及马来西亚媒体之间从不同角度描绘相同内容时却有不同的遣词。例如，新加坡新闻报道巫统青年“要求暂停会谈”（《商业时报》，1998 年 8 月 4 日），同时，根据马来西亚新闻，巫统青年“敦促马来西亚政府要坚定”应对新加坡（《新海峡时报》，1998 年 8 月 4 日）。另一个不同之处是，当新加坡新闻报道马来西亚已“同意”继续向新加坡供水时（《商业时报》，1998 年 11 月 6 日），马来西亚的新闻声明，将“不切断向新加坡的供水”（《新海峡时报》，1998 年 8 月 5 日）。关于援助贷款，新加坡新闻报道马来西亚“寻求新加坡的帮助”（《商业时报》，1998 年 11 月 6 日），但最终选择了不采用（《商业时报》，1998 年 12 月 18 日），而马来西亚的新闻报道，马方已经告诉新加坡“不需要新加坡提供的资金”（《新海峡时报》，1998 年 12 月 18 日）。因此，即使两个国家的构体内容是大致相同的，但横跨两个国家的构想是不同的。

在这些年里，虽然有领导人之间就合作达成共识，但没有政策的确定性，因为不能达成协议。因此，在第一阶段，两个国家的媒体主要发挥翔实报道的作用就并不奇怪。

媒体作为沟通的媒介

当媒体日益成为两国间交流的媒介时，媒体的角色改变了。在第二阶段（1999—2001）媒体作为一种交流沟通媒介，所发挥的作用主要是为有兴趣的团体而非官方代表提供谈判进程的信息。最后，在整个第三阶段（2002—

2004）中，当媒体作为两国政府进行水谈判的非官方交流沟通媒介时，媒体的作用进一步扩大。下面将就此进行讨论。

媒体作为利益相关者而非官方代表的沟通交流媒介

在第二阶段（1999—2001），媒体扮演了第二个角色。这一时期，从新闻文章占主导地位的新闻报道中，看到两国舆论和社论文章的增加且逐渐变得更为消极。

新加坡和马来西亚的媒体内容仍然基本一致。媒体报道的性质超出了仅是报道的作用，而成为沟通和澄清的媒介。媒体所发挥的一个作用是，解释双方所提出的重大关系的问题。例如，马来西亚的社论描绘了不公平的情况，以及新加坡如何从现有的供水协议中受益（《新海峡时报》，1999 年 2 月 23 日）；反过来新加坡社论描述新加坡并没有从这笔交易中获利，而马来西亚则是受益方（《海峡时报》，1999 年 3 月 3 日；《新海峡时报》，1999 年 6 月 17 日）。此外，马来西亚新闻中也提出柔佛自己的利益是先满足新加坡水需求再满足其自己的水需求（《新海峡时报》，1999 年 6 月 7、8 日）；这随后由新加坡媒体所处理，重申新加坡的用水需求是取决于马来西亚首先满足自身需要的前提（《商业时报》，1999 年 6 月 11 日）。因此，媒体作为一个平台向两个国家的民众进行沟通和澄清。

在这段时间内，媒体报道也对新加坡和马来西亚的过度相互依赖表示担忧（《海峡时报》，2000 年 12 月，及《商业时报》，2001 年 4 月 24 日）。这有可能归功于这个阶段的其他举措。在这种情况下，新加坡产生了与印度尼西亚建立合作伙伴关系的想法，由私营企业牵头，作为供水的替代水源（《商业时报》，2000 年 6 月 15 日，2001 年 2 月 15 日，及《海峡时报》，2002 年 7 月 2 日），并投资更多的海水淡化厂（《海峡时报》，2001 年 3 月 15、22 日）。另据报道，马来西亚已决定在柔佛州建立一个污水处理厂以减少依赖来自新加坡处理后的水（《商业时报》，2000 年 8 月 19 日）。

鉴于这些事件，两个国家的媒体内容是相当一致的，尽管它们有助于澄清和回答双方各自关注的问题，但仍涵盖了大致相同的主题。然而，在那时，负面文章的数量开始增加，且长时间的谈判并没有促成任何协议，推动了媒体作为一种澄清渠道的作用日益增强。在某种程度上，两国公众对水谈判状况日益增长的兴趣是可以预料到的。与第一阶段仅有官方向媒体转达信息相比，这个阶段看到了不同的组织，如马来西亚巫统青年组织和新加坡工人党都表达了对水谈判的想法和意见（《新海峡时报》和《商业时报》，1998 年 8 月 4 日；《商业时报》，2001 年 9 月 7 日）。

新加坡和马来西亚媒体间的交流，显示水谈判构想的开始：马来西亚开始描绘过去的水交易如何有利于新加坡（《新海峡时报》，1999 年 6 月 8 日），且新加坡如何从中渔利（《新海峡时报》，2001 年 1 月 10、17 日），而新加坡开始描绘双方如何从这个协议中获益（《新海峡时报》，1999 年 6 月 17 日，1999）。因此，作为交流和澄清的平台，媒体成为解决另一方所关注问题的一个渠道。

虽然这期间领导人仍就合作达成总体共识，但协议的范围开始发生变化。例如，虽然领导人之间有一个普遍的共识，但媒体报道开始描绘具有分歧和负面的观点。旷日持久的谈判也显示政策的不确定性加剧。相对于早期向民众进行单一的报道，媒体逐渐变得更为关注澄清各自政府对谈判各相关问题的观点。

媒体作为一个非官方的沟通交流媒介

对比 1997—1998 年和 1999—2001 年媒体主要扮演的沟通和澄清的角色，在第三个时期（2002—2004 年），媒体的作用进一步改变。这是因为，在那时，媒体开始作为新加坡和马来西亚政府之间的非官方的沟通交流媒介。此外，新闻的独特构想也较为明显，在新加坡—马来西亚双边关系中发表了负面的观点。在关于水谈判的内容中，社论、意见和信函数量显著增加。

下面的分析说明媒体如何作为两国政府之间的非官方的沟通媒介发挥作用，以及新加坡和马来西亚媒体如何构想新闻。

两国政府之间非官方的沟通媒介

举一个例子，早在 2002 年 10 月，马来西亚外长赛义德・哈米德就向媒体发布有关寻求法律追索权并取消与新加坡谈判的新闻（《商业时报》，2002 年 10 月 25 日；《海峡时报》，2002 年 10 月 25 日；《新海峡时报》，2002 年 10 月 14 日，11 月 30 日），然而，并没有向新加坡转达官方通知，且外交部长表明报纸知道马来西亚在寻求法律追索权的立场（《海峡时报》，2002 年 12 月 3 日）。另一个实例是，当谈判是涉及新加坡当前和未来的取水还是仅涉及目前的用水需求时，马来西亚表示只会讨论目前的水价（《海峡时报》，2002 年 11 月 20 日），而新加坡指出，当前和未来的水问题必须提上议事日程（《海峡时报》，2002 年 11 月 21 日）。在随后的新闻报道中，新加坡向马来西亚外交部寻求官方澄清以确认未来水会谈的状态（《海峡时报》，2002 年 12 月 1 日）。这些例子说明，新加坡和马来西亚如何利用媒体作为非官方的相互沟通的平台。

此外，媒体在两国政府间发挥了传递微妙信号和信息的作用。这些信号捕获了双方的态度意见，而这些态度意见在官方谈判中可能不会显露出来。例如，当新加坡媒体连续刊载有关新生水安全性和质量的文章时（《海峡时报》，2002 年 7 月 12 日；《商业时报》，2002 年 7 月 12、17、26 日），李副总理谈到新生水取代从柔佛进口水的可能性（《海峡时报》，2002 年 7 月 13 日），且外交部长贾古玛宣布，对于新加坡来说，水将不再是一个战略弱点（《海峡时报》，7 月 29 日）。另一方面，当外长赛义德说新生水将不再影响马来西亚在谈判的立场时，马来西亚媒体也向新加坡传递了微妙的信号（*The Star*，2002 年 8 月 18 日），且总理马哈蒂尔通知媒体，新加坡可自由停止向马来西亚买水（《新海峡时报》，2002 年 8 月 7 日）。间接的信号，如柔佛州官员否定"新生水"与新加坡的水安全的相关性（《海峡时报》，2002 年 8 月 11 日），马来西亚的一个国会议员（MP）建议向新加坡销售污水（《海峡时报》，2002 年 10 月 3 日）等，表明在水动力变换之中，马来西亚在水谈判中的地位。

因此，媒体发挥了一个非官方平台的作用，不仅对如议程和仲裁等双边谈判议题进行沟通，而且也将微妙的信号送至这两个国家。随着越来越多的人对水谈判感兴趣，媒体也作为双方的一个平台，向本国民众解释并使其了解谈判的进展。新加坡外长贾古玛向议会详细介绍水会谈的讲话被刊登在报纸上（《海峡时报》，2003 年 1 月 26 日 c）。同时，外交部长被广泛引用的几封信函发布在《海峡时报》上（《海峡时报》，2003 年 1 月 26 日 a，b，2003 年 1 月 28 日），这些信件被存档并放置在外交部网站上（MFAS ，2003）。马来西亚对此议题发布了为期一周的系列宣传，以表明其在水会谈中的立场（《新海峡时报》，2003 年 7 月 13 日），并将这一信息编辑放置在马来西亚政府网站上（NEAC，2003）。此外，马来西亚也制作了可向公众出售的副本（《新海峡时报》，2003 年 7 月 20 日）。正是在这些出版物中，新加坡和马来西亚媒体对水谈判的构想变得更加明显。

新加坡—马来西亚水关系的媒体构想

新加坡和马来西亚都描绘水谈判的不同观点，这在第三个阶段中表现得最为明显。这些观点是有根据的，但单独查看和阅读是不完全的，明智的公众需要了解双方的情况。然而，通常情况下，媒体似乎只报道两国政府想让各自公众了解的政策。

这并不奇怪，新加坡和马来西亚政府都将自己描绘成双边会谈中更具合理性的合作伙伴。每一方都声称，另一方正在发布不准确的信息。马来西亚声称，新加坡就水的问题发布了虚假信息（《每日新闻》，2003 年 7 月 26 日），且其报告具有误导性，并没有准确地反映其中的进展（《星洲日报(SCD)》，2003 年 1 月 29 日）。与此同时，新加坡媒体报道，马来西亚忽略了关键事实（《海峡时报》，2003 年 7 月 15 日），在其舆论造势中发布了错误的答案（《每日新闻》，2003 年 7 月 28 日）。

新加坡和马来西亚关键问题的分歧构想在下一节中进行讨论。

新加坡媒体对水关系的描述：新加坡是始终如一和合乎情理的

新加坡媒体描述新加坡在水谈判中是始终如一且合乎情理的谈判伙伴。它反复构建了一个非常包容、对马来西亚变化无常的要求做出让步的新加坡（《商业时报》，2002 年 10 月 16 日；《海峡时报》，2002 年 7 月 29 日）。它强调马来西亚始终在谈判中表现出前后矛盾及不切实际：改变谈判性质，改变水谈判议程及改变水的价格。

改变谈判性质。延长水合约首次与金融约定绑定（《商业时报》，1998 年 6、17、24 日）。就在那时，马来西亚要求放弃财务问题，代之以采用一揽子交易的方式（包括两国间一系列未解决的双边问题）（《新海峡时报》，1998 年 12 月 18 日；《海峡时报》，2002 年 7 月 24 日）。这种方式将水问题与马来西亚人提前支取中央公积金、新加坡马来西亚出入境检查站的搬迁及新加坡使用马来西亚领空相关联（《商业时报》，1998 年 12 月 18 日）。马来西亚也将新的议题加入议程中，如以一座新的桥梁取代长堤的提案（《海峡时报》，2003 年 1 月 26 日 c；《海峡时报》，2002 年 9 月 4 日）。最后，又是马来西亚单方面放弃了一揽子方式（《海峡时报》，2002 年 7 月 3 日；《商业时报》，2002 年 7 月 3 日）。即使这样，新加坡仍愿意与马来西亚继续谈判（《海峡时报》，2002 年 7 月 24 日和 2003 年 1 月 26 日 c）。

改变水谈判议程。特别是在水问题上，马来西亚经常改变规则。最初的会谈在于 1961 年和 1962 年合同期满后的水协议续约问题（《商业时报》，1998 年 6 月 30 日及 11 月 6 日；《新海峡时报》，1998 年 4 月 18 日）。马来西亚是想通过水价修订将现行协议搬上谈判桌并使价格复核具有追溯效力的一方（《海峡时报》，2002 年 7 月 3、24 日；《商业时报》，2002 年 7 月 3 日）。后来，也是马来西亚只想讨论目前的而非未来的水价（《商业时报》，2002 年 10 月 9、12 日；《海峡时报》，2002 年 10 月 12 日）。

改变水的价格。马来西亚不断改变新加坡为进口水所支付的水价报价（《工商时报》，2002 年 2 月 1、4 日，2002 年 7 月 8 日；《海峡时报》，2002 年 7 月 8 日）。从 2000 年每 1,000 加仑 45 仙的协议，改为 2001 年每 1,000 加仑 60 仙，然后改为每 1,000 加仑 3 林吉特（《海峡时报》，2003 年 1 月 26 日 c）。随着由一揽子方式转变为独立处理每一个水问题，不断变化的水价加入了旷日持久的谈判内容当中。媒体再次重点提及，新加坡送往柔佛的处理过的水是补贴成本的，新加坡正以每 1,000 加仑 0.5 林吉特的价格销售处理过的水，虽然它的成本是每 1,000 加仑 2.4 林吉特。[③]

新加坡媒体报道，新加坡如何合乎情理并迁就马来西亚不断变化的要求（《商业时报》，2002 年 10 月 16 日；《海峡时报》，2002 年 7 月 29 日）。然而，马来西亚媒体对谈判涉嫌虚假陈述进行负面宣传的言论，促使新加坡就双方关注的问题发布官方回应以澄清问题（《海峡时报》，2003 年 1 月 26 日 c）。外长贾古玛的演讲及通过信函发布的更多信息进一步表明媒体如何构想了当时的形势。

马来西亚媒体对水关系的描述：马来西亚想要一个公平的价格

马来西亚媒体描绘，马来西亚作为最合乎情理的合作伙伴，只是想要与新加坡签署一个公平的水协议（《新海峡时报》，2003 年 7 月 21 日）。他们出版了宣传册“水：新加坡—马来西亚争端：事实”（NEAC，2003）以巩固这一构想。这本宣传册强调马来西亚如何一直是合作的伙伴，并愿意向新加坡供水，只要签署一个公平的协议。

愿意向新加坡供水。马来西亚一再表示向新加坡供水的诚意，甚至在 1961 年和 1962 年协议期满后也是如此（《新海峡时报》，1998 年 4 月 4 日及 8 月 5 日；2002 年 9 月 2 日；2003 年 2 月 7 日）。彭亨州和柔佛州政府也表达了相同的看法（《新海峡时报》，1998 年 6 月 25 日；《海峡时报》，1999 年 1 月 21 日及 10 月 1 日）。

渴望一个公平的协议。马来西亚只是要求与新加坡达成一个公平合理的协议和一个公平的价格（《新海峡时报》，2003 年 7 月 15、19；2002 年 1 月 29 日）。相反，由于马来西亚以低廉的价格向新加坡供水，而新加坡向马来西亚提供的处理过的水定价过高，新加坡已从中受益（《新海峡时报》，2000 年 3 月 13 日，2001 年 1 月 10 日，2002 年 1 月 22 日）。为了取得进展，新加坡应该接受马来西亚进行价格审核的权利（《新海峡时报》，2002 年 9 月 4 日，2003 年 7 月 16 日）。

合情合理的马来西亚，不屈不挠的新加坡。正是新加坡不合情理并拒绝接纳马来西亚公平公正的要求（《新海峡时报》，2000 年 3 月 13 日）。新加坡反复将水变成谈判中的关键问题，迫使马来西亚将水与一揽子方案脱钩（《新海峡时报》，2002 年 1 月 22、23、26 日，2002 年 9 月 8 日）。

马来西亚媒体报道，马来西亚对新加坡是如何合乎情理的只要求一个公平的水价。为了抵消马来西亚的目的，新加坡在两国领导人之间发布了官方回应。这迫使马来西亚对此做出反应，并通过宣传活动告知马来西亚民众对当前情况所持的观点。

媒体，媒体的观点及水关系

当讨论媒体在新加坡—马来西亚水关系中发挥的作用时，有必要了解这两个国家之间在特定阶段的历史和政治背景。

历史上，水一直被认为是新加坡与马来西亚双边关系的一个非常重要的部分，1927 年到 1990 年，双方在不同的年份签署了水协议。后来，水成为所谓的“一揽子方案”的一部分，其中还包括对其他几个议题进行讨论。出乎意料的是，这些年来当媒体报道新闻时，两国之间占主导地位的历史和政治局势影响了媒体的观点、意见、“情绪”甚至“基调”，即使这些新闻可能只是纯粹和水相关。

总体而言，媒体的主要作用是将水谈判向民众进行宣传和告知，可以预料，他们在双边问题上的观点主要是从各自的国家利益出发。这种宣传是如此有效，其他组织（无论是私人还是公共组织）都不参与正式谈判进程，他们所表达的想法和意见是基于政府应该做的事情。利益集团的数量有所增加，如巫统青年组织、反对党、非政府组织、马来西亚军方及研究机构等，这些组织都在这个问题上表达了自己的意见。媒体报道增加以及大量的利益攸关方实际上促使新加坡和马来西亚外交部向公众解释旷日持久的会谈细节。由于出现了如此多的参与者，情况变得复杂，甚至促使柔佛州州务大臣要求马来西亚公众停止干涉这件事情（《星洲日报》，2003 年 1 月 20 日）。

总体来说，随着评论文章和社论的激增，两国的地方利益也随之增长。当双边谈判成为国内政治问题，各国领导人利用媒体向其公众澄清并解释谈判的状态，并试图使公众明确他们的观点，而且向另一方的利益相关方发送“非官方”消息。显然，随着对水谈判愈发关注，媒体也作为两国间的一个平台，不仅要告知本国公民谈判的进展，还要向他们进行教育。

正如前面所提及的，大众媒体对政治问题的报道是正常的、必然的且具选择性的。媒体通常取决于其构想以通过特定观点相对简洁地处理复杂的议题。他们选择突出特定的事项并忽略其他，经常就某些事情寻找共识或分歧。然而，对于媒体来说重要的是塑造民意，并使构造的信息与其保持一致，公民通常根据自己的看法听取一些信息而忽视其他的信息，这取决于他们是否同意所提出的观点。同时，市民常常解读媒体内容以强化自己的看法。

如果考虑政府和公众多层面的关系以及在这个平衡关系中各参与方的多元关系，则能更为广泛地理解媒体的作用。在新加坡和马来西亚的水关系中，媒体一直是充满活力的参与方——在双边谈判中随着时间推移而演变的角色——而且呈现两国公众所持的态度。虽然每个国家的媒体以不同的角度描绘了水谈判，但都对政策和政治的报道发挥了重要的作用，同样读者也在支持自己的国家方面发挥了重要作用，他们往往愿意接受当局的观点，且依据国家利益考虑行事。如果孤立地考虑媒体的作用而不承认读者的作用则是片面的，因为媒体和读者经常表达另一方的想法、设想和所关心的事情。

进一步的思考

由于2003年马来西亚领导层发生变化，在过去的十年左右时间（Chang et al.，2005：1）双边关系显著改善，领导人、官员和企业之间更多的联系与合作显示出更强的双边关系。同时正在发展的还包括（但不限于）经济合作、贸易和投资；越来越多的私营机构参与战略投资、企业采购和合资商业企业；在安全问题上的合作；跨越国界的技术专家活动；增进旅游及与体育相关的活动；交换学生以及两国民间社会团体间关系的改善（Saw and Kesavapany，2006；Sidhu，2006）。为了增进两国公众间的了解及双边关系，在对彼此报纸实行约30年的禁令后，两国重新开始发行名为“长堤的两边”（Both sides of the Causeway）的报纸（Saw and Kesavapany，2006：17）。

在2004年和2006年，双边谈判也恢复了，目的是要解决几个突出问题。2004年，新加坡前总理吴作栋和马来西亚总理巴达维一致同意，未来两国之间的商议和对于将予以讨论的任何方案都应该基于互惠互利的考虑；同时一致认为，尚未解决的问题不应该拖延其他领域的合作（Saw and Kesavapany，2006）。虽然这轮谈判并没有达成协议，但两国关系的新阶段开始了，在此两国希望解决双边分歧。更加积极的政治环境已经使几个突出问题得以友好解决。例如，双方解决了2005年的土地复垦纠纷。在和解条款中，马来西亚从海洋法国际法庭撤回了对新加坡的诉讼，而新加坡同意对填海工程做出调整，且赔偿马来西亚渔民因工程受到的损失。两国于2005年4月26日签署了一项协议，即柔佛海峡形成"共享的水域"（Sidhu，2006：88）。在2006年4月12日马来西亚也终止了建设桥梁以取代长堤的项目，就是著名的"美景大桥"。2008年由联合国国际法院解决了白礁主权的争议。有关马来亚铁路土地的1990年要点协议（POA），2010年双方领导人讨论了由POA引起的争端，并通过了一项协议，以新条款和条件补充POA协议，从而推进了议题的解决。

在媒体方面，应该予以指出的是，新加坡和马来西亚在2005年恢复对悬而未决的双边问题的谈判，并决定不向媒体透露谈判的细节（MFAS，2005）。两国一致同意，水谈判的细节不应与媒体进行讨论。两国再次认识到，公布谈判细节可能会带来过高的期望，对所讨论的议题进行媒体炒作是没有任何帮助的（会再次出现对"美景大桥"事件进行媒体报道的情况）（Saw and Kesavapany，2006：6-7）。

新加坡前总理吴作栋曾说，"由于问题的敏感性，双方都同意秘密进行会谈而不是通过新闻进行谈判"（法新社，2004年10月17日，Sidhu，2006：87）。进行低调且秘密的讨论被视为两国愿意解决双边问题同时避免媒体利用这些议题的一个明显信号，因为媒体过去就是这么做的（Sidhu，2006）。私密设置或"静默外交"作为取得成果的最佳选项明显被两国所接受（Lee，2010）。

两个国家之间的关系是根深蒂固的，不仅仅是基于水的原因，还有其他多重因素。正如新加坡公用事业局现任主席Tan Gee Paw指出的，"这两个国家可以通过合作获得更多，我们的共同利益远远超过我们的双边分歧"（英国广播公司国际频道水辩论，新加坡，2010年6月30日）。

注释

①http：//statutes. agc. gov. sg/aol/search/display/view. w3p； query = CapAct% 3A338% 20Type% 3Auact，areved； rec = 0； resUrl = http% 3A% 2F% 2Fstatutes. agc. gov. sg% 2Faol% 2Fsearch% 2Fs ummary% 2Fresults. w3p% 3Bquery% 3DCapAct% 253A338% 2520Type% 253Auact，areved； whole = yes，2012 年 9 月 1 日。

②该过程的年表和各方对白礁、中岩礁和南礁（马来西亚/新加坡）主权的意见书见 2008 年 5 月 23 日的判决摘要，联合国国际法院，2008 年 5 月 23 日（ICJ，2008）。

③详见外交部，http：//www. mfa. gov. sg/internet/press/pedra/faq. html，2010 年 9 月 10 日。

参考文献

1. Andina – Díaz，A.（2007）'Reinforcement vs Change：The Political Influence of the Media'，Public Choice，Vol. 31，No. 1 – 2，pp. 65 – 81.
2. Ang，P. H.（2002）'The Media and the Flow of Information'，in：D. Da Cunga（ed）*Singapore in the New Millennium. Challenges Facing the City State*，Institute of Southeast Asian Studies，Singapore.
3. Ang，P. H.（2007）*Singapore Media*，http：//journalism. sg/wp – content/uploads/2007/09/angpenghwa – 2007 – singapore – media. pdf，accessed 10 January 2011.
4. Agreement as to Certain Water Rights in Johore between the Sultan of Johore and the Municipal Commissioners of the Town of Singapore signed in Johore in 5 December 1927，http：//www. mfa. gov. sg/kl/doc. html，accessed 15 March 2011.
5. Agreement between the Government of the State of Johor and the Public Utilities Board of the Republic of Singapore，signed in Johore on 24 November 1990，http：//www. mfa. gov. sg/kl/doc. html，accessed 15 March 2011.
6. Chang，C. Y.，Ng，B. Y.，and Singh，P.（2005）*Roundtable on Singapore – Malaysia Relations：Mending Fences and Making Good Neighbours*，Institute of Southeast Asian Studies，Singapore.
7. Ching，L.（2010）'Eliminating Yuck：A Simple Exposition of Media and Social Change in Water Reuse Policies' *International Journal of Water Resources Development*，Vol. 26，No. 1，pp. 111 – 124.
8. Department of Statistics（2010）*Year Book of Statistics*，*Malaysia*，2009，Government of Malaysia，Kulala Lumpur.
9. Department of Statistics，Ministry of Trade & Industry（2010）*Yearbook of Statistics*，Government of Singapore，Singapore.
10. Dhillon，K. S.（2009）*Malaysian Foreign Policy in the Mahathir Era* 1981 – 2003，*Dilemmas of Development*，NUS Press，Singapore.

11. George, C. (2007) 'Singapore's Emerging Informal Public Sphere: A New Singapore', in T. T. How (ed) *Singapore Perspectives* 2007, Institute of Policy Studies and World Scientific, Singapore.

12. Ghesquière, H. C. (2007) *Singapore's Success: Engineering Economic Growth*, Thomson Learning, Singapore.

13. Government of Singapore (1974) *Newspaper and Printing Presses Act*, http://statutes. agc. gov. sg/non __version/cgi - bin/cgi __retrieve. pl? actno = REVED206&doc title = NEWSPAPER% 20AND% 20PRINTING% 20PRESSES% 20ACT% 0A&date = latest &method = part, accessed 18 September 2012.

14. Government of Singapore (2012) *Undesirable Publications Act*, http://statutes. agc. gov. sg/aol/search/display/view. w3p; page =0; query = DocId%3A%2226 0443c8 - a729 - 40e2 - ac3a - a4fe673d71bb%22%20Status%3Apublished%20Depth%3A 0; rec =0, accessed 18 September 2012.

15. Guarantee Agreement Between the Government of Malaysia and the Government of the Republic of Singapore Signed in Johore in 24 November 1990, http://www. mfa. gov. sg/kl/doc. html, accessed 15 March 2011.

16. ICJ (2008) International Court of Justice, Sovereignty over Pedra Branca/Pulau Batu Puteh, Middle Rocks and South Ledge (Malaysia/Singapore), *Summary* 2008/1, ICJ, The Hague, 23 May.

17. Johore River Water Agreement between the Johore State Government and City Council of Singapore signed in Johore in 29 September 1962, http://www. mfa. gov. sg/kl/doc. html, accessed 15 March 2011.

18. Kellner, D. (2000) 'Habermas, The Public Sphere and Democracy: A Critical Intervention', in L. E. Hahn (ed) *Perspectives on Habermas*, Open Court: Chicago and La Salle, Illinois, pp. 259 - 538.

19. Kenyon, A. (2007) 'Transforming Media Market: The Cases of Malaysia and Singapore', *Australian Journal of Emerging Technologies and Society*, Vol. 5, No. 2, pp. 103 - 118, http://www. swin. edu. au/hosting/ijets/journal/V5N2/pdf/Article3 - KENYON. pdf, accessed 23 March 2010.

20. Kim, W. (2001) 'Media and Democracy in Malaysia. Media and Democracy in Asia', The Public, Vol. 8, No. 2, pp. 67 - 88, http://www. nstp. com. my/Corporate/nstp/products/productSub. htm, accessed 20 January 2011.

21. Kog, Y. C. (2001) *Natural Resource Management and Environmental Security in Southeast Asia: Case Study of Clean Water Supplies in Singapore*, Institute of Defence and Strategic Studies, Singapore.

22. Kog, Y. C. , Jau, I. L. F. , and Ruey, J. L. S. (2002) *Beyond Vulnerability? Water in Singapore - Malaysia Relations*, IDSS Monograph no. 3, Institute of Defence and Strategic Studies, Singapore.

23. Lee, P. O. (2003) *The Water Issue between Singapore and Malaysia, No Solution in Sight?* Institute of Southeast Asian Studies, Singapore.

24. Lee, P. O. (2005) *Water Management Issues in Singapore*, Paper Presented at Water in Mainland Southeast Asia, 29 November - 2 December, Siem Reap, Cambodia, Conference Organized by the International Institute for Asian Studies (IIAS), Netherlands, and the Centre for Khmer Studies (CKS), Cambodia.

25. Lee, P. O. (2010) 'The Four Taps: Water Self - Sufficiency in Singapore', in T. Chong (ed) *Management of Success: Singapore Revisited*, Institute of Southeast Asian Studies, Singapore, pp. 417 - 439.

26. Long, J. (2001) 'Desecuritizing the Water Issue in Singapore - Malaysia Relations, *Contemporary Southeast Asia*, Vol. 23, No. 3, pp. 504 - 532.

27. Luan, I. O. B. (2010) 'Singapore Water Management Policies and Practices' *International Journal of Water Resources Development*, Vol. 26, No. 1, pp. 65 - 80.

28. MFAS (Ministry of Foreign Affairs of Singapore) (2003) *Statement by Minister for Foreign Affairs, Prof. S. Jayakumar*, Singapore Government, Parliament, 25th January 2003, http://www.mfa.gov.sg/internet/press/water/speech.html#annex, accessed 15March 2010.

29. MFAS (Ministry of Foreign Affairs of Singapore) (2005) *Joint Press Release on the Meeting between Malaysia and Singapore on the Outstanding Bilateral Issues*, http://app.mfa.gov.sg/2006/press/view_press.asp? post_id = 1258, accessed 29 June 2010.

30. MICA (Ministry of Information, Communications and the Arts) (2003) *Ministerial Statement by Prof. S. Jayakumar*, Singapore Minister for Foreign Affairs in the Singapore Parliament on 25 January 2003', Ministry of Information, Communications and the Arts, Singapore, Annex A, 67 - 80, http://www.mfa.gov.sg/internet/press/water/speech.html#annex, accessed 20 July 2010.

31. NEAC (National Economic Action Council) (2003) *Water: The Singapore - Malaysia Dispute: The Facts. National Economic Action Council, Kuala Lumpur*, http://thestar.com.my/archives/2003/7/21/nation/waterbooklet3.pdf, accessed 15 March 2010.

32. Saw, S. H. and Kesavapany, K. (2006) *Singapore - Malaysia Relations under Abdullah Badawi*, Institute of Southeast Asian Studies, Singapore.

33. Shiraishi, T. (2009) *Across the Causeway. A Multidimensional Study of Malaysia - Singapore Relations*, Institute of Southeast Asian Studies, Singapore.

34. Shriver, R. (2003) *Malaysian Media: Ownership Control and Political Content*, http://

www. rickshriver. net/Documents/Malaysian%20Media%20Paper%20 – %20CAR FAX2. pdf, accessed 3 April 2010.

35. Sidhu, J. S. (2006) 'Malaysia – Singapore Relations since 1998: A Troubled Past—Whither a Brighter Future?, in R. Harun (ed) *Malaysia's Foreign Relations. Issues and Challenges*, University Malaya Press, Kuala Lumpur, pp. 75 – 92.

36. SPH (Singapore Press Holdings) (2010) *Singapore Press Holdings Annual Report* 2009. *Growing with the times*, http: //www. sph. com. sg/annual _report. shtml, accessed on 15 January 2011.

37. Tan S. Y., Lee, T. J., and Tan, K. (2009) *Clean, Green and Blue: Singapore's Journey Towards Environmental and Water Sustainability*, Institute of Southeast Asian Studies, Singapore.

38. Tan, T. H. (2010) Singapore's Print Media Policy. A National Success?, in T. Chong (ed) *Management of Success. Singapore Revisited*, Institute of Southeast Asian Studies, Singapore, pp. 242 – 256.

39. Tebrau and Scudai Rivers Agreement between the Government of the State of Johore and the City Council of the State of Singapore Signed on 1 September 1961, http: //www. mfa. gov. sg/kl/doc. html, accessed on 15 March 2011.

40. Tortajada, C. (2006) Water Management in Singapore, *International Journal of Water Resources Development*, Vol. 22, No. 2, pp. 227 – 240.

41. World Bank (2010) *World Development Indicators Database* 2008, http: // siteresources. worldbank. org/DATASTATISTICS/Resources/GNIPC. pdf, accessed 20 July 2010.

42. Yap, S., Lim, R., and Kam, L. W. (2010) *Men in White: The Untold Story of Singapore's Ruling Political Party*, Singapore Press Holdings Limited and Marshall Cavendish International (Asia) Private Limited, Singapore.

参考报纸

1. BH (Berita Harian) (2003) Water advertisement: Singapore continues to broadcast the wrong facts, *Berita Harian*, 26 July (Translated from Malay into English).

2. BH (2003) 'MTEN broadcasts in response to Singapore's misreports in AWSJ, *Berita Harian*, 28 July (Translated from Malay into English).

3. BT (The Business Times) (1997) 'Framework for wider cooperation', *The Business Times*, 6 June.

4. BT (The Business Times) (1998) 'KL passes up US $4B S'pore loan, ties water to other issues KL seen sorting out Clob transfer soon', *The Business Times*, 18 December.

5. BT (The Business Times) (1999) 'Looking beyond M'sia for water', *The Business Times*,

11 June.

6. BT (The Business Times) (1998) 'S' pore, KL have not reached accord on water', *The Business Times*, 30 June.
7. BT (The Business Times) (2001) 'SM Lee, Dr M strike in – principle accord on bilateral issues', *The Business Times*, 5 September.
8. BT (The Business Times) (2002) 'Malaysia will insist on higher rate for water to S' pore: Dr M; A review of the in – principle pact reached last September now looks likely', *The Business Times*, 1 February.
9. BT (The Business Times) (2002) 'Good enough to quench the thirst', *The Business Times*, 26 July.
10. Kagda, S. (2000) 'S' pore Poh Lianuying into Indon Water Project', *The Business Times*, 15 June.
11. Kagda, S. (2001) New initiatives to boost economic ties with Riau, *The Business Times*, 15 February.
12. Kassim, R. (1998) 'Convergence of views' on S' pore – M' sia cooperation', *The Business Times*, 17 November.
13. Lim, R. (1998) 'PUB embarking on various projects to ensure long – term water supply', *The Business Times*, 21 August.
14. Low, E. and Toh, E. (2002) 'KL wants to discontinue package approach on outstanding issues; Dr M wants to backdate revised price of water, *The Business Times*, 12 October Ming, C. P (2002) NEWater gets panel' s clearance; 2 – year study clears flow of reclaimed water into reservoirs, *The Business Times*, 12 July.
15. Ming, C. P. (2002) 'NEWater purer than PUB' s', *The Business Times*, 17 July.
16. Ming, C. P. (2002) 'KL has no legal right to seek water price review: S' pore', *The Business Times*, 16 October.
17. Tan, A. (2002) 'HK' s high raw water price includes infrastructure costs; Johor has not borne any such costs for S' pore supply: MFA', *The Business Times*, 4 February.
18. Teo, A. (1998) 'KL has sent S' pore draft loan agreement: PM Goh', *The Business Times*, 24 November.
19. Toh, A. (2002) 'M' sia mulls new laws to dilute water pacts; Minister says law could allow Johor to determine amount to supply to S' pore', *The Business Times*, 25 October.
20. Toh, E., (1998) 'Suspend fresh ties with S' pore, urges youth chief', *The Business Times*, 4 August.
21. Toh, E. (2000) 'Johor to build new RM 700m water treatment plant, *The Business Times*, 19 August.

22. Toh, E. (2001) ‘Johor to have better water management’, *The Business Times*, 24 April Wong, R. (1998) ‘M’ sia Seeks Singapore’ s Help to Raise Funds, *The Business Times*, 6 November.

23. Toh, E. (2002) ‘Malaysia to review retroactively price of water; KL takes water, new bridge talks out of package of unresolved issues’, The Business Times, 3 July.

24. Toh, E. (2002) ‘M’ sia seeks up o RM3 per thousand gallons of water; It also wants to incorporate new formula after 2011’, *The Business Times*, 8 July.

25. Toh, E. (2002) ‘Water price review must be part of package: PM; Mr Goh: S’ pore willing to meet M’ sia’ s wish if it’ s within package’, *The Business Times*, 9 October.

26. Yang, R. K. (1998) ‘Anwar clarifies changes on Bumiputra ownership rules’ *The Business Times*, 10 April.

27. NST (New Straits Times) (1998) ‘KL and Singapore set to resolve water supply issues’, *New Straits Times*, 4 April.

28. NST (New Straits Times) (1998) ‘Dr M: We will not cut water supply to Singapore’, *New Straits Times*, 5 August.

29. NST (New Straits Times) (1999) ‘Local water needs the priority’, *New Straits Times*, 8 June.

30. NST (New Straits Times) (2000) ‘Syed Hamid denies that UMNO elections holding up talks with Singapore’, *New Straits Times*, 13 March.

31. NST (New Straits Times) (2001) ‘Present water treaty not in favour of Malaysia’, *New Straits Times*, 10 January.

32. NST (New Straits Times) (2002) ‘Settle water issue quickly’, *New Straits Times*, 23 January.

33. NST (New Straits Times) (2002) ‘DPM: Priority for resolving water issue’, *New Straits Times*, 26 January.

34. NST (New Straits Times) (2002) ‘Singapore plans to let first of two water deals lapse in 2011’, *New Straits Times*, 6 August.

35. NST (New Straits Times) (2003) ‘NEAC: Asking for fair price is not bullying’, *New Straits Times*, 19 July.

36. NST (New Straits Times) (2003) ‘Is fair price too much to ask?’, *New Straits Times*, 21 July.

37. Abdullah, A. (1998) ‘Understanding over water supply to Singapore after 2061 reached’, *New Straits Times*, 18 April.

38. Abdullah, A., (1998) ‘Republic’ s RM 15.2b loan for water not needed’, *New Straits Times*, 18 December.

39. Abdullah, F. and Megan M. K. (2002) ‘More favour than trade’, *New Straits Times*, 7 Au-

gust.

40. Abdullah, F. (2002) 'Water issue: Malaysia to stop talks with Singapore', *New Straits Times*, 30 November.

41. Abdulla, S. A. (2003) 'Booklet will tell the truth', *New Straits Times*, 20 July.

42. Aziz, A. and Haron, S. (1998) 'Pahang to consult NWC on sale of water to Singapore', *New Straits Times*, 25 June.

43. Chin, C. C. (1999) 'It' s up to Singapore to offer solutions to outstanding problems', *New Straits Times*, 23 February.

44. Haron, S. (1998) 'Statements do not reflect Republic' s true stance', *New Straits Times*, 4 August.

45. Hong, C. and Abdullah, F. (2003) 'Syed Hamid: We' re unhappy with pricing but we have honoured water pacts', *New Straits Times*, 7 February.

46. Maharis, M. (2001) 'We should not depend on others to supply our basic water needs', *New Straits Times*, 17 January.

47. Murugiah, C. (2002) 'Malaysia to seek legal recourse if no headway made on water price issue', *New Straits Times*, 14 October.

48. Osman, M. (2002) 'Malaysia still willing to pump millions of gallons of scarce water to Singapore', *New Straits Times*, 2 September.

49. Osman, M. (2002) 'Singapore agrees to discuss price', *New Straits Times*, 4 September.

50. Said, R. (2002) 'Discussion with Singapore stalled due to water issue', *New Straits Times*, 22 January.

51. Said, R. (2003) 'Singapore action criticized (HL)', *New Straits Times*, 28 January.

52. Said, R. (2003) 'Singapore RM 662m profit', *New Straits Times*, 13 July.

53. Said, R. (2003) 'Only a few cents for water', *New Straits Times*, 15 July.

54. Said, R. and Cruez, F. (2003) 'Malaysia has right to review', *New Straits Times*, 16 July.

55. Seong, C. C. (2002) 'MB: Singapore' s stand on water issue a stumbling block to ties', *New Straits Times*, 8 September.

56. Sooi, C. C. (2002) 'Malaysia just as eager to solve bilateral issues', *New Straits Times*, 29 January.

57. Tan, S. (1999) 'Johor also benefits from water agreement', New Straits Times, 17 June
Venudran, C. (1999) 'Ghani: Our need for water to be given priority', *New Straits Times*, 7 June.

58. SCD (Sin Chew Daily) (2003) 'Topics between Singapore and Malaysia awaiting governments to be resolved', *Sin Chew Daily*, 20 January.

59. SCD (Sin Chew Daily) (2003) 'The water negotiations demands are misleading: not reflec-

ting true stories', 29 January.

60. ST (The Straits Times) (1999) 'Cheaper to buy water from Johor, MB tells Singapore', *The Straits Times*, 21 January.

61. ST (The Straits Times) (1999) 'Malaysia can choose not to buy treated water', *The Straits Times*, 3 March.

62. ST (The Straits Times) (1999) 'Pahang wants to sell water to boost coffers', *The Straits Times*, 1 October.

63. ST (The Straits Times) (2000) 'End reliance on neighbors for supply', *The Straits Times*, 2 December.

64. ST (The Straits Times) (2001) 'WP welcomes new water deal', *The Straits Times*, 7 September.

65. ST (The Straits Times) (2002) 'Bilateral issues resolved only as a package'; Foreign Minister S. Jayakumar updated MPs on the bilateral issues discussed when he met his counterpart, Malaysian Foreign Minister Syed Hamid Albar, in Kuala Lumpur on July 1 and 2, *The Straits Times*, 24 July.

66. ST (The Straits Times) (2002) 'Johor leads pokes fun at NEWater'; He warns Malaysians that they risk drinking water recycled from washrooms when in Singapore, *The Straits Times*, 11 August.

67. ST (The Straits Times) (2002) 'Sell sewage to S' pore instead, says MP', *The Straits Times*, 3 October.

68. ST (The Straits Times) (2002) 'Singapore restates stand on water talks; both the current price and future water supply should be discussed, Republic says in response to KL' s latest remarks', *The Straits Times*, 21 November.

69. ST (The Straits Times) (2002) 'S' pore 'waiting for KL' s clarification on water talks', *The Straits Times*, 1 December.

70. ST (The Straits Times) (2003a) 'Dear Kuan Yew', *The Straits Times*, 26 January.

71. ST (The Straits Times) (2003b) 'Letters tell the true story, *The Straits Times*, 26 January.

72. ST (The Straits Times) (2003c) 'What is at stake: our very existence as a nation', *The Straits Times*, 26 January.

73. ST (The Straits Times) (2003) 'Dear Mahathir', *The Straits Times*, 28 January.

74. ST (The Straits Times) (2003) 'Water supply deal will remain: Mahathir; Federal control over resources will not affect S' pore supplies, he says, but adds that time for talks is over', *The Straits Times*, 2 August.

75. Ahmad, R. (2002) 'Malaysia reveals asking price for water; 60 sen per 1000 gallons till 2007, after which it will be raised to RM 3, says Foreign Minister. S' pore pays 3 sen now',

The Straits Times, 8 July.

76. Ahmad, R. (2002) 'KL mulls over new law to scrap water accords; Act could render supply of water to other countries subject to Malaysia' s domestic needs; move to be considered if talks fail', *The Straits Times*, 25 October.
77. Ahmad, R. (2002) 'KL hints at other options to settle water issue; It refuses to confirm that it is seeking arbitration over the matter', *The Straits Times*, 3 December.
78. En – Lai, Y, Hwee, L. and Ting ST (2000a) 'Massive water project is floated', *The Straits Times*, 2 July.
79. En – Lai, Y. (2000b) 'Riau in Sumatra keen to fill S' pore' s water needs', *The Straits Times*, 2 July.
80. Hoong, C. L. (2002) 'KL seeking to settle water pricing separately', *The Straits Times*, 3 July.
81. How, T. T. (2002) 'KL – S' pore talks hit snag as Malaysia changes tack; Malaysia now wants water as the issue of the Customs checkpoint to be dealt with separately, instead of as a package', *The Straits Times*, 4 September.
82. Kuar, S. (2001) 'Soon: cheaper to desalinate seawater than import it', *The Straits Times*, 15 March.
83. Kuar, S. (2001) '30m gallons a day to drink, from the sea', The Straits Times, 22 March Latif, A. (2002) 'Water: A toast to more comfortable bilateral dealings', *The Straits Times*, 29 July.
84. Lee, R. (2003) 'KL' s water ad ignores crucial facts, says Singapore; Foreign Minister says it' s a rehash of an old arguments and is puzzled by the timing of the current campaign against the Republic', *The Straits Times*, 15 July.
85. Pereira, B. and Lim, L. (2002) 'KL no longer wants to settle issues as package; Mahathir states this in a letter to PM Goh; he also wants to backdate any price hike of water to 1986 and 1987' *The Straits Times*, 12 October.
86. Pereira, B. (2002) 'KL insists it will discuss only water – price review', *The Straits Times*, 20 November.
87. Nathan, D. (2002) 'Experts find reclaimed water safe to drink; International panel gives Singapore' s NEWater thumbs up after 2 – year study; nod for blending it with reservoir water', *The Straits Times*, 12 July.
88. Ng, I. and Pereira, B. (2001) 'Thorny issues that go back many years', *The Straits Times*, 5 September.
89. Sim, S. (1999) 'Water deal with Jakarta is possible, says Philip Yeo', *The Straits Times*, 16 January.

90. Teo, G. (2002) 'NEWater can replace Johor supply; DPM Lee says water bought elsewhere must be competitive with reclaimed water, which is a 'serious alternative'', *The Straits Times*, 13 July.

91. The Star (2002) 'Minister: NEWater won't affect our stand', *The Straits Times*, 18 August.

附件 A
新加坡—马来西亚水协议

新加坡与马来西亚的“水关系”可以回溯到 1927 年，是在两国独立前的几十年。尽管当时两国的“水关系”还不完美，但是分别在 1927 年、1961 年、1962 年、1990 年签订的四个水协议已表明两国在水问题方面一贯合作的历史。这些协议确保了新加坡的水供应，并允许马来西亚购买经新加坡处理后的水，以及通过新加坡在柔佛的投资发展水务基础设施。表 7A. 1 总结了新加坡与马来西亚之间的水协议。

附表 7. 1　新加坡与马来西亚之间的水协议

水协议	签订方	协 议 内 容
1927 年	柔佛州苏丹及新加坡市政委员	该协议允许新加坡以每英亩 30 分的价格在埔来租赁 2,100 英亩的土地，且新加坡免费“抽取、积蓄、使用在这块土地或取自这块土地或储存在这块土地之上或地下的水源”。新加坡还有权安置和维护必要的水厂以输送水。如有必要，柔佛州政府能够以每 1,000加仑 25 分的价格提供达800,000加仑日供水量
1961 年	柔佛州政府及新加坡市议会	在此协议规定下，柔佛州政府保留位于柔佛州埔来（Gunong Pulai）、地不佬（Sungei Tebrau）以及士姑来（Sungei Scudai）的土地、不动产及建筑物以供新加坡市议会使用。市议会付给柔佛州政府的年租金为每英亩 5 元。柔佛州政府在 50 年内不得转让或进行任何影响上述土地或其中的部分土地的行为。柔佛州政府统一给予市议会全部而专有的权利，允许其自由进入及占用土地，并抽取、积蓄、使用地不佬河（Tebrau）及士姑来河（Scudai）的水源，同时建设必要的水厂、蓄水池、堤坝、管网、沟渠等。如有需要，市议会将随时向柔佛州政府每天供应不超过新加坡供水总量 12% 的水，且最多不超过 400 万加仑。其水质必须达到通用标准，且适合饮用。从柔佛州抽取并输送到新加坡的水，市议会需要向柔佛州政府支付 3 分/1,000 加仑的水费，而对于处理后的净水，柔佛州政府则向市议会支付 50 分/1,000加仑的水费。当市议会必须向柔佛州提供原水时，柔佛州政府需要支付 25 分/1,000加仑的费用。在 25 年协议期满时，根据货币购买力、劳动力及用以供水的能耗材耗的变化对价格进行修订。如果在本条款规定下产生任何争议或分歧，应按照本协议中的规定提交仲裁

续附表 7.1

水协议	签订方	协 议 内 容
1962 年	柔佛州政府及新加坡市议会	柔佛州政府同意向市议会转让柔佛州所有及特定土地，为期 99 年。柔佛州政府给予市议会“全部而专有的权利及自由排出、抽取、积蓄、使用每天最多 2.5 亿加仑的柔佛河水”。市议会将随时向柔佛州政府供应不超过向新加坡供水总量的 2% 的水，其水质必须达到通用标准，且适合饮用。从柔佛河抽取并输送到新加坡的水，市议会将向柔佛州政府支付 3 分/1,000加仑的水费。对于处理后的纯净水，柔佛州政府则向市议会支付 50 分/1,000加仑的水费。当市议会有必要向柔佛州供应原水时，柔佛州政府为此将支付 10 分/1,000加仑的费用。在 25 年协议期满时，根据货币购买力、劳动力及用以供水的能耗材耗的变化对价格进行修订。如果在本条款规定下产生任何争议或分歧，应按照本协议中的规定提交仲裁
1990 年	柔佛州政府及新加坡公用事业局（PUB）	柔佛州政府同意向新加坡公用事业局出售产自 Linggui 水坝的经处理的水，比 1962 年柔佛河水协议所规定的水量超出 2.5 亿加仑/日，这是由于考虑到公用事业局同意“以其自己的成本和费用建设 Linggui 水坝及其他配套永久性设施，现在和未来以其自己的成本和费用运行、运营和维护大坝、水库和永久性配套设施”。此协议在 1962 年柔佛河水协议期满时失效。然而，假如双方同意，原有条款可以延期。一致同意，公用事业局购买经处理的水的水价方案选项是： ①柔佛州水价加权平均值 +50% ×（公用事业局向客户出售盈余水的售价 - 柔佛州水价 - 公用事业局输送盈余水的费用及管理费）； ②115% ×柔佛州水价加权平均值 以价高选项为准。 在此协议下，向公用事业局供应的处理后的水的水质应达到世界卫生组织规定的饮用水标准。对于土地，柔佛州政府同意用出租建设面积约为21,600公顷的集水区和水库的国有土地，租期为 1962 年柔佛河水协议的余期。对所说的土地，将以每公顷 180 亿元计算土地补价，以每平方英尺3,000万元计算年租金。年租金率由国家权力机关根据马来西亚国家土地法（第 56/56 条）进行调整。公用事业局同意支付 3.2 亿元赔偿因占用土地而造成的永久性损失及以缴费、特许使用金和税费的形式补贴伐木的营业收入损失，一次性预先支付上述土地的租金，包括 1962 年柔佛

续附表 7.1

水协议	签订方	协议内容
		河水协议中剩余年份的租金。如果双方发生不能通过协商解决的争议或分歧，应按照当时位于吉隆坡的区域仲裁中心的规则提交仲裁

信息来源：更多详细内容请参见水协议、新加坡及马来西亚宪法；柔佛州苏丹和新加坡市政委员于 1927 年 12 月 5 日签订的关于柔佛州特定水权协议；柔佛州政府和新加坡市议会于 1962 年 9 月 29 日签订的柔佛河水协议；柔佛州政府和新加坡市议会于 1961 年 9 月 1 日签订的地不佬河（Tebrau）与士姑来河（Soudai）协议；柔佛州政府和新加坡公用事业局于 1990 年 11 月 24 日签订的协议；马来西亚政府与新加坡政府于 1990 年 11 月 24 日在柔佛签订的担保协议。

附件 B

附表 7.2　大事记

1998 年 12 月 17 日	新加坡总理吴作栋与马来西亚总理马哈蒂尔，就解决包括长期向新加坡供水在内的未解决的双边问题达成一致
1999 年 3—5 月	双方官员正式会谈三次，但进展甚微
2000 年 8 月 15 日	在布城（Putrajaya）召开的会谈中，新加坡内阁资政李光耀与马来西亚总理马哈蒂尔对于一系列问题达成一致协议，包括现在还是将来的水价都为 45 分/ 1,000加仑。这是首次将目前的水问题作为一揽子方案的一部分来讨论。新加坡也同意考虑马来西亚关于将建设新的桥梁代替长堤作为一揽子方案一部分的提议
2000 年 8 月 24 日	新加坡内阁资政李光耀致信马来西亚财政部部长敦·戴姆·扎伊努丁，确认了与马哈蒂尔总理一致同意的一系列条款
2001 年 2 月 21 日	马哈蒂尔总理回复李光耀资政“柔佛州认为合理的原水水价应为 60 分/百万加仑。而且水价应该每 5 年调整一次”（他的意思是每千加仑 60 仙）
2001 年 4 月 23 日	新加坡内阁资政李光耀在回复马哈蒂尔总理时指出，他与马哈蒂尔总理在 2000 年 8 月达成的口头协议有两个主要的变化，即马哈蒂尔总理提出的 60 分的原水价格，以及将原水与处理后水混合后进行供水
2001 年 9 月 4 日	李光耀资政与马哈蒂尔总理在布城（Putrajaya）进行了第二次会谈。在联合新闻发布会上，双方宣布已对协议的基本框架达成一致。李光耀资政解释说，新加坡愿意支付 45 分的原水价格以换取确保自马来西亚原水供应直至 2061 年
2001 年 9 月 8 日	李光耀资政写信给马哈蒂尔总理跟踪在 2001 年 9 月 4 日讨论中马来西亚提出的修建桥梁取代长堤的提议
2001 年 9 月 21 日	李光耀资政再次致信马哈蒂尔总理讨论关于一揽子方案中的其他议题。新加坡确认了提高目前水价格（3 仙到 45 仙/1,000加仑）的提议，交换条件为马来西亚同意在现有协议期满后，即 2011 年和 2061 年后，以 60 仙/1,000加仑的价格供水。60 仙/1,000加仑的价格应根据通货膨胀情况每 5 年调整一次

续附表 7.2

2001 年 10 月 18 日	马哈蒂尔总理说，柔佛现在希望以 60 仙/1,000加仑的价格向新加坡供水。同时建议，假如终止柔佛新山与加德满都间的铁路运输，则新加坡应向马来西亚补偿更多的地块
2001 年 12 月 10 日	李光耀资政回复马哈蒂尔总理以澄清新加坡在双边问题上的提议，以及试图明确马哈蒂尔总理之前提到的额外的用于修筑铁路的土地。他希望马哈蒂尔总理考虑保留马来西亚及新加坡之间铁路的长远重要性和价值。他希望马哈蒂尔总理规划马来西亚在一揽子方案中的定位，以便为后续工作建立一个清晰的框架
2002 年 2 月 5 日	由于马来西亚多次向媒体表示目前的水协议是不公平的，新加坡通过第三方报告对此评论表达了深切关注
2002 年 3 月 4 日	马哈蒂尔总理转达了另一个新的水定价方案——三段式方案。2002—2007 年价格为 60 仙/1,000加仑，2007—2011 年价格为 3 林吉特，2011 年以后，价格将根据通货膨胀情况进行调整。对于柔佛州从新加坡购买处理后的水，马来西亚提议从 50 仙上调为 1 林吉特，且没有价格审查机制
2002 年 3 月 11 日	李光耀资政致信马哈蒂尔总理，信中指出最新的提议内容已经完全不同于早期协议。他需要在回复前进一步研究马来西亚新的提议内容
2002 年 4 月 11 日	吴作栋总理致信马哈蒂尔总理，传达了新加坡对最近所提议的事项的回复。他提出，为了维护新马的长期友好关系，新加坡将生产新生水增补进现有水协议。由于马来西亚不接受新加坡早期提出的现有水价 45 仙/1,000加仑以及未来水价 60 仙/1,000，新加坡提议未来水价格按替代水源新生水成本的协议百分比来定价。他还建议以马哈蒂尔总理 2002 年 3 月 4 日的信函和吴作栋总理 2002 年 4 月 11 日的回复为基础，在各自外交部及官员之间进行进一步的讨论
2002 年 7 月 1—2 日	两国外交部长及官员在布城会面。马来西亚引用香港的模式，即香港以 RM8/1,000加仑向中国支付水价。新加坡方提出，如果这是一揽子方案的一部分，愿意就价格审查进行谈判，尽管马来西亚价格审查的权利已经在 1986 年及 1987 年失效。新加坡进一步指出，香港和新加坡的情况不同，香港并不需要承担建设及维护取水设施的费用
2002 年 9 月 2—3 日	两国外交部长在新加坡进行了第二次会面。马来西亚提出一个公式，计算出 6.25 林吉特/1,000加仑的现有原水水价，并同时提出仅在 2059 年讨论未来水价

续附表 7.2

2002 年 10 月 8 日	马哈蒂尔总理在布城会见吴作栋总理时提出，马来西亚希望从一揽子方案中“将水独立出来”。吴作栋总理回应，如果将水问题从一揽子方案中独立出来，新加坡将很难在其他问题上做出让步
2002 年 10 月 10 日	吴作栋总理收到马哈蒂尔总理在 2002 年 10 月 7 日发出的信函，信中指出，马来西亚决定将水问题从一揽子方案中独立出来。马哈蒂尔总理在 2002 年 10 月 8 日与吴作栋总理会谈时并没有提及信函的事宜
2002 年 10 月 14 日	吴作栋总理回函马哈蒂尔总理，信中指出，因为马来西亚希望终止一揽子方案，则新加坡会将水问题和其他议题单独考虑，而不再视为一揽子方案
2002 年 10 月 16—17 日	两国高级官员在柔佛新山会面，讨论水问题。但是马来西亚方只希望对目前原水价格这一个方面进行讨论。新加坡重申，马来西亚方已经失去了水价审查的权利，但是如果马来西亚愿意讨论未来的供水，新加坡同样同意水价调整。新加坡也请马来西亚解释，如何得出 6.25 林吉特的水价，还指出，按照 2002 年水协议中的条例，任何水价审查结果不得超过 12 仙的水价。对此，马来西亚方无法提供合理解释

信息来源：MICA（2003，附件 C，82—83 页）.

注释：网页 http：//app. mfa. gov. sg/data/2006/press/water/event. htm 的版本与平面媒体版本的文字及事件描述略有不同。网上的版本还包括了 2002 年 3 月 14 日及 25 日两次会议的评论，由于印刷版本不包括以上内容，因此并未在上述表格中列出。

附件 C
在新加坡及马来西亚水关系中媒体所发挥的作用的资料汇总

附表 7.3 第一阶段，1997—1998 年，媒体作为事件的报道者

	新加坡新闻	马来西亚新闻	国际
媒体内容	1. 两国已经达成协议，正在进行更为广泛的合作框架。 2. 巫统青年要求暂停与新加坡的交易及供水协议审核。 3. 新加坡仍然渴望向马来西亚购水。马来西亚同意在 2061 年后依然向新加坡供水。 4. 马来西亚向新加坡寻求帮助筹集资金以解决国内经济危机。马来西亚未向新加坡贷款但提议将水问题与其他双边问题联系起来	1. 两国在水问题上达成共识，但未签署任何书面协议。 2. 巫统青年催促政府在双边问题上保持立场，并在水供应协议中确定合理水价。 3. 马哈蒂尔总理保证马来西亚将不会切断向新加坡的供水。 4. 马来西亚回复新加坡，马来西亚不需要新加坡提供的 152 亿马币作为水协议的资金，并提出所有未解决的问题应作为一个整体来考虑	1. 马来西亚在特定条件下将向新加坡供水。 2. 马来西亚领导人措辞严厉并威胁将切断水供应。 3. 马哈蒂尔总理指责新加坡出版李光耀的书籍。 4. 两国表示放下争歧，进一步解决未解决的问题
媒体构架	1. 马来西亚向新加坡寻求帮助。 2. 新加坡新闻指出马来西亚*同意*继续向新加坡供水	1. 马来西亚不需要财政资助方案 2. 马来西亚向新加坡保证*不会切断*供水	

资料来源：来自作者对平面媒体的资料汇编。斜体字是作者强调的重点。

附表 7.4　第二阶段，1999—2001 年，媒体作为沟通交流的媒介

	新加坡	马来西亚	国际
媒体内容	1. 马来西亚指出，新加坡应该向马来西亚购水，因为其水价低于印尼水价。彭亨仍期望向新加坡售水。 2. 新加坡的用水需求自始至终视马来西亚（包括柔佛）的水需求而定。 3. 新加坡并未在水交易中谋取暴利。事实上，该交易使马来西亚受益。 4. 马来西亚已在柔佛投资水处理厂。马来西亚可以选择不再向新加坡购水，且新加坡必须终止依靠马来西亚及印尼供水并寻找其他替代水源。 5. 两国在原则上已经达成一揽子解决方案的协议。新加坡对此已向马来西亚做出让步	1. 马来西亚在 2016 年后向新加坡提供处理后的水。 2. 柔佛应先确保自身利益。必须先满足当地的水需求。 3. 马来西亚在过去的水协议中吃亏，因为新加坡从中受益。新加坡从中谋取暴利。 4. 柔佛不久将停止向新加坡购买处理后的水。在不久的将来将建立自己的水处理厂。 5. 柔佛也受益于水协议	1. 新加坡和马来西亚将讨论将双边问题作为一个一揽子方案进行讨论。 2. 新加坡驳斥马来西亚发表关于新加坡在水协议中谋取暴利的言论。 3. 新加坡内阁排除马来西亚断水的可能性，强调多样化水资源的必要性。 4. 新加坡和马来西亚努力解决陷入僵局的问题，并在原则上达成协议，获得双方心理上的突破进展
媒体构架	水协议使两国双方受益，新加坡并未在此协议中谋取暴利	马来西亚在水协议中吃亏，新加坡从中谋取暴利	

资料来源：来自作者对平面媒体的资料汇编。

附表 7.5 第三阶段，2002—2005 年，媒体作为谈判的渠道

	新加坡	马来西亚	国际
媒体内容	1. 马来西亚已经失去了审查水价的权利。协议的有效性及新加坡的主权濒临险境。 2. 新加坡拒绝不平等的水交易。对向柔佛的供水予以补贴。 3. 马来西亚希望提高水价。 4. 由于受限于协议的条款，马来西亚不能随意更改与新加坡的供水协议。马来西亚将求助于仲裁机构以解决与新加坡之间的水问题。 5. 新加坡并不反对现有水价的上调，但新订价格必须有依据。 6. 马来西亚单方面将水协议的谈判从一揽子方案中移除。因而，新加坡所做出的所有让步就生效。 7. 新加坡发布信函以将问题明确化。并发表了“*水商谈：只有当它能够进行的时候*”，以此应对马来西亚的要求	1. 马来西亚希望获得审查水价的权利。 2. 新加坡以水问题作为一揽子方案的核心，拖延解决其他问题。 3. 新加坡可以选择终止从马来西亚购水。 4. 新加坡同意单独考虑水问题。 5. 马来西亚决定停止谈判而选择寻求诉诸法律。 6. 马来西亚质疑新加坡公开两国领导人之间的信函的行为。 7. 马来西亚在当地报刊刊登两国水关系的文章。并发表了编辑版本，“*水：新加坡和马来西亚争端：真相*”	1. 新加坡和马来西亚无法在水价上达成共识。 2. 新加坡否认马来西亚对于新加坡受益于水协议的指控。 3. 马来西亚和新加坡同意单独考虑水问题。 4. 新加坡指责马来西亚破坏水商谈。 5. 马来西亚维护新加坡水问题的公众信息并发布“*水：新加坡和马来西亚争端：真相*”
媒体构架	新加坡在整个水商谈中保持一致性和合理性。是马来西亚前后矛盾，改变了谈判的性质、水谈判的议程及水价	马来西亚希望与新加坡达成公平的水协议，是合理的。马来西亚愿意向新加坡供水，仅是希望以一个公平的水价	

信息来源：来自作者对平面媒体的资料汇编。

原始资料汇总

新加坡和马来西亚新闻

方法：

1. 根据新闻来源，在此列出了来自平面媒体的主要观点。以下直接引用平面媒体的剪报。

2. 所有在此列出的媒体资料均与新加坡—马来西亚水关系相关。直接涉及新加坡和马来西亚水关系的新闻文章被标记为粗体。观点、社论、信函、论坛文章与新闻报道区别标出。常规字体的平面媒体资料与新加坡—马来西亚水关系相关联，且提供事件的背景描述。

3. 表中的［+］、［-］、［=］分别代表新闻对双边关系正面、负面和中性的描述。只有内容涉及新马两国水关系的文章被标示。

4. 以马来文及中文书写的平面媒体文章中的主要观点以斜体表示。由于将这些资料翻译成英文所造成的限制，这些仅作为补充资料。另外，因为仅对这些文章进行选择性摘录并翻译成英文，这些文章未标注［+］、［-］、［=］。本文附录提供了进一步的汇总。

附表 7.6　新加坡及马来西亚的新闻

时间	新加坡新闻	马来西亚新闻	国际新闻
1993 年 1 月	• 新加坡和印尼签订联合协议共同开发苏门答腊群岛的水资源。主要目的是向新加坡及印尼廖内群岛供水。（《商业时报》，1 月 30 日）		
1993 年 12 月	• 新加坡公用事业局将投资 1.4 亿新币以开发新项目。其中 0.66 亿用于扩建供水管网，0.23 亿新币用以在柔佛建设水处理厂和污泥处理厂，而 0.11 亿新币用于铺设柔佛与柔佛海峡之间的管网。（《商业时报》，12 月 25 日）		

续附表 7.6

时间	新加坡新闻	马来西亚新闻	国际新闻
1995 年 3 月	• 在未来几年节水税和水费都将急剧上涨以反映水资源缺乏以及开发新水源的成本。新加坡公用事业局将在六月开展“节水”运动。(《商业时报》，1995 年 3 月 14 日)		
1995 年 4 月	• 新加坡可能动用储备金建设海水淡化厂以满足日益增长的水需求。海水淡化的成本至少是现有水处理工艺成本的十倍之多。(《商业时报》，4 月 17 日)		
1995 年 10 月	• 新加坡政府关注工业过度用水问题，因而对其用水设置了上限。(《商业时报》，10 月 20 日)		
1996 年 12 月	• 国际供水协会授予新加坡公用事业局低水流失量杰出成就奖。(《商业时报》，12 月 4 日)		
1997 年 6 月	• 一名国会议员鼓励新加坡投资海水淡化厂以保证在第一个水协议失效后持续供水。这是能负担得起的。(《商业时报》，6 月 4 日) • **1990 年，新加坡和马来西亚在新加坡签订了马来西亚铁道土地的要点协议(POA)。对此，马哈**		

续附表 7.6

时间	新加坡新闻	马来西亚新闻	国际新闻
1997 年 6 月	**蒂尔总理有一些新的想法，且为避免法律上的麻烦，吴作栋总理建议建立更广泛的合作框架，包括向新加坡售水。（《商业时报》，6 月 6 日）（+）** • 李光耀总理指出，新加坡能够自给自足供水，但是成本极高。新加坡公用事业局也将建设一家小型反渗透水厂作为试点。（《商业时报》，6 月 11 日）		
1998 年 3 月	• 公用事业局向政府给出最后的建议即为新加坡建设海水淡化厂。在 1999 年中旬开始建设，至 2003 年第一家海水淡化厂应该完成建设。（《商业时报》，3 月 2 日）		
1998 年 4 月		**• 新加坡和马来西亚就供水协议几乎达成共识。马来西亚同意在 2011 年及 2061 年的水协议失效后继续向新加坡供水。马来西亚也希望制定更接近失效期的特定条款，因为马来西亚无法预期目前协议失效时的情况。这些条款和条件将会在 60 天内得到双方的同意。（《新海峡时报》，4 月 4 日）（+）**	

续附表 7.6

时间	新加坡新闻	马来西亚新闻	国际新闻
1998 年 4 月		• 马来西亚可能向新加坡出售处理后的水，而非原水。(《新海峡时报》，4 月 12 日）(+) • 马来西亚和新加坡已对 2061 年后的供水达成共识，但未签署任何协议。(《新海峡时报》，4 月 18 日）(+)	
1998 年 6 月	• 新加坡将继续努力节水，并按照 7 月 1 日的计划，提高水价及节水税。(《商业时报》，6 月 27 日）(−) • 新加坡和马来西亚未就现有协议期满后继续向新加坡供水达成协议。（《商业时报》，6 月 30 日）	• 彭亨政府渴望向新加坡供水，但是需要经过国家水务委员会的同意。(《新海峡时报》，6 月 25 日）(+)	
1998 年 7 月		• 马哈蒂尔总理声称，马来西亚和新加坡未能对供水协议细节达成协议。(《新海峡时报》，7 月 8 日）(−) • 观点：由于水协议不合乎情理，马来西亚应该终止与新加坡的供水协议。(《新海峡时报》，7 月 21 日）	• 争端切断了两国间的纽带；水供应的冲突以及补偿计划引起了双方的唇枪舌剑。(TNW,7月20日)(−) • 马哈蒂尔总理声明，马来西亚同意在一定条件下向新加坡供水。双方在原则上已达成协议，但是对协议细节未达成协议。 (DPA，7 月 7 日）(+) • 马哈蒂尔总理声明，马来西亚原则上同意向新加坡供水，但需满足一定条件。(BBC，7 月 13 日）(+)

续附表 7.6

时间	新加坡新闻	马来西亚新闻	国际新闻
1998 年 8 月	• 巫统青年要求暂停与新加坡签订新的协议并要求在 2011 年和 2061 年协议期满时对供水协议进行审查。依据巫统青年所说，新加坡没有反映出“真诚的立场”。马来西亚应对供水和理想水价制定出有效期。第二天马来西亚否认决定冻结两国的关系。（《商业时报》，1998 年 8 月 4 日）（－） • 新加坡仍旧渴望向马来西亚购水。（《商业时报》，8 月 4 日） • 美国水处理公司，美净集团（US Filter），在新加坡设立区域总部。（《商业时报》，8 月 5 日）（＋） • 新加坡公用事业发展局致力于海水淡化，开发新加坡和马来西亚的现有水资源，以及印尼替代资源以满足长期供水需求。（《商业时报》，8 月 21 日）	• 巫统青年敦促马来西亚政府在双边问题上坚定立场。他们认为新加坡外交部长贾古玛和内务部长 Wong 并没有表达新加坡的诚意。巫统青年希望马来西亚政府对供水协议制定出更为实际的期限和更为合理的价格。（《新海峡时报》，8 月 4 日）（－） • 马哈蒂尔总理声明马来西亚不会切断向新加坡的供水。（《新海峡时报》，8 月 5 日）（＋）	• 马来西亚威胁将切断向新加坡的供水。（BP，8 月 4 日）马来西亚国防部长预示有战争的威胁（－） • 马来西亚领导人对新加坡发出激烈言论；对水和基准点的问题引发双方关系紧张。（IHT，8 月 5 日）（－）
1998 年 9 月		• 马哈蒂尔总理认为新加坡利用邻国的弱点以达到本国的繁荣。他声明马来西亚并没有像李光耀回忆录中提到的以水问题威胁新加坡。他同时指出，新加坡依靠售水赚取了更多利润。（《新海峡时报》，9 月 15 日）（－）	• 马哈蒂尔总理谴责新加坡重提“旧问题”。他在媒体报道中批评了《海峡时报》连载的李光耀回忆录。（BBC，9 月 16 日）（－）

续附表 7.6

时间	新加坡新闻	马来西亚新闻	国际新闻
1998 年 11 月	• 马哈蒂尔总理说，马来西亚向新加坡寻求帮助以筹集资金解决国内经济危机。马来西亚将对如何满足新加坡的水需求做出决定。马来西亚同意在2061年后继续向新加坡供水，上述决定将在60天内确认。(《商业时报》，11月6日)(+) • 推测马来西亚目前倾向于将新加坡财政资助方案与水交易相关联。(《商业时报》，11 月 17 日)（=） • 马来西亚已将借款协议草案还至新加坡，原本最后一版将在 11 月 14 日送至马来西亚。吴作栋总理说马来西亚向新加坡寻求帮助。马哈蒂尔总理重申马来西亚承诺向新加坡供水。(《商业时报》，11 月 24 日)（+）		• 新加坡和马来西亚设计出水和提供资金的交易；吴作栋总理声称，两国协商了新加坡帮助马来西亚集资以应对经济危机以及马来西亚继续向新加坡供水的交易。(DPA，11 月 23 日)(+) • 马来西亚和新加坡同意放下争歧，共同努力改善最近几个月恶化的两国关系。(TI，11 月 6 日)(+)
1998 年 12 月	• 马来西亚没有接受新加坡提供的 40 亿美金的贷款。马哈蒂尔总理提议将其他双边问题与水问题联系起来解决。包括：马来西亚铁路用地，出入境检查站的搬迁，新加坡使用马来西亚领空，马来西亚人转让股票从 CLOB 国际交易所至吉隆坡股票交易所，向马来西亚工人提早发放中央公积金等。(《商业时报》，12 月 18 日)（=）	• 马来西亚告知新加坡，它不需要新加坡的 152 亿林吉特的借款作为水交易的资金。马来西亚提议将所有造成双边关系紧张的问题作为一个整体来讨论。(《新海峡时报》，12 月 18 日)(–)	

续附表 7.6

时间	新加坡新闻	马来西亚新闻	国际新闻
1999 年 1 月	• 新加坡与印尼两国间的水交易是可行的。(《海峡时报》，1 月 16 日) • 柔佛州州务大臣 Ghani 指出，由于马来西亚水价较印尼低，新加坡应继续向马来西亚购水。新加坡在决定从哪里购水的时候，也应同时考虑到两国长期双边关系。(《海峡时报》，1 月 21 日) (+)		
1999 年 2 月		• 观点：新加坡做得很好，尽管犯了“奢望一蹴而就并大肆宣扬”的错误。马来西亚在供水协议中利益受损。新加坡造成了问题，新加坡有责任去解决。(《新海峡时报》，2 月 23 日) (-)	
1999 年 3 月	• 论坛：马来西亚可以选择不从新加坡购水。是马来西亚从新加坡出售的水中获利。也是马来西亚对于出入境检查站的搬迁改变主意。(《海峡时报》，3 月 3 日) (-)		

续附表 7.6

时间	新加坡新闻	马来西亚新闻	国际新闻
1999 年 6 月	• 新加坡将开展海水淡化的计划，并计划在 2005 年前完成。佛罗里达的反渗透方法可能会较经济。(《海峡时报》，6 月 2 日) • **新加坡内阁发言人谴责马来西亚官员泄露“仍处于进展中的机密谈判”细节。新加坡对未来水问题的提议总是视马来西亚的水需求而定。马来西亚一直坚持协商从零开始，并提出新的要求。(《海峡时报》，6 月 8 日)(－)** • **社论和意见：新加坡已明确水需求总是“视首先满足马来西亚的需求而定”。马来西亚从向新加坡购买处理后的水而获利，因为它以每1,000 加仑 3.95 林吉特售水而以每 1,000 加仑 0.5 林吉特向新加坡购水。然而，新加坡必须摆脱单纯依赖马来西亚的状态。(《商业时报》，6 月 11 日)(－)** • 新加坡不会面临缺水问题，因为它总是在寻找更多新的水源。(《海峡时报》，6 月 14 日)	• **在承诺向新加坡大量供水前，柔佛州首先会保证本地人民的利益及水需求。(《新海峡时报》，6 月 7 日)(＝)** • 马来西亚在 2061 年后会继续向新加坡提供处理后的水。马哈蒂尔总理指出目前的水协议由英国人起草，协议以柔佛州为代价使新加坡受益。(《新海峡时报》，6 月 8 日)(－) • 柔佛州首先需要保证本地水需求。新加坡已从向柔佛州取水中获利，并苛求在目前的谈判中要求马来西亚 2061 年后日供水量达 34 亿升。但是柔佛州必须首先满足当地水需求。(《新海峡时报》，6 月 8 日)(－) • **观点：柔佛州也从水协议中获利。当仅仅要求新加坡出售1,500万加仑/日的处理后的水时，柔佛向新加坡购买了 3,700 万加仑/日的处理后的水。新加坡对水的要求总是以马来西亚满足自身需求为前提。(《新海峡时报》，6 月 17 日)**	• **马来西亚总理讨论了整体考虑马来西亚与新加坡的一系列问题。其中包括供水问题、马来西亚海关和过境设施的搬迁。(BBC，6 月 9 日)(＋)** • **新加坡驳斥马来西亚关于其牟取暴利的断言，并谴责马来西亚违背了去年两国领导人达成的协议。(DPA，6 月 9 日)(－)** • **新加坡在寻求更多的新水源，一旦马来西亚提出增加向新加坡供水前要以满足自身水需求为前提，新加坡可能改向印尼购水。(DPA，6 月 14 日)(－)**
1999 年 10 月	• **彭亨希望向新加坡售水。(《海峡时报》，10 月 1 日)(＋)**		

续附表 7.6

时间	新加坡新闻	马来西亚新闻	国际新闻
2000 年 1 月	• AquaGen International 公司将致力于运用新科技降低海水淡化的成本。(《海峡时报》, 1 月 3 日)		
2000 年 3 月		**• 马来西亚外交部长赛哈密回复新加坡外交部长贾古玛的评论并否认巫统选举拖延与新加坡的会谈。赛哈密指出，是新加坡政府并未对之前所做的建议采取行动。赛哈密指出，既然新加坡已经拒绝考虑马来西亚的需求，因而如果没有什么要进行讨论的，则会谈是没有意义的。(《新海峡时报》,3月13日)(－)**	
2000 年 4 月	• 海水淡化成本降低使生产优质饮用水变为可负担得起的。AquaGen 计划使用反渗透方法进行海水淡化。(《海峡时报》, 4 月 19 日)		
2000 年 6 月	• 初步的可行性研究发现印尼廖内地区的环境适于水资源的开发。吴作栋总理与印尼总统瓦希德讨论新加坡从马来西亚购水的可能性。(《商业时报》, 6 月 15 日) • 斯坦福大学与南洋理工大学共同研究帮助新加坡生产低成本的水以达到自给自足。(《海峡时报》,6 月 24 日)		

续附表 7.6

时间	新加坡新闻	马来西亚新闻	国际新闻
2000 年 7 月	• 新加坡与印尼两国提出水合作项目。在印尼廖内建设集水区大约需要投资 15 亿美金。(《海峡时报》, 7 月 2 日) • 印尼作为供水水源正在被勘测中。(《海峡时报》, 7 月 2 日) • 深层隧道排污系统(DTSS) 将对柔佛海峡的水质有所改善。(《海峡时报》, 7月9日)		
2000 年 8 月	• 马来西亚政府拨款 7 亿林吉特用来在柔佛州建设一家水处理厂。这可能将作为僵持的双边会谈中新的要素。(《商业时报》, 8 月 19 日) (=)		
2000 年 9 月	• 对于在柔佛投资 0.7 亿林吉特建设一家新水处理厂及停止向新加坡购水的决定，马来西亚国内政见要考虑的事情很多。(《海峡时报》, 9月18日)(=)		
2000 年 11 月	• 印尼总统瓦希德指出，如果马来西亚及印尼停止向新加坡供水，新加坡将会面临缺水问题。(《海峡时报》, 11月27日) (-) • 研究瓦希德的专家认为，他们已经找到了瓦希德爆发这一言论的原因。马来西亚外交部长曾两次拜访瓦希德，致使其发表了这一公共言论。(《海峡时报》, 11月30日)(-)		

续附表 7.6

时间	新加坡新闻	马来西亚新闻	国际新闻
2000 年 12 月	**• 专题讨论：新加坡必须终止依靠马来西亚及印尼向其供水。（《海峡时报》，12 月 2 日）（ - ）** • 北京向新加坡寻求关于节水的建议。（《海峡时报》，12 月 9 日）	**• 柔佛州将在 2003 年停止向新加坡购买处理后的水，因为新的水处理厂将在 2002 年完工。（《新海峡时报》，12 月 22 日）（ = ）**	
2001 年 1 月	• 凯发集团（Hyflux）在樟宜地区投资 400 万新币建设研发中心。（《商业时报》，1 月 20 日） • 深层隧道排污系统（DTSS）的钻探工作昨日启动。该系统将比传统工艺降低 90% 的用地需求。（《商业时报》，1 月 30 日）	**• 观点/信函：新加坡从目前水协议中获利。柔佛州能够自给自足。（《新海峡时报》，1月10日）（ - ）** **• 观点/信函：新加坡从目前水协议中获利。必须对新的协议进行审查，避免现存的不满情绪将事态扩大。（《新海峡时报》，1 月 17 日）（ - ）**	**• 新加坡总理排除切断马来西亚向其供水的可能性，同时强调新加坡水源多样化的必要性。（新华，1 月 12 日）（ + ）**
2001 年 2 月	• 印尼和新加坡进行了关于向新加坡供水的会谈。（《商业时报》，2 月 15 日） • 廖内—新加坡合作关系不仅包括供水合作，廖内计划通过以上关系获得外商直接投资。（《海峡时报》，2 月 15 日）		
2001 年 3 月	• 不久的将来，海水淡化的成本将低于进口水的成本。（《海峡时报》，3 月 15 日） • 新加坡正计划建设处理量达 3000 万加仑/日的第一座海水淡化厂。也正在勿洛地区建设生产新生水的实验厂。（《海峡时报》，3 月 22 日）		

续附表 7.6

时间	新加坡新闻	马来西亚新闻	国际新闻
2001 年 4 月	• 柔佛州旨在成为马来西亚第二高效的配水地区。（《商业时报》，4 月 24 日） • 新加坡在印尼廖内设立了领事馆。（《海峡时报》，4 月 19 日）		
2001 年 5 月	• 再生水或新生水将满足新加坡 20% 的水需求。它较普通饮用水有更高的纯度。（《商业时报》，5 月 26 日） • 新加坡樟宜再生水厂破土动工。新加坡正在积极采取措施以保证供水。（《海峡时报》，5 月 26 日）		• 新加坡致力于利用科技缓解水资源短缺。（NW，7 月 16 日）
2001 年 9 月	**• 内阁资政李光耀与马哈蒂尔总理对解决长期存在的双边问题原则上达成协议。马来西亚保证在 1961 年及 1962 年协议失效后，继续向新加坡供水。建立新的桥梁及隧道以替代原有长堤。公积金（CPF）将在两年内返还等。（《商业时报》，9 月 5 日）（+）** **• 李光耀资政访问马来西亚总理，达成了框架协议。（《海峡时报》，9月5日）（+）** **• 工人党赞成新加坡和马来西亚两国的最新协议，但新的水价格令其担忧。（《海峡时报》，9月7日）（+）**		**• 双方会谈取得重大进展。新加坡和马来西亚共同努力开始解决僵持的问题。（TNW，9 月 17 日）（+）** **• 新加坡外交部长贾古玛声称，新加坡和马来西亚协议取得心理上的突破进展。（新华，9 月 25 日）（+）**

续附表 7.6

时间	新加坡新闻	马来西亚新闻	国际新闻
2001 年 9 月	●李光耀资政承认对马哈蒂尔总理做出让步，因为假如马来西亚有重大政治变革将会严重拖延两国协商的进展。（《商业时报》，9 月 6 日）（=） ●专题讨论：新加坡应考虑开发其他水源，因为新加坡不能永远依靠马来西亚。（《海峡时报》，9 月 11 日）（-） ●评论分析：协议现在取决于内容细节。（《海峡时报》，9 月 15 日）（=） ●对*讨论*的回复：新加坡公用事业局目前正致力于开发所有可能的水源。（《海峡时报》，9 月 18 日）（=）		
2001 年 10 月	●阿兹米（Azmy Yahya）中校写到，马来西亚必须充分利用水源优势影响新加坡，并减少新加坡利用军事方面的优势威胁马来西亚的想法。如果新加坡利用其军事优势，马来西亚能够“利用化学或生物药剂污染供水水源”。（《海峡时报》，10 月 9 日）（-）		

续附表 7.6

时间	新加坡新闻	马来西亚新闻	国际新闻
2002 年 1 月	• 柔佛州决定不修改 1986 年及 1987 年的水价，这两份协议也是由新加坡市议会与柔佛州政府签订的。因此，英国不能对马来西亚的独立和主权产生影响。(《商业时报》，1 月 28 日)(=) • 马来西亚将在会谈开始之前指定水价。(《海峡时报》，1 月 26 日)(=) • 新加坡对出售给柔佛的处理后的水进行了补贴。新加坡未从中获利，相反，新加坡每出售给柔佛州 1,000 加仑的水，会补贴 1.9 林吉特。(《海峡时报》，2002 年 1 月 27 日)(-) • 新加坡否认水交易不公平。新加坡要求马来西亚列出一系列问题的“清晰框架”。由于协议由马来西亚柔佛州政府签订，英国不能影响现有交易。(《海峡时报》，1 月 28 日)(-)	• 由于新加坡和马来西亚两国在向新加坡售水的问题上未达成共识，双方的讨论中断。马哈蒂尔总理指出，在水价确定之前，新加坡不会做出任何让步。(《新海峡时报》，1 月 22 日)(-) • 新加坡将水问题转变为一系列问题中的核心问题，但是其正冒着导致两国关系变质的危险，以水问题威胁整个议程。(《新海峡时报》，1 月 23 日)(-) • 马来西亚首相巴达维认为，在其他问题取得进展之前必须解决水问题。(《新海峡时报》，1 月 26 日)(=) • 马来西亚渴望尽快解决双边问题。由于延迟确定水价，马来西亚每天都会遭受损失。马来西亚不允许该问题使其与新加坡的关系变质。(《新海峡时报》，1 月 29 日)(-) • 随着水处理厂的建成，柔佛州将不再向新加坡购水。(《新海峡时报》，1 月 31 日)(=)	• 马来西亚和新加坡无法在水价问题上达成共识。(BBC，1 月 22 日)(-) • 新加坡否认马来西亚关于水协议有利于新加坡以及新加坡通过出售来自柔佛的供水而获利的言论。(BBC，1 月 28 日)

续附表 7.6

时间	新加坡新闻	马来西亚新闻	国际新闻
2002 年 2 月	**• 马来西亚希望和新加坡维持良好的合作关系，但仍然坚持提高水价。（《商业时报》，2 月 1 日）（+）** **• 香港以较高的价格向广东购买原水，因为中国大陆自 20 世纪 60 年代已投资几十亿资金建设向香港输水的基础设施。另一方面，新加坡已经承担了在柔佛州建设基础设施的所有费用。（《商业时报》，2 月 4 日）（=）** **• 马来西亚希望和新加坡保持良好的合作关系，但是并不打算以在新水协议中遭受损失为代价。马来西亚仅要求新交易中的水价合理。（《海峡时报》，2 月 1 日）（+）** **• 协议的神圣性岌岌可危。（《海峡时报》，2 月 16 日）（-）**		
2002 年 3 月	• 柔佛州政府将向新加坡递交一份填海造地结果的详细报告。（B《商业时报》，3 月 4 日） **• 马哈蒂尔总理向李光耀资政发出新的供水提案。新加坡将研究新公式对其的影响。（《商业时报》，3 月 12 日）（=）**	• 马来西亚希望新加坡保证新的填海活动不会影响马来西亚深水位。（《新海峡时报》，3 月 9 日、12 日） • 填海造地正在对柔佛港口造成影响。主要航线的船险些与运输填海泥沙的驳船相撞。（《新海峡时报》，3 月 18 日）	**• 新加坡研究了马来西亚关于水价的新提案。悬而未决的问题包括新加坡的海关、出入境、检疫设施，以及马来西亚铁路用地、领空使用、发放公积金及水协议。（BBC，3 月 12 日）（=）**

续附表 7.6

时间	新加坡新闻	马来西亚新闻	国际新闻
2002 年 4 月	•马哈蒂尔总理警告说，如果新加坡继续在柔佛海峡进行填海活动，马来西亚方面很难与其合作。(《商业时报》，4 月 12 日)(－) •观点：填海活动已经引起了马哈蒂尔总理的关注，他声明如果新加坡不做补偿，马来西亚将不再合作。这会成为取代向新加坡供水这一实际问题的小冲突。(《海峡时报》，4 月 5 日)(－) •吴作栋总理指出，马来西亚向新加坡供水的问题已经困扰双方 37 年了。水协议是具有国际法律约束力的法案。违约会造成对分立协议的质疑。(《海峡时报》，4 月 6 日)(－) •吴作栋总理表明，新加坡将减少对马来西亚供水的依赖，以防止长期遗留问题继续影响两国关系。(《海峡时报》，4 月 6 日)(－) •彭亨希望吉隆坡尽快与新加坡处理水协议问题。(《海峡时报》，4 月 30 日)(＝)	•观点：在目前水协议的规定下，供水是不能更改的，但这并不包括水价及机制的更改。新的价格结构并不会影响新加坡的主权。马来西亚并不希望导致双边关系紧张，马来西亚意识到外交政策及手段的现实性。(《新海峡时报》，4 月 7 日)(－) •前柔佛州首席执行官指出，新加坡曾经表示如果马来西亚切断水源，新加坡会向马来西亚发起战争。(《新海峡时报》，4 月 8 日)(－)	

续附表 7.6

时间	新加坡新闻	马来西亚新闻	国际新闻
2002年5月	• 新加坡期望至2012年新生水能至少满足15%的用水需求。这将以超纯水供应。（《商业时报》，5月23日） **• 马来西亚不能随意更改与新加坡的水交易，因为其受制于协议的条款。任何更改都需要经过双方的同意。（《海峡时报》，5月4日）（－）** • 国会议员对马来西亚和新加坡双边关系加以关注。（《海峡时报》，5月17日） • "四个水龙头"保证将水源源不断地流入新加坡。假如新加坡想要自给自足，它就能做到。（《海峡时报》，5月23日）		
2002年6月	**• 吴作栋总理期望与马来西亚进行的双边会谈取得进展。他表明一定要有经得起时间考验的公式。（《商业时报》，6月17日）（＋）** **• 期望新加坡与马来西亚在解决遗留的双边问题中取得进展。然而，解决所有的问题是不太可能的。（《海峡时报》，6月17日）（＋）**	**• 如果新加坡不再需要向马来西亚购水，马来西亚将计划接手柔佛州的水处理厂。（《新海峡时报》，6月22日）（－）**	

续附表 7.6

时间	新加坡新闻	马来西亚新闻	国际新闻
2002 年 7 月	**•新加坡与马来西亚在双边问题上未有快速突破，但是由于“双方希望取得进展的良好愿望和诚意”，事态将会有进展。(《商业时报》，7 月 1 日)(－)** **•马来西亚决定其有权审核出售给新加坡的原水水价。马来西亚单方面将对现有水协议进行的协商从未解决的双边问题一揽子方案中移除。同时，新加坡外交部长贾古玛声明水项目及桥梁项目仍包含在双边问题一揽子方案中。(《商业时报》，7 月 3 日；《海峡时报》，7 月 3 日)(－)** **•马来西亚公开其计划，将未来水价提升至现有水价的 100 倍。马来西亚外交部长赛哈密表态，在 2002—2007 年期间，水价为 60 仙/1,000 加仑，在 2007—2011 年期间，为 3 林吉特/1,000 加仑。(《商业时报》，7 月 8 日；《海峡时报》，7 月 8 日)(－)** •专家发现再生水可安全饮用。经过两年研究，国际专家组给予新加坡高度赞许。(《海峡时报》，7 月 12 日)	*•马来西亚愿意继续向新加坡供水长达100 年，但水价必须修改。(SCD，7 月4 日)* *•外交部长表态，只有新加坡愿意发放公积金 (CPF)，水问题才可能被解决。(UM，7 月5 日)* *•赛哈密评论，新加坡同意在水问题解决后，允许马来西亚人提取他们的高达300 亿林吉特公积金储蓄。(《新海峡时报》，7 月6 日)* *•赛哈密指出，马来西亚将不会对在25 年后审核1961 年及1962 年协议中规定的水价让步。(BH，7 月6 日)* *•外交部长赛哈密指出，水问题是解决其他未解决的双边问题的基础。(BH & UM，7 月9 日)* *•外交部长赛哈密指出马来西亚等待新加坡首先解决水问题。(NSP，7 月9 日)* *•马来西亚督促新加坡不要拖延协商，应尽快解决水价问题。(NSP，7 月22 日)* *•在2011 年后，我们的邻国将能做到水资源的自给自足。这将缓解两国间的紧张关系。(NSP，7 月25 日)*	**•新加坡和马来西亚两国外交部长进行了以水和经济为内容的会谈。(BBC，7 月 1 日)(＝)** **•马来西亚和新加坡两国就解决原水及处理后水的价格问题进行的商谈失败。其他四个双边问题已被解决。马来西亚表示其拥有修改水价的权利。(BBC，7 月 5 日)(－)**

续附表 7.6

时间	新加坡新闻	马来西亚新闻	国际新闻
2002 年 7 月	• 国际专家确认新生水适合饮用。(《商业时报》，7 月 17 & 26 日) **• 新生水可以代替柔佛州的供水。李光耀资政指出，其他地方的取水必须能与再生水竞争。(《海峡时报》,7月13日)(=)** **• 新加坡希望水价限定在新生水的价格。(《商业时报》，7 月 24 日；《海峡时报》，7 月 24 日)(=)** **• 贾古玛向议会更新水问题的三个方面：现有水协议，新的水协议及水价审核。(《海峡时报》，7 月 24 日)(=)** • 80% 的新加坡人偏爱新加坡的水，因其更干净、适于饮用，并支持新加坡变得更加自给自足。(《海峡时报》，7 月 22 日) • 外交部长贾古玛指出，水问题将不再是新加坡的战略弱点。(《海峡时报》,7 月 29 日)	*• 赛哈密说，假如双方不能就水价达成协议，这个问题将交于国际法庭解决。(SCD，7 月27 日)* *• 马来西亚提出要与新加坡进行几次会谈以协商未解决的问题。赛哈密说，水问题需要解决，因为它是两国的首要关注的问题。(BH，7 月27 日)*	
2002 年 8 月	**• 观点：如果新加坡不再依靠供水，它是否能够结束“水政治”？(《商业时报》，8 月 1 日)(−)** **• 马哈蒂尔准备终止水协议。新加坡不必等到 2011 年才终止与马来西亚签订的 2 个协议之一。由于对其**	**• 新加坡必须以合理的水价向马来西亚购水，目前水价并不合理。(“马新社”，8月6日)(−)** **• 新加坡计划在 2011 年终止最早的两个供水协议。(《新海峡时报》，8 月 6、7 日)(−)**	

续附表 7.6

时间	新加坡新闻	马来西亚新闻	国际新闻
2002 年 8 月	**国家造成损失，马来西亚不愿再向新加坡售水。(《海峡时报》，8 月 7 日)(－)** •柔佛州领导人嘲笑新生水，警告马来西亚人在新加坡可能喝到再生水。(《海峡时报》, 8 月 11 日)	**•马哈蒂尔总理表明，新加坡可以随时终止向马来西亚购水。马来西亚将继续以比正常贸易优惠的价格向新加坡提供原水。马来西亚感兴趣的是执行其审查水价的权利。(《新海峡时报》，8 月 7 日)(－)** **•马哈蒂尔总理：我们接受不更新水协议。(《The Star》，8 月 7 日)(－)** **•信函：新加坡的宣传目的在于使马来西亚相信其不再依靠马来西亚满足其水需求。然而是马来西亚并非新加坡指出，2011 年协议到期后，新加坡不再接受此协议下的供水。(《新海峡时报》，8 月 8 日)(－)** **•柔佛州执行官 Gahani 说，允许第一个水协议失效的声明不是新的。马来西亚已通知新加坡，其将接管柔佛州的所有公用事业局的水厂。马来西亚消费事务和国内贸易部部长局 Tan 指出，这仅仅是新加坡的策略以吸引马来西亚同意其所提出的水价机制。(《新海峡时报》，8 月 8 日)** **•社论：如果新加坡在 2011 年协议终止，**	

续附表 7.6

时间	新加坡新闻	马来西亚新闻	国际新闻
2002 年 8 月		**将为两国双边关系的发展扫清障碍，并指明道路。(《新海峡时报》，8 月 8 日）(=)** **• 一旦斯马牙（Semanggar）水处理厂建成运营，柔佛州将终止向新加坡购买处理后的水。（《The Star》，8 月 8 日）(=)** **• 关于新生水的玩笑不断涌现。（《The Star》，8 月 8 日）(–)** **• 观点：新加坡以新生水作为讨价还价的策略对马来西亚是无效的。（《新海峡时报》，8 月 15 日）(–)** **• 新生水是新加坡最新发现的水源，并不期望其对马来西亚在水价问题的立场产生重大影响。（《The Star》，8 月 18 日）(=)** *• 新生水的出现将会缓和谈判压力。(NSP，8 月2 日)* *• 新加坡总理声明，供水必须在双方达成一致的前提下，以便两国保持良好的关系。（SCD，8 月2 日）* *• 新加坡总理声明，尽管新生水足以满足新加坡的供水需求，但新加坡还将会继续向马来西亚购水。(NSP，8 月2 日)*	

续附表 7.6

时间	新加坡新闻	马来西亚新闻	国际新闻
2002 年 8 月		*•赛哈密拿督表明，马来西亚并不热衷于延长2061 年协议。(UM，8 月7 日)* *•赛哈密拿督不保证水问题将会在9 月2、3 日的会议中解决。(BH，8 月7 日)* *•新加坡终止2011 年协议的决定是可预见的。(UM，8 月8 日)* *•新加坡人很难接受新生水。(UM，8 月8 日)*	
2002 年 9 月	**•将水问题单独考虑在政治和策略上毫无意义。(《海峡时报》，9 月 4 日)(－)** **•当马来西亚转变策略决定将长期遗留问题作为一体进行考虑时，谈判变得意外困难。(《海峡时报》，9 月 4 日)(－)** •再次努力从 2/3 的新加坡土地面积上收集雨水。(《海峡时报》，9 月 4 日)(－) **•马来西亚媒体肆意抨击新生水。专栏作家以嘲弄的口吻表述“我们水是最好的。”(《海峡时报》，9 月 6 日)(－)** **•马来西亚将诉诸仲裁以解决与新加坡的水问题。马哈蒂尔总理指出，解决水价的争端应控制在一定时**	**•马来西亚表明愿意在未来的 100 年继续以协议价向新加坡供水。新加坡和马来西亚对定价体系仍未达成一致。(《新海峡时报》，9 月 2 日)(＝)** **•马来西亚已提交了新的定价体系。赛哈密表明，因双方在一揽子方案上并未达成共识，所以商谈并未推动事态进展。马来西亚提议，仅有 2 个问题，即水价审核及铁路桥梁问题单独讨论。如果会谈失败，马来西亚会将此问题交予一位独立仲裁员。(《新海峡时报》，9 月 3 日)(－)** **•新加坡同意讨论水问题。马来西亚表明其有权利审核水价。尽管新加坡方面不同**	

续附表 7.6

时间	新加坡新闻	马来西亚新闻	国际新闻
2002 年 9 月	**间内。(《海峡时报》，9 月 8 日)(－)**	**意，但仍希望对水价上调进行讨论。同时，贾古玛表明，水问题的会谈并不应该单独考虑。(《新海峡时报》，9 月 4 日)(－)** **• 马哈蒂尔总理指出，解决水价的争端应控制在一定时间内。但似乎新加坡并不愿意承认水价过低的现实。如果新加坡希望对水问题与其他问题共同考虑，马来西亚并无异议。但是由于目前水价不合理，马来西亚仍希望单独处理水问题。(《新海峡时报》，9 月 7 日)(－)** **• 新加坡关于水问题的立场是双边关系的绊脚石。(《新海峡时报》，9 月 8 日)(－)** *• 新加坡副总理希望第二轮谈话能取得一些进展。(SCD，9 月 2 日)* *• 新加坡需要诚恳对待马来西亚。(UM，9 月5 日)* *• 新加坡的自负给双方商谈造成了障碍。(BH，9 月 5 日)(－)* *• 常设仲裁法庭准备仲裁水价问题。(BH，9 月19 日)*	

续附表 7.6

时间	新加坡新闻	马来西亚新闻	国际新闻
2002 年 10 月	• 柔佛州议员建议，如果新加坡执意降低水价，马来西亚应改向新加坡出售污水。(《海峡时报》，10 月 3 日) (－) • 吴作栋总理表明，新加坡愿意审核水价，假如将其作为一揽子方案的一部分。他同时指出，新加坡并不是反对提升当前的水价，但是新水价必须遵循一定基准。(《商业时报》，9 月 9 日) (＝) • 吉隆坡催促新加坡首先解决水问题，随后讨论其他的问题。《新海峡时报》及《每日新闻》两家媒体谴责新加坡拖延解决水问题。(《海峡时报》，10 月 11 日) (－) • 马来西亚表明希望结束一揽子解决问题的方式。马哈蒂尔总理也希望尽早实行新水价。(《商业时报》，10 月 12 日) • 吉隆坡不再希望将问题一揽子解决。(《海峡时报》，10 月 12 日) (－) • 马来西亚再一次给新加坡机会以寻求一个解决水价问题的方式，否则将决定通过法律程序解决。(《商业时报》，10 月 14 日；《海峡时报》，10 月 14 日) (－)	• 外交部长赛哈密表明，新加坡同意审核水价。吴作栋总理于今日向马哈蒂尔总理表示了此意向。(《新海峡时报》，9 月 9 日) (＋) • 新加坡希望知道新水价的依据。(《The Star》，10 月 9 日) (＝) • 如果新加坡决定不再向马来西亚购水，柔佛州可能向其他州售水。(《The Star》，10 月 11 日) (－) • 马哈蒂尔总理表明，马来西亚将从计划决定修改水价之日起开始执行新的水价，以补偿因延迟确定新水价而造成的损失。("马新社"，10 月 11 日) (－) • 马哈蒂尔总理指出，马来西亚将通过调整往日水价，以补偿由于之前水协议所造成的损失。他说，新加坡已经从马来西亚购买了便宜的水。他同时指出，吴作栋总理同意将问题单独进行会谈，但目前还未进行。"像这样进行谈判是很困难的"。(《新海峡时报》，10 月 12 日) (－) • 马哈蒂尔总理指出，两国最终确定水价条款后，马来西亚将会调整向新加坡供水的水价。(《The	

续附表 7.6

时间	新加坡新闻	马来西亚新闻	国际新闻
2002 年 10 月	**• 马来西亚通过高级官员和新闻社论收集评论，在谈判前向新加坡不断施加压力。（《海峡时报》，10 月 15 日）（ - ）** **• 新加坡通知马来西亚，马来西亚已经失去了审查水价的合法权利。新加坡已经表明了解决问题的灵活性。（《商业时报》，10 月 16 日）（ - ）** **• 新加坡愿意做出让步以担保新的水交易，现在看起来是奇怪的，这是因为马来西亚已经抛弃了一揽子解决问题的方式。（《海峡时报》，10 月 16 日）（ - ）** **• 双边会谈必须同时包括目前和未来的水问题。马来西亚同意该提议。（《商业时报》，10 月 17 日）（ - ）** **• 新加坡仍坚持马来西亚已经失去了审查水价的合法权利。新加坡诚挚地希望在此问题上取得进展。对于马来西亚提出的公式如何与现有水协议中的条款保持一致且马来西亚失去审查权力的原因，新加坡从马来西亚对此的解释中得到足够的澄清。（《商业时报》，10 月 18 日）（ = ）** **• 马来西亚马哈蒂尔**	**Star》，10 月 12 日）（ - ）** **• 外交部长赛哈密指出，如果下一轮会谈仍没有进展，马来西亚可能考虑诉诸法律。当新加坡方指出马哈蒂尔总理误解了吴作栋总理时，赛哈密显得十分恼怒。即将进行的两国会议将只讨论水问题，因为新加坡方希望如此。"他们对此表示同意。实质上，这是他们所希望的。应该首先考虑水问题，其他问题必须先搁置。"（《新海峡时报》，10 月 14 日）（ - ）** **• 新加坡指出，应以真诚的态度解决水价问题。（《The Star》，10 月 14 日）（ - ）** **• 马来西亚指出问题要单独解决。新加坡外交部表明，如果一揽子方案取消，双方交易将不再可能。（《新海峡时报》，10 月 17 日）（ - ）** **• 新加坡不愿意解决水问题。新加坡不热衷于解决此问题，是因为他们将继续以 3 仙/1000 加仑的价格购水。（《新海峡时报》，10 月 24 日）（ - ）** *• 新加坡不拒绝进行水价审核。（UM，SCD，10 月9 日）*	

续附表 7.6

时间	新加坡新闻	马来西亚新闻	国际新闻
2002年10月	**总理指出，新加坡并不希望对于目前12仙的水价的争端做出任何妥协。(《海峡时报》，10月23日)(－)** **• 马来西亚希望提高水价。马哈蒂尔总理指出，新加坡并没有将水价定位在马哈蒂尔总理所要求的12仙。新加坡澄清，如果水价合理，仍然希望向马来西亚购水。如果严格按照审核条款推进，新加坡计算出的12仙就是调整后的原水价格。(《商业时报》，10月24日)** **• 马来西亚仔细考虑制定法律以保证自身供水需求的可能性，且其可能替代与新加坡的两个水协议。(《商业时报》，10月25日；《海峡时报》，10月25日)(＝)** **• 新加坡指出，马来西亚总理关于考虑以新法律取代目前协议的评论是无效的——这与马来西亚政府一再保证将履行协议不相符合。(《商业时报》，10月26日)(－)** **• 任何试图破坏水协议的行为只有使双边关系变得紧张。(《海峡时报》专栏，10月28日)(－)**	*• 新加坡准备与马来西亚讨论新水价的计算公式。(UM，SCD，10月9日)* *• 双方关于水问题的讨论并未达成协议。(UM，10月18日)* *• 新加坡声称，马来西亚并未提供足够的信息。(UM，10月19日)* *• 在最近的会议中，我们注意到，马来西亚关于水问题的态度比新加坡宽容得多。(UM，10月19日)* *• 新加坡发言人指出，马来西亚在解决水问题上并不诚恳。(SCD，10月19日)* *• 新加坡外交部指出，新加坡对解决水问题很有诚意。(NSP，10月19日)* *• 副总理指出，两国应耐心解决水问题。(NSP，10月19日)* *• 副总理巴达维评论说，新加坡拒绝接受马来西亚提议的态度已经使双方会谈陷入僵局。(BH，10月19日)* *• 柔佛州务部长指出，马来西亚必须在解决水问题上保持坚定的立场。(NST，BH，SCD，10月21日)* *• 马来西亚将不以供水作为威胁新加坡的武器。(SCD，10月22日)*	

续附表 7.6

时间	新加坡新闻	马来西亚新闻	国际新闻
2002 年 10 月		*• 马来西亚不会利用未解决的水问题威胁新加坡。（NSP，10 月22 日）* *• 水价应该超过60 分/1000 加仑。（NSP，10 月 24 日）* *• 马来西亚可以制定新的法规以解决水问题。（BH，10 月25 日）* *• 马来西亚有终止水协议的权利。（UM，10 月25 日）* *• 四加亭拿督的议会指出，马来西亚应该提高水价以给新加坡一个教训。（BH，10 月25 日）* *• 拿督Rais Tatim 表态，该法案通过后，马来西亚将有权利限制对新加坡出口水。（SCD，10 月25 日）* *• 外交部副部长Toy-ad 称有权审核水价。（SCD，NSP，10 月25 日）* *• 马来西亚通过新法案以规范供水。（NSP，10 月25 日）* *• 前马来西亚外交部长说，水协议应被终止，并且马来西亚应该能够支持他们的决定。（UM，10 月26 日）* *• 马哈蒂尔总理称对新加坡的水供应应从各个方面权衡考虑。（UM，10 月26 日）* *• 马来西亚总理表*	

续附表 7.6

时间	新加坡新闻	马来西亚新闻	国际新闻
2002 年 10 月		*示马来西亚应该从法律的角度衡量新加坡从该水供应协议中所获得的利益。(SCD, 10 月26 日)* *• 马来西亚总理表示马来西亚将从法律的角度权衡向新加坡供水的行为。(NSP, 10 月26 日)* *• 柔佛农业协会主席，Encik Ibrahim Atan 说："新加坡正在消耗它的整个国家"(BH, 10 月26 日)* *• 马来西亚伊斯兰青年组织主席En. Ahmad Azam Abdul Rahman 表示希望水问题尽快能解决。(BH, 10 月26 日)*	
2002 年 11 月	**• 正在进行的新加坡与马来西亚的会谈中，新加坡将不会遵从 1961 年和 1962 年协议。新加坡外交部长贾古玛说，马来西亚单方面将水问题脱离一揽子方案，并放弃一揽子解决问题的方式，所有让步都取消了。(《商业时报》, 11 月 1 日)(－)** **• 外交部长贾古玛指出，在 1990 年与新加坡公用事务局签署协议建设林桂水坝时，柔佛确认向新加坡的供水水价为 3 仙/1000 加仑。(《商务时报》, 11月1日)(＝)**	**• 假如马来西亚没有权利修改水价，新加坡从一开始就不应该建议修改水价，因而马哈蒂尔总理必须保卫马来西亚审核水价的权利。他重申说，马来西亚并未改变单独解决水问题的态度立场。(《新海峡时报》,11月2日)(－)** **• 新加坡外交部指出，在 1962 年协议失效后，马来西亚必须准备严肃讨论向新加坡供水的问题。而新加坡将准备讨论目前的水价问题。(《新海峡时报》, 11 月 21 日)(－)**	**• 新加坡责怪马来西亚破坏了水会谈。在国会引用两国总理之间最近的通信显示新加坡愿意做出让步，但马来西亚不准备妥协，外交部长贾古玛将新加坡的问题搁置。(BBC, 11 月 1 日)(－)**

续附表 7.6

时间	新加坡新闻	马来西亚新闻	国际新闻
2002 年 11 月	**• 外交部长贾古玛向议会解释说，马来西亚一直坚持保持对话。最近的两国间的通信表明新加坡方愿意做出让步，但马来西亚不准备妥协。(《海峡时报》，11 月 2 日）(–)** **• 马来西亚外交部长赛哈密指出与新加坡的水争端可能不得不在法庭上得以解决，但是以马来西亚的利益寻找一个解决方案。(《商业时报》，11 月 2 日）(–)** **• 马来西亚已经请求其政府废止与新加坡的两个水协议，并要求拒绝再次商谈。甚至有建议政府切断供水再进行商谈。(《海峡时报》，11 月 8 日）(–)** **• 马来西亚期待来年进行新一轮的商谈。赛哈密指出，将继续进行水价的会谈，直到两国达成协议。(《海峡时报》，11 月 16 日）** **• 吉隆坡不愿承认是马来西亚而非新加坡使问题再一次出现。马来西亚错误地表述了新加坡在软化立场的观点。(《海峡时报》，11 月 19 日）(–)**	**• 马来西亚已决定终止与新加坡的谈判，而对水价审核寻求法律帮助。(《新海峡时报》，11 月 30 日）(–)** *• 总理指出，我们有审核水价的权利。(UM，11 月2 日）* *• 赛哈密指出，马来西亚向新加坡发出最后通牒，是希望继续商谈还是请第三方介入。(UM，11 月2 日）* *• 马哈蒂尔总理表明，马来西亚将会改变对水问题的立场。(BH，11 月2 日）* *• 外交部长赛哈密声明，新加坡需要诚恳对待水问题。(BH，11 月2 日）* *• 新加坡应该感激马来西亚同意向其供水，而并非采取拖延策略。(UM，11 月4 日）* *• 柔佛州人民敦促政府在处理新加坡问题的时候要坚定立场。(BH，11 月4 日）* *• 当水协议在2011 年失效后，柔佛州将从新加坡公用事业管理局手中接管位于 Gunong Pulai，Tebrau 以及 Seudai 的水处理厂。(BH，11 月6 日）*	

续附表 7.6

时间	新加坡新闻	马来西亚新闻	国际新闻
2002 年 11 月	**• 马来西亚希望仅讨论目前水价的审核而非新的协议。(《海峡时报》, 11 月 20 日) (–)** **• 新加坡重申了其坚持目前水价与未来供水协议应一起讨论的立场。(《海峡时报》, 11 月 21 日) (–)** **• 下一轮水问题商谈不会解决什么问题。赛哈密指出, 会议的内容仅涉及马来西亚目前向新加坡供水的水价, 将不包括对未来水价的讨论, 除非新加坡接受马来西亚审核水价的权利。新加坡外交部指出, 如果马来西亚坚持此观点, 会谈不会取得什么进展。(《商业时报》, 11 月 21 日) (–)** • 美国工程师从公用事业局赢得了在樟宜废水回收厂进行机电工程的价值 2 亿的合同。(《商业时报》, 11 月 21 日) (–)	*• 新加坡从马来西亚供水中节省 15 亿林吉特。(UM, 11 月 13 日)* *• 新加坡公用事业局在柔佛州的水厂估价率提高。(UM, 11 月 4 日)* *•Kempas 州议员 Sapian 说, 马来西亚应向新加坡公用事业局在柔佛州运行的水处理厂收取更高的税。(BH, 11 月 14 日)* *• 赛哈密指出, 马来西亚打算继续与新加坡就水问题进行商谈。(UM, 11 月 15 日)* *• 新加坡和马来西亚明年将继续讨论水问题。(UM, 11 月 18 日)* *• 关于水问题的谈判, 新加坡对未来所进行的讨论提出两个条件。(BH, 11 月 18 日)* *• 柔佛州州务大臣指出, 新加坡故意拖延商谈。(BH, 11 月 22 日)* *• 新加坡外交部长说, 马来西亚的立场是造成拖延的原因。(BH, 11 月 22 日)* *• 总理指出, 马来西亚将研究新法案规范对向新加坡售水的影响。(SCD, 11 月 2 日)*	

续附表 7.6

时间	新加坡新闻	马来西亚新闻	国际新闻
2002 年 11 月		• *贾古玛说，马来西亚媒体曲解了吴作栋总理的意思。(SCD，1 月2 日)* • *总理指出，马来西亚将研究新法案规范对向新加坡售水的影响。(NSP，11 月2 日)* • *马来西亚外交部长声称，新加坡关于解决水问题的态度并不诚恳。(NSP，SCD，11 月2 日)* • *Rais Yatim：内阁仅会在所有协商失败后才考虑诉诸法律。(BM，SCD，11 月3 日)* • *赛哈密说，他将下周在议会上提出讨论水问题的动议。(BM，SCD，11 月3 日)* • *新加坡外交部长表明，两国在解决水问题上均需要表示出诚意。处理后的水的成本为2.5 林吉特/1,000 加仑，但新加坡卖给马来西亚柔佛的价格仅为0.5 林吉特/1,000 加仑。(NSP，11 月14 日)* • Kempas 州议员 Sapian 指出，马来西亚应向新加坡公用事业局在柔佛州运行的水处理厂收取更高的税。（SCD，11 月 14 日）	

续附表 7.6

时间	新加坡新闻	马来西亚新闻	国际新闻
2002 年 11 月		*•赛哈密提出，马来西亚在等待新加坡确定下一轮会议。(NSP & SCD，11 月15 日）* *•外交部长表明，马来西亚仍希望协商水价。(SCD，11 月18 日）* *•赛哈密指出，马来西亚仅对到2061年的供水进行讨论。新加坡外交部说，假如会谈只讨论至2061 年的水价，会谈将不会有什么进展。(SCD，11 月21 日）* *•柔佛州州务大臣指出新加坡故意拖延商谈。(NSP，11 月22 日）*	
2002 年 12 月	**•马来西亚政府已经指示外交部的法律部门准备诉诸法律的方案。外交部长赛哈密告知《海峡时报》，马来西亚正在考虑终止与新加坡的会谈。(《海峡时报》，12 月 1 日）(－)** **•新加坡在等待马来西亚政府关于未来水会谈的官方说明。(《海峡时报》，12 月 1 日）(＝)** **•吉隆坡拒绝承认其在寻求仲裁。(－)** **•赛哈密声明，新加坡必须承认马来西亚审核水价的权利。(《海峡时报》，12 月 11 日）(－)**	**•马哈蒂尔总理确认，马来西亚不再对与新加坡讨论供水的问题感兴趣。他们正在以仲裁作为替代方案。(《新海峡时报》，12 月 26 日）(－)** **•有报告引述新加坡外交部长贾古玛所说，新加坡将会关注仲裁，外交部长赛哈密说这个问题没必要进行仲裁。(《新海峡时报》，12 月 30 日）(－)** **•马来西亚希望通过法律途径解决目前遗留的水问题。(NSP，SCD，12 月 2 日）** **•新加坡未接到进行下一轮会晤的正式通知。(SCD，12月2日）**	

续附表 7.6

时间	新加坡新闻	马来西亚新闻	国际新闻
2002 年 12 月	•论坛：如果新的水价合理，新加坡同意修改。（《海峡时报》，12 月 16 日）（=） •马来西亚认真对待仲裁。（《海峡时报》，12 月 28 日）（-） •尽管仍希望问题可以通过协商解决，新加坡准备好接受对水问题的仲裁。（《海峡时报》，12 月 29 日）（-） •吉隆坡不会去法庭解决水价问题，但会通过当地法律解决问题。（《海峡时报》，12 月 31 日）（-）	•马哈蒂尔总理保证不会切断向新加坡的供水。（SCD，12 月 27 日） •马哈蒂尔总理表示，如果两国间的争端不能解决，将涉及第三方。（NSP，12 月 27 日）	
2003 年 1 月	•由于在 Semanggar 的水处理厂建成完工，自今年年中开始，柔佛州将停止向新加坡购买处理后的水。（《商业时报》，2003年1月7日）（=） •凯发集团目前研究从空气中取水。（《商业时报》，11月17日） •柔佛州州务大臣 Ghani 列出新加坡政府应该同意审核水价的原因，声称新加坡必须维护其尊严。他同时指出，新加坡目前有受困心态，他们处理事情的方式越西方化且在与其他国家的关系中越趋向注重自己的利益，两国关系就越紧张。（《海峡时报》，1 月 20 日）（-）	•信函：马来西亚一直变现得就像新加坡的老大哥。马来西亚不得不对新加坡采取强硬态度。作者建议首先切断向新加坡的供水，也许新加坡就会考虑自身的健康，在一段时间内不会打扰马来西亚。（《新海峡时报》，1 月 2 日）（-） •柔佛州关于停止向新加坡购买处理后水的意图与目前争端毫无关系。由于水处理厂将在 2003 年年中建成，柔佛州决定停止向新加坡购水。（《新海峡时报》，1 月 9 日）（=） •外交部长赛哈密质疑新加坡公开两国领导人间的通信及关于	•新加坡开始采用新生水作为供水水源。目前仅需要依靠邻国马来西亚向其提供一半的供水，新加坡向供水自给自足的目标更近一步并似乎以此为傲。（TE，1 月 11 日）（=）

续附表 7.6

时间	新加坡新闻	马来西亚新闻	国际新闻
2003 年 1 月	**• 根据柔佛州议会发言人 Zainalabidin Zinc 所说，由于柔佛州不再依靠新加坡为其提供处理后的水，所以其故意不调整 1986 及 1987 年协议中的水价；而如果柔佛州提高原水水价，新加坡必须提高处理后水的价格。（《海峡时报》，1 月 20 日）（=）** • 新加坡向其第一个海水淡化厂（新泉）颁发奖项。该海水淡化厂将在 2005 年开始运行。（《海峡时报》，1 月 20 日） **• 水争端不仅仅是钱的问题，而是关系到新加坡主权以及履行协议的问题。赛哈密表示，关键问题不是"我们付出了多少，而是决定如何修改价格"。（《海峡时报》，1 月 26 日）** **• 新加坡发表贾古玛在国会上解释两国水关系的信函。（《海峡时报》，1 月 26 日）（－）** **• 新加坡对水问题的立场鲜有发布在吉隆坡的报纸上。（《海峡时报》，1 月 27 日）（－）** • 新加坡表明在白礁问题上的立场。马来西亚应该停止干涉新加坡水务直到国际法	**水价谈判的外交交流的行为。昨天公布了 19 封通信，5 封通信在今天发布。推卸责任对于新加坡是不公平的。马来西亚无意向任何人宣战。新加坡不应该犯这样的错误，即鼓励其政府开战——对青年翼建立一个在线以讨论与马来西亚战争的可能性的回应。（《新海峡时报》，1 月 28 日）（－）** **• 在 2061 年协议期满时，马来西亚将停止向新加坡供应原水。目前所争议的唯一的事情是水价，且马来西亚将寻求法律帮助。（《新海峡时报》，1 月 29 日）（－）** **• 马哈蒂尔总理指出，新加坡使马来西亚变成了替罪羊，使新加坡公民忽略了其内部问题。（《新海峡时报》，1 月 31 日）（－）** *• 总理声明，马来西亚政府将尽力不采用法律手段来解决水问题。(NSP，1 月3 日)* *• 外交部长赛哈密指出，柔佛州政府建成水处理厂并不是敌意的举动，也不是反对供水协议。(SCD，1 月8 日)*	

续附表 7.6

时间	新加坡新闻	马来西亚新闻	国际新闻
2003 年 1 月	庭确定，但马来西亚不承认新加坡对岛外水域的权利。(《海峡时报》，1 月 27 日)(－) **• 马来西亚希望将原水水价提高 200 倍；最新立场转变为 6.25 林吉特/1000 加仑。任何关于 2061 年后供水问题的讨论，即 2 个水协议期满后的延长应在放在 2058 年后再商议。(《商业时报》，1 月 27 日)(－)** **• 马哈蒂尔总理排除与新加坡战争的可能性，并指出水问题的核心在于水价而非主权。他指责新加坡反对马来西亚的“仇恨活动”，其转移了其自身严重内部问题的注意力。(《海峡时报》，1 月 31 日)(＋)**	*• 柔佛州不再需要新加坡提供的处理后的水。Semanggar 水项目能够达到每日 1.6 亿升的供水量。(BH，1 月 14 日)* *• 柔佛州州务大臣指出，柔佛州需要处理自己的水。(BH，1 月 10 日)* *• 柔佛马青总团指出，新加坡是不成熟的。(UM，1 月 28 日)* *• 新加坡曝光两国间的通信，因为受到寻找解决问题方案的压力。(UM，1 月 29 日)* *• 柔佛州州务大臣已经告诫大众不要参与两国目前的遗留问题，因为两国政府将会解决争端。(SCD，1 月 20 日)* *• 柔佛州州务大臣声明，在 2011 年协议到期后，州政府将收回水处理厂。(NSP，1 月 20 日)* *• 新加坡《海峡时报》刊登关于柔佛州从两国水交易中获益最多的报道。(SCD，1 月 21 日)* *• 新加坡曝光两国间的通信，因为受到寻找解决问题方案的压力。(UM，1 月 29 日)* *• 新加坡方刊登水问题的报道误导且没有反映真实情况(SCD，1 月 29 日)*	

续附表 7.6

时间	新加坡新闻	马来西亚新闻	国际新闻
2003 年 1 月		*• 马来西亚最高领导人指出，新加坡应该停止指责他国。(BH，1 月28 日)* *• 马来西亚有权利在 2011 年伊始停止供水。(BH，1 月30 日)* *• 新加坡试图使其国民转移对经济问题的注意力。(UM，1 月30 日)* *• 总理指出，新加坡不应该随意更改问题并涉及战争话题，目前实际问题是关于售水水价。(NSP，1 月23 日)*	
2003 年 2 月	**• 新加坡：如果吉隆坡决定单方面修改协议，那么现实问题不仅仅是水价，而是新加坡的主权问题。(《海峡时报》，2 月 1 日) (－)** **• 柔佛州州务大臣 Ghani：水价与新加坡的主权无关。(《海峡时报》，2 月 3 日) (－)** **• 新加坡的行动是努力转移注意力，目的在于以正视听。新加坡明确表明的立场是合理的——不在于为柔佛的水支付多少，而在与如何决定修改水价。唯一的希望是马哈蒂尔总理对马来西亚准备在 2061 年供水的评论。(《商业时报》，2 月 6 日) (－)**	**• 观点：马来西亚坚持水协议的神圣性。目前面临的是水价问题。(《新海峡时报》，2 月 2 日) (－)** **• 马来西亚对水价不满，但仍然履行协议。由于需要解决白礁岛争端，两国外交部长同意必须友好地解决水问题。(《新海峡时报》，2 月 7 日) (＝)** ***• 新加坡在主权问题上态度强硬，且并未扭曲事实。(BH，2 月1 日)*** ***• 柔佛州州务大臣指出目前面临的不是主权问题，而是水价问题。(SCD，2 月3 日)*** *• 新加坡外交部说，问题是关于主权而非水价。(NSP，2 月3 日)*	

续附表 7.6

时间	新加坡新闻	马来西亚新闻	国际新闻
2003 年 2 月	• 新加坡和马来西亚签订协议，将白礁岛争端交由国际法院裁决。贾古玛建议，类似的方式可用于解决水问题的争端。马来西亚赛哈密声明，马来西亚没有制定任何关于停止向新加坡供水的法案。新加坡要求维持白礁岛的现状，马来西亚表示对现状有其自己的定义。(《海峡时报》，2 月 7 日) • 新加坡和马来西亚签订协议，将白礁岛争端交由国际法院裁决。紧张的局面可能持续到法院做出最后裁决。(《商业时报》，2 月 7 日) **• 马来西亚总理在情人节表达了对新加坡的爱意："我们爱你。在这个情人节，我们爱你"。"新加坡的人民…我们是朋友，我们并不想与你们发动战争，我们不能接受与你们战斗" "除非你们要发动战争。如果未经我们允许你们踏上柔佛州的土地，我们将被迫将你们赶出去。" (《商业时报》，2 月 15 日) (－/ =)** • 新加坡开始将新生水引入到水库、水景观公园和商业活动中心。目前每日将 200	*• 赛哈密表示，马来西亚将审核供水法案。 (UM，2 月 10 日)* *• 新加坡环境部 Lim Swee 说，新加坡在 2061 年将能够供水自给自足。 (NSP，BH，2 月 10 日)* *• 新加坡否认其向公众公开机密文件使事态陷入僵局。(NSP，2 月 13 日)* *• 新加坡必须改变怕输的态度。 (UM，2 月 20 日)* *• 马来西亚在协议期满前仍向新加坡供水。 (SCD，2 月 20 日)* *• 马来西亚无意停止向新加坡供水。(NSP，2 月 20 日)*	

续附表 7.6

时间	新加坡新闻	马来西亚新闻	国际新闻
2003 年 2 月	万加仑的新生水泵送至水库，到2011 年将提升至 1000 万加仑。(《商业时报》，2 月 22 日) **• 新加坡和马来西亚两国的僵局不仅仅是水问题，主要是两国对双方如此接近的地理位置所产生的恐惧；老虎和小鹿鼠能言归于好吗？(《商业时报》，2 月 26 日)(=)**		
2003 年 3 月	• 新生水可安全饮用。2 年内已经通过 2.2 万次测试。(《海峡时报》，3 月 1 日) • 从新加坡河到柔佛河，过去的市政记录表明英国殖民政府已经对新加坡做了长期的水规划。事情周而复始。(《商业时报》，3 月 7 日) • 对于工程师的贡献，授予其应有的荣誉。(《商业时报》，3 月 17 日) • 海外公司渴望将新生水应用于美国的商务设施。(《海峡时报》，3 月 11 日) • 从空气中集水：斗争加剧；美国公司 Excel 加速了两种机器的研发。(《商业时报》，3 月 11 日) • 政府保证水价是可承担的；成本不会下降，但节水将有助于降低价格。(《商业时	*• 马来西亚希望维持与新加坡外交部长贾古玛的关系。(BH，3 月1 日)* *• Yatim 指出，如果马来西亚和新加坡无法解决水问题，马来西亚将此问题上交国际法庭裁决。(SCD，3 月1 日)* *• 新加坡出版书籍对水问题为自己辩护。(BH，3 月17 日)* *• 关于水会谈的谈判已经变成了一个僵局。马来西亚将此问题提交至国际法庭。(SCD，3 月26 日)* *• 如果水会谈失败，马来西亚将提交此问题至国际法庭。(NSP，3 月26 日)* *• 外交部声称，新加坡控告马来西亚致使水会谈失败是无根据的。(NSP，3 月26 日)*	

续附表 7.6

时间	新加坡新闻	马来西亚新闻	国际新闻
2003 年 3 月	报》，3 月 20 日） • **赛哈密：马来西亚准备讨论向新加坡提供处理后的水。（《海峡时报》，3 月 26 日）（+）**		
2003 年 4 月			• 新加坡高度评价新生水。（TNW，4 月 28 日）
2003 年 5 月	• 吉隆坡 Eco Water eyes Sesday 公司挂牌，并向新加坡金融管理局提交了最初的招股说明书。（《商业时报》，3 月 30 日）		
2003 年 6 月	• 新达集团（Sinomem）首次公开招募 1 亿股以募集 415 万元。分析师表示，这是对水务领域具有前景的投资选择。（《商业时报》，6 月 11 日） • **马来西亚将履行向新加坡供水的义务。水源控制的改变并不会对水交易造成影响。（《海峡时报》，6 月 13 日）（+）** • 新加坡能成为水处理公司的集资中心，更多上市公司会加入。（《商业时报》，6 月 24 日）		

续附表 7.6

时间	新加坡新闻	马来西亚新闻	国际新闻
2003 年 7 月	• 赛哈密：马来西亚将自行出版关于水争端的书籍。(《海峡时报》，7 月 1 日)(－) • 马来西亚确信在水问题上与新加坡仍有商谈的余地。(《海峡时报》，7 月 8 日)(＋) • 吉隆坡刊登关于水争端的宣传，声称新加坡向马来西亚出售处理后的水而获利 6.22 亿林吉特。(《商业时报》，7 月 14 日)(－) • 吉隆坡的宣传重提旧问题：外交部。面对马来西亚发布对两国水争端反对新加坡的言论，新加坡持平静的态度。(《商业时报》，7 月 15 日)(＝) • 新加坡声称，吉隆坡的宣传忽略了关键事实。外交部声称，宣传仅是重提了旧争端，大众被目前反对新加坡的宣传活动所迷惑。(《海峡时报》，7 月 15 日)(－) • 吉隆坡并未否认商谈的可能性。(《海峡时报》，7 月 23 日)(＋) • PAS 描绘舆论声势就是浪费大众的钱财。(《海峡时报》，7 月 23 日)(－)	• 马来西亚指责新加坡刊登新马两国间的通信。(《新海峡时报》，7 月 1 日)(－) • 马来西亚在当地报纸上刊登报道，是关于"水：新加坡—马来西亚争端：事实"：新加坡在向马来西亚提供原水的交易中获利 6.22 亿林吉特。(《新海峡时报》，7 月 13 日)(－) • "难道 3 仙/1000 加仑是合理的水价吗?"新加坡如果使用新生水，他们将花费更多。(《新海峡时报》，7 月 14 日)(－) • "为什么水价不能公平合理?"每个新加坡人仅需向马来西亚支付 0.26 分（新币）的价格就可以使用整年的水。(《新海峡时报》，7 月 15 日)(－) • "马来西亚是否失去了要求合理水价的权利?"水协议中规定 25 年后对水价进行调整。如果马来西亚失去了该权利，为什么李光耀还要商谈水价？(《新海峡时报》，7 月 16 日)(－) • "所有的问题都没有通过。"李光耀指出，除非所有的问题都达成一致且由两国	• 马来西亚总理为新加坡对水问题的公开信息而辩护。(BBC，7 月 16 日) • 马来西亚出版新马争端的小册子。国家经济活动委员会（NEAC）出版了"水：新加坡—马来西亚争端：事实"。(BBC，7 月 21 日)(－) • 马来西亚外交部长声明，马来西亚仍希望通过协商解决水争端。(BBC，7 月 22 日)(＋) • 新加坡在 5 家马来西亚报纸刊登水争端的报道，吉隆坡迅速在同样 5 家报纸刊登反驳报道。(BBC，7 月 29 日)(－)

续附表 7.6

时间	新加坡新闻	马来西亚新闻	国际新闻
2003 年 7 月	• 新加坡回应马来西亚的水报道；并于昨日在《亚洲华尔街日报》上刊登了整版的报道阐明新马争端的事实及新加坡的立场，并留作记录。这则报道并不是作为宣传斗争的开始，而是说明事实及表明新加坡的立场。(《商业时报》，7 月 26 日)(－)	总理签署协议，否则一个协议也不会达成。(《新海峡时报》，7 月 17 日)(－) • 在水交易中，马来西亚不是自私而贪婪的。假如新加坡购买新生水，成本会逐渐上升。新加坡以2,500万林吉特补贴马来西亚而马来西亚以47,840万林吉特补贴新加坡。(《新海峡时报》，7月18日)(－) • “马来西亚是大恶霸吗?”马来西亚不是大恶霸。马来西亚向新加坡所补贴的金额是新加坡声称其所提供的金额 18 倍。(《新海峡时报》，7 月 19 日)(－) • 观点：马来西亚发表水争端的事实，表明马来西亚的意图是告诉人们和全世界它的要求是公平的。目前的水价太低了。(《新海峡时报》，7 月 19 日)(－) • 宣传册，“水：新加坡—马来西亚争端：事实”以 3 仙的价格出售。这就是向公众表明供水讨论止步不前的真实情况。(《新海峡时报》，7 月 20 日)(－) • 新加坡正在耗尽会谈的良好愿望。新加坡不愿意以一个能够承受的且公平的价格购水令人困惑。(《新)	

续附表 7.6

时间	新加坡新闻	马来西亚新闻	国际新闻
2003 年 7 月		**海峡时报》，7 月 21 日）（ – ）** **• 信函：新加坡的报价 45 仙/1000 加仑对马来西亚是一种侮辱。（《新海峡时报》，7 月 21 日）（ – ）** **• 信函：新加坡是如此怕输，以至于它从不以一个公平的价格支付给马来西亚。我们可能还不如免费供水以免浪费时间和努力试图解决此问题。（《新海峡时报》，7 月 24 日）（ – ）** **• 马来西亚回应新加坡在《亚洲华尔街日报》上发布的报道说，它别无选择只能再次回应新加坡的要求和失实陈述。（《新海峡时报》，7 月 28 日）（ – ）** *• 新加坡应该对媒体战争负责。马青总团领导人 Fan Lee Ee 说，新加坡应该对发布马来西亚和新加坡间的水问题的宣传负全责。（ODN，7 月 16 日）* *• 敦促新加坡停止指控水问题。（BH，7 月21 日）* *• 应以和谐的方式解决水问题。（BH，7 月21 日）* *• 新加坡不应继续争论水价及破坏两国的关系。（UM，7 月21 日）*	

续附表 7.6

时间	新加坡新闻	马来西亚新闻	国际新闻
2003 年 7 月		• 民间组织说，新加坡应以合理的水价供水。(SCD，7 月24日) • 新加坡继续在媒体上发布水问题的虚假信息。(BH，7 月26日) • 赛哈密说，新加坡在《亚洲华尔街日报上》发布的宣传是误导性的。(SCD，7 月26 日) • 新加坡外交部长说，他不理解马来西亚外交部长关于恢复会谈的评论，即假如新加坡改变态度，会谈将开始。(SCD，7 月26 日) • 国家经济活动委员会已对新加坡发布在《亚洲华尔街日报》上的报道宣传发表了错误回复。(BH，7 月28 日) • 国家经济活动委员会说，马来西亚将通过回复新加坡最近的宣传指出实际的事实。(SCD，7 月28日)	
2003 年 8 月	• 马来西亚政府的行为预示着可能出台新的关于水的法律。联邦政府从马来西亚半岛夺取水控制管理权的行为是加强可能影响新加坡的法律的先兆。(《商业时报》，8 月 1 日)(－)	• 香港、广东省间的供水系统可作为新马供水系统的参照。(NSP，8 月1 日) • 谈判结束。水问题将通过法庭解决。(BH，8 月2 日)	• 马来西亚总理指出，联邦政府从州政府接手供水管理权的行为不会对马来西亚向新加坡供水造成影响。(《新华》，8 月 1 日)(＝)

续附表 7.6

时间	新加坡新闻	马来西亚新闻	国际新闻
2003 年 8 月	**• 尽管价格争端存在，吉隆坡“将继续供水”；马哈蒂尔总理再次指责新加坡奇怪的行为（8 月 2 日），“我认为会谈和谈判的时期已经结束了。我们希望接受仲裁”，马哈蒂尔说。(《商业时报》)(－)** **• 赛哈密：马来西亚将履行目前的协议，但协商的时期已经过去。(《海峡时报》，8 月 2 日）(－)** **• 人民协会：与新加坡的争端是联邦政府试图从州政府接手水资源管理权的转向。(《海峡时报》，8 月 5 日）(－)**	*• 马来西亚希望不久就能进行仲裁。(《新海峡时报》，8 月8 日)* *• 国际法庭的决议将是解决两国间水争端的最后判决。(SCD，8 月3 日)* *• 新加坡将延迟水商谈直至2011 年，总理希望加快仲裁进程。(BH，8 月4 日)* *• 总理声称，新加坡意图推迟解决水问题。(UM，SCD，NSP，8 月4 日)*	
2003 年 9 月		*• 水问题在秘密进行中，未有媒体报道。(UM，9 月1 日)* *• 当 Semanggar 水厂建成时，柔佛州将不再依靠新加坡供水。(UM，9 月3 日)* *• 赛哈密澄清，对水问题没有进行秘密会谈。两国双方准备将问题提交仲裁。(NSP，9 月3 日)*	
2003 年 11 月	• 新加坡迅速成为水处理及环境股票的中心。目前亚洲环境控股（Asia Environment Holding）刚刚成为其中的一员。(《商业时报》，11 月 7 日)		

续附表 7.6

时间	新加坡新闻	马来西亚新闻	国际新闻
2003 年 12 月	• 新加坡刚刚展露了新的吸引力——一家高科技工厂，可以使污水变为饮用水。(《商业时报》，12 月 6 日) • 亚洲环境（Asia Environment）首日开盘翻番；涉足水行业，具有吸引力的估值导致巨大交易量（《商业时报》，12 月 12 日）		
2004 年 2 月	• 马来西亚有新的精神。新任总理是巴达维。(《商业时报》，2 月 7 日) • **马来西亚总理巴达维在柔佛州建立了新的水厂，从而减少了柔佛对新加坡处理后的水的依靠。(《海峡时报》，2月13日)(=)**		
2004 年 6 月	• 新加坡公司涉足中国水行业。Environment Holding 与马来西亚 Gaang 建立了新的合资企业。(《商业时报》，6 月 16 日)		
2004 年 11—12 月	• 新加坡公用事业管理局开办了水中心(WaterHub)，目的在于作为研发项目的领跑中心。（《商业时报》，12 月 11 日）		• 新加坡计划通过使其在国际水市场份额增加 3%—5%，进而将自己定位为国际水中心。（《新华》，11 月 23 日) • **马来西亚和新加坡同意开始讨论双方未解决的双边问题，而吴作栋总理强调未来的关系不应该被过去的问题所挟持。(BBC，12 月 14 日)(+)**

续附表 7.6

时间	新加坡新闻	马来西亚新闻	国际新闻
2005 年 1 月	• 新加坡将其集水区面积增加至全岛面积的 2/3。（《商业时报》，1 月 14 日）		
2005 年 3 月	• 滨海堤坝将在 2007 年前建立新的蓄水池以储存现有水需求 10% 的水。（《海峡时报》，3 月 23 日）		
2005 年 7 月	• 下个月，新加坡将举办关于水及污水的重大会议。（《商业时报》，6 月 6 日）		
2005 年 9 月	• 水工业在新加坡迅速发展，约有 30 个公司参与了价值 6.4 亿新币的新生水项目。（《商业时报》，9 月 13 日） • 政府将投资 15 亿新币支持与水相关的项目。（《商业时报》，9 月 14 日） • 李光耀资政启动 Tua 海水淡化厂。（《海峡时报》，9 月 13 日） • 新加坡公用事业管理局增容了 3 座新生水设施。（《海峡时报》，9 月 16 日）		

续附表 7.6

时间	新加坡新闻	马来西亚新闻	国际新闻
2005 年 12 月	• 新加坡加入水研究专门小组。(《商业时报》&《海峡时报》，12 月 7 日) • UE 承包了新加坡公用事业管理局水处理项目。(《商业时报》，12 月 21 日) • UEL 成立部门招标当地水处理工程。(《商业时报》，12 月 28 日)		
2006 年	**• 吉隆坡将与新加坡的问题定为机密文件。公开信函、会议记录试图反驳马哈蒂尔总理的主张，即马来西亚本能够继续修建连接柔佛州及新加坡的新桥梁。(《商业时报》，7 月 15 日)(=)** • 建立新的环境及水工业发展委员会，牵头发展新加坡的环境与水工业。(《商业时报》，7 月 18 日) • 联合国人类发展报告将新加坡视为管理水资源之首。(《海峡时报》，8 月 23 日) • 新加坡资源管理的案例可作为其他国家的范例。新加坡被视为成功管理水资源的全球领先者。(《商业时报》，11 月 17 日)	**• 随着两国水关系已经陷入了僵局，更换长堤大桥的计划可能难以实现了。新加坡不接受马来西亚拥有单方面替换在其国土一半桥梁的权利。新加坡指出在 2003 年马来西亚曾禁止新加坡在本国领土内进行填海工程。任何关于长提的主要工作，即供水管线铺至新加坡，将会影响两国的关系。(《新海峡时报》，4 月 14 日)(-)** **•《新海峡时报》摘录了新加坡在 2003 年公开的 4 封信函。(《新海峡时报》，2006 年 7 月 16 日)(=)**	• 林爱莲由于水处理业务而被称为“水皇后”。(TNW，5 月 22 日) • 透过一滴水来看新加坡。滨海堤坝及滨海蓄水池是新加坡将其缺水的弱点转变成一个优势的例子。新生水则是另一个成功的故事。(TKH，8 月 9 日) • 新加坡从海洋寻找水源及收入；目前新加坡海水淡化厂每天生产 3,000 万加仑的淡水。(IHT，9 月 12 日)

续附表 7.6

时间	新加坡新闻	马来西亚新闻	国际新闻
2007 年	• 第四座新生水厂将在下周开始运营。新生水满足了全国需水量的 7%。(《海峡时报》, 3 月 7 日) • 新生水将在 2011 年达到满足 30% 的水需求。(《海峡时报》, 3 月 16 日)	**• 回复 Ridzam5 月 21 日的评论：1961 年及 1962 年协议是具有国际约束力的，并非商业合同。问题不仅仅是水价，而是两国如何达成新水价的协议。(《新海峡时报》, 5 月 25 日) (=)** • 马来西亚迫切向新加坡学习河流管理及美化的经验。马来西亚代表团参观了滨海堤坝、新加坡河、新生水中心及组屋。(《新海峡时报》, 11 月 18 日) (+)	**• 马哈蒂尔总理敦促与新加坡重新商谈供水问题。(BBC, 2 月 12 日) (=)** • 新加坡正在新增 3 个水库，以收集 2/3 的雨水（目前是 1/2），鼓励大家使用处理后的水。(WN, 10 月 29 日)
2008 年	• 新加坡举办了新加坡国际水资源周。(《海峡时报》, 6 月 25 日) • 滨海堤坝竣工。(《海峡时报》, 7 月 10 日)		• 新加坡将自己定位全球水中心，并提供投资机会。(BW, 6 月 27 日) • 新加坡沉浸在新生水技术中。(TNW, 9 月 8 日)
2009 年	• 新加坡国际水资源周吸引10,000代表参加。(《海峡时报》, 4 月 17 日) • 评论：劝说新加坡人尽量饮用自来水而非瓶装水。(《海峡时报》, 7 月 2 日)	• 新加坡作为一个实验基地，已经成为水行业的主导者。(《新海峡时报》, 7 月 25 日) • 新加坡成为水资源管理可持续发展的全球典范 (BW, 8 月 7 日)	

主要缩写

新加坡媒体

BH	《每日新闻》（马来语）
BM	《每日新闻星期刊》（马来语）《每日新闻》的周日版
BT	《商业时报》
ST	《海峡时报》

马来西亚媒体

Bernama	马新社
MM	《 马来西亚前锋报星期刊》
NSP	《南洋商报》（中文）
NST	《新海峡时报》
ODN	《东方日报》
SCD	《星洲日报》（中文）
The Star	《星报》
UM	《前锋报》（马来语）

国际媒体

BBC	英国广播公司世界广播摘要
BBC1	英国广播公司世界报道
BP	《伯明翰邮报》
BW	《商业世界》
DPA	德新社
IHT	《国际前锋论坛报》
NW	《新闻周刊》
TE	《经济学人》
TI	《独立报》
TKH	《韩国先驱报》
TNW	日発行
Xinhua	新华社
WN	《固废新闻》

FM	外交部长
IND	印度尼西亚
KL	吉隆坡
LKY	李光耀
MM	内阁资质
MY	马来西亚
PM	总理
SG	新加坡
SM	国务资政

8. 展望未来

介绍

新加坡水故事是一贯坚持的、长期的、有预见性的并及时实施的规划之一；是领导者不懈追求经济发展不断增长、生活条件改善及寻求可持续发展的历程之一；是尽管自然资源缺乏却达到自力更生、不断创造发展机遇、符合有效管理并维持这种发展过程的成功故事。

仅仅在 50 年前，这个城市国家还由于面积狭小、资源匮乏、高度依赖外部资源存在明显的弱点，但现在已经转变为一个发展机遇无限、人口不断增长的国家。政府以特有的高效、务实及自上而下进行决策的方式制定和实施政策，使国家战略规划的推进呈现独特而灵活的过程。政府一直引领前瞻性和整体性思维，进行必要的变革、预测以应对新的问题和挑战，并始终寻求最具成本效益的机会。

在独立后的前期，新加坡主要致力于提高固有的能力，在可持续使用土地的整体框架下净化水体，建设和扩大集水区面积和水库。这塑造了城市发展模式、促进了土地和水源保护以及严格执行暴雨和内陆水域管理的规定。图 8. 1 显示的新加坡蓝图，表明 2011 年的集水区面积，更为明显地展示了从 1965 年独立时起所取得的水进展。

随着时间的推移，水资源政策在不断演变，目的在于将水问题贴近人民大众，保护稀缺资源、促进社会凝聚力和归属感、创造一个以环境作为主要吸引力且拥有城市绿色景观和清洁水源的城市国家。这改善了数以百万计人口的生活质量，使这个城市国家更适于居住，并吸引更多的游客和投资者。

在新加坡，包括与水资源相关的整体决策遵循“超前思考，再思考，跨越思考”的理念（Neo and Chen，2012）。[①]在这个整体相协调的框架下，制定政策和决策的过程均考虑到未来可能发生的重要事件及其影响和作用（超前思考），在不同情况下重新评估所做的判断，相应地做出修改以进行改进（再思考），并寻求经验及全球专业知识以丰富可用知识储备（跨越思考）。这就

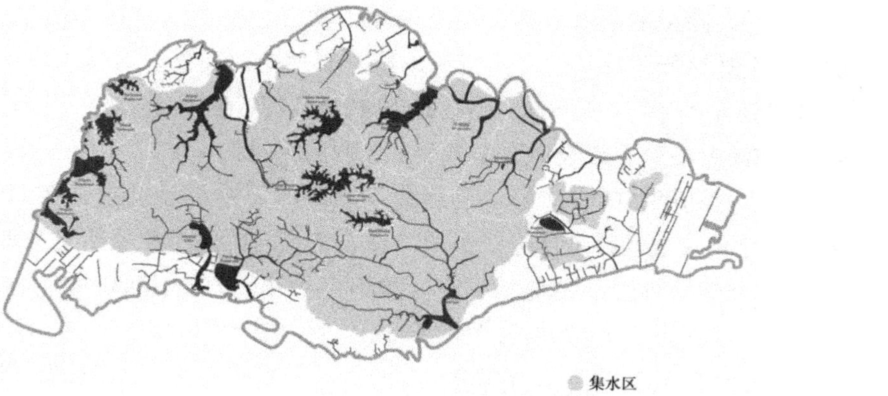

图 8.1 新加坡蓝图（2011 年）

构成了国家的比较优势，因为他们能够预见及提前考虑到困难的突发事件；重新评估决策并根据全球变化促进科学和技术的发展以及社会认知和态度；评估所取得的结果及广泛潜在的相关方案。因此，偶然事件显然不总是难以预料的，而未来的变化及挑战肯定能够被提前发现及解决。

变化、挑战及水资源决策

新加坡水故事逐渐证明了，这个城市国家长期持续寻找一个不会破坏其稀缺土地及水源的发展途径。遵循这个思路，在 2009 年，跨部委可持续发展委员会制定了四个政策，以保证这个城市国家不断地可持续发展。这些政策包括提高资源使用和能源的管理效率、水和废物管理，旨在继续变得更具成本竞争力和效率更高；通过控制污染、增加绿地面积、清洁美化水体从而改善自然环境；通过采用更为负责的做法、习惯和生活方式吸引和鼓励社区发挥其作用；随着实现可持续发展的目标、推动经济增长和输出本土经验，发展科技及能力（MEWR and MDN，2009）。跨部委可持续发展委员的报告承认，人口、商业和工业的增长即是优势也是备受关注的问题，因为它们可能在不同条件下对彼此有影响。例如，不断增长的人口会对经济增长、水、土地及能源有积极影响，然而这些增长不会成比例地增加，在 1950 年至 2010 年期间，人口增长了 5 倍（100 万人口增至 500 万人口），然而日用水量却增加了 12.2 倍（3,210万加仑/天至 3.8 亿加仑/天），从而造成了巨大的经济及环境压力。

此外，除了国家事务，全球及国际的动态也会对这个城市国家有影响。例如，全球性能源及其他自然资源的缺乏必然会对新加坡有重大影响，因其进口“几乎所有必需资源，包括最基本的能源、食品及水”（NEWR and MND，2009：33），以及所有资源和工业所需原材料。

为了达到更高的自然资源利用效率，跨部委委员会设立了在2020年和2030年之前实现的特定目标。例如，每1美元国民生产总值所对应的能源强度相较2005年数值分别减少20%（2020年）和30%（2030年）。关于国内水消耗，目标为从2008年的156升/人·天，减少至2020年的147升/人·天，并再减少至2030年的140升/人·天。未来将扩大供水范围，计划集水区面积覆盖全岛面积的2/3（目标已经达到）；开发新的外围集水区；通过管网连接新生水厂与供水区；更深入地利用新生水并回收更多的水；在经济及技术可行的前提下鼓励更多工业使用新生水或海水代替饮用水。在实施其计划和策略时，新加坡已经意识到普遍性原则和范例的重要性。然而，新加坡也承认，除非非常注重背景情况及政策和方案的实施，否则它们不会自动带来发展。关于资源的管理，这个城市国家习惯上拥有务实的观点。同样，其水决策的制定、管理、发展及治理方式能为许多发达国家及发展中国家提供丰富的学习经验。这一系列成功的措施包括但不局限于反映长期的、现实的眼光及前瞻性规划工作的政策构想；具有远见的领导层及造福人类的强烈政治愿望；部委、机构和部门之间为达到共同的目标而进行的有效与及时的协调与合作。他们还强调相关性：城市发展立足于健全的土地、水、基础设施和环境政策；实施相关的和严格的法律框架以解决工业增长和城市扩张带来的问题；利用一系列的节水措施，包括考虑水价结构、法律法规、减少和控制去向不明的水、公众教育以及增强意识的方案和运动。

新加坡的水故事指出前沿和创新技术的重要性，这些技术尽可能多地使用和重复使用所有可用资源。它还认识到实施政策的相关性，这些政策鼓励使用这种技术创新，包括以可利用的非饮用水，如劣质水、新生水或海水淡化水替代饮用水。

新加坡已经取得了许多值得称道且极具典范的成就。然而，由于这个城市国家面对资源约束，它必须加快速度跟上发展，保持良好的经济增长率，并且，最重要的是，响应社会的期望。虽然这个城市国家自诩在过去几十年里取得了巨大的进步，但它也充分认识到自己所面临的许多挑战，一些反复出现的问题需要加以改进，还要及时解决新出现的问题。它将一如既往地继续追求卓越，改进的动力来自于国内社会和政治的期望以及国际动态。在国内，政府将不得不应对日益增加的人民提高生活质量的期望。作为国际社会的一分子，面对快速变化的局势和日益激烈的竞争，新加坡将在不确定的未来、在不断变化且非其能控制的本地和全球社会、经济、技术、环境条件下成功扬帆而行。

展望未来，在由国家及全球快速变化和挑战所塑造的局面下，管理有限的水资源对这个城市国家来说将变得更加复杂。这将要求公用事业局继续开发创新战略，以能满足到 2060 年预计3,460,000立方米每天的总需水量，这约为 2011 年需水量的两倍（Puah，2011）。即使对于新加坡这样在近几十年的城市水务管理中保持优良记录的国家来说，这仍将是一个复杂且最具挑战性的任务。

秉承一向的长期规划做法，公用事业局已经开始提出新加坡及机构本身在未来几年可能面临的一些关键的地方性和全球性挑战。这些挑战包括气候变化、城市化加剧，能源价格上涨以及民众不断变化的期望（PUB，个人通信，2012）。下面将简要讨论这些问题。

气候变化

气候变化带来了时间和空间上的不可预知的影响，迫使新加坡必须准备、预测、应对和减轻可能出现的极端区域性天气条件，这种天气不仅会影响新加坡自身的水量和水质，而且关系到新加坡一半供水的来源地柔佛。在大部分亚洲季风区，年降雨量约 80% 发生在 80—120 小时内（不连续），目前现有的模式仍然无法预测这些强降雨的持续时间和地点。水资源规划的一个重点是应对洪水和干旱等极端事件。而新加坡的劣势在于，根据目前掌握的知识，仍然无法正确预测新加坡和柔佛州降雨模式的可能变化。

尽管存在潜在的极端事件，公用事业局正在发展多种战略以提高这个城市国家的水弹性，以成功应对气候变化所带来的挑战。它们包括：

• 发展气候弹性资源（即淡化水和新生水，警惕严重干旱可能直接或间接影响所有水源）。

• 继续研发投入，进一步提高在淡化项目上的成本效率和环保程度。

• 加强回收和再利用措施，尽可能多地将新生水用于非直接饮用用途，以缓解国内饮用水压力。

• 对长期基础设施需求进行规划。例如，在预期未来海平面上升的情况下，新填海土地的最低复垦水平比 2011 年年底的水平增加了 1 米，另外比 1991 年以前观察的最高潮位高出 1.25 米。

城市化加剧

未来新加坡的城市化趋势不太可能发生逆转，相反，这个趋势实际上会继续。城市的不断扩大，使公用事业局将承受更大的压力来满足更多人口的用水需求，对他们来说，饮用水、排水、污水和环境卫生服务必须以最高效、最具有成本效益和社会可接受的方式提供给大众。让目前情况更复杂的是，未来民用和非民用水的经济需求预计都将大幅增加。受土地规模的限制，主要的担忧是基础设施发展将更加困难和昂贵，不同机构将因为不同的目的在未来继续争夺稀少的土地。

能源价格上涨

新加坡缺乏水和能源，从而依赖外部输入。在世界各地，水务部门是能源的主要使用者，反之亦然。这个城市国家也不例外。它需要能源来泵送、处理、回收、淡化、生产新生水，它也需要用水来生产能源。这种密切关系意味着让水和能源更有效使用的每一个战略，即使是最简单的措施，对新加坡都将是非常有益的。

公众态度的改变

新加坡要克服面临的水挑战，只能通过让公众积极响应提出解决方案，主要是鼓励公众更加珍惜水并尽可能高效用水。虽然公用事业局已成功向公众推广清洁集水和节约用水的重要性，人们依然要认识到自己生活在一个缺水的地方，需要改变用水的态度，即更加负责和节约的用水方式。

新加坡已经做了很多努力向公众传达节水信息，鼓励公众更节约的用水习惯和意识。例如，在 1997 年前，水价（包括节水税）根据消费水平而划分为多个层次。如果一直保持这样的价格结构，随着水价的上涨企业成本将与之不成比例地增加，而且新加坡的经济竞争力可能被削减。基于节水措施应同样应用于所有家庭和企业的假设，水价结构于 1997 年 7 月 1 日进行了修订（Ng，1998）。

虽然现在的水价收回了产水成本，但仍保持在 2000 年最后一次修订的水平。最后一次提价的目的在于将民用的第二阶梯水价限定在新水源的边际成本，即当时的淡化水。在我们看来这个决定背后的依据并不是最好的，其中至少有三个原因。

首先，在过去12年管理和技术提高的同时，淡化水的边际成本也有所下降。因此，应该对水价进行审核以解释处理成本的下降，还应考虑新加坡在水的生产和供应中所产生的其他成本，如水输送网络、使用过的水的收集及处理费用。

其次，水价自2000年以来都没有改变，但电费已显著增加。因此，如果只关注通胀，假设一户人家保持固定用水量，由于此期间的通货膨胀，其实质的水费已经降低了25%以上。此外，家庭平均月收入在2000年是4,988新元，而到2012年已增加至7,214新元。[②]这意味着，水费占家庭收入的比例自2000年起稳步下降。对大多数家庭来说，目前这个费用很可能只占其收入的不到百分之一，因此只是一笔很小的开支。有趣的是，我们注意到新加坡的瓶装水总销量已经翻了一番，从2000年的6,500万美元增加至2012年的1.31亿美元。因此，即使公用事业局为每个家庭提供了高品质的自来水，即使瓶装水的价格是水价的数百倍而且并没有更明显的健康价值，瓶装水总销量仍在激增。

第三，水的成本低可以从新加坡人均用水量反映出来。2011年新加坡人均用水量约为153升/人·天，目前的用水量和2030年的目标用水量（140升/人·天）可能进一步减少，尤其因为这个城市国家水资源贫乏。这些数字无法与许多欧洲城市相媲美，他们的使用率接近100升/人·天，且有可能在2030年突破这一屏障。用水量减少的原因多在于定价，这已从根本上改变了人口的用水模式，其额外的好处是，由于用水量减少，没有产生不良的健康或社会影响。

由于自然资源有限，全球对资源的竞争所带来的水安全的考虑和未来的不确定性，以及气候变化的潜在影响，需要进一步采取政策手段来显著降低人均用水量和工业用水需求。由于经济手段已证明能够成功重塑用水模式和人类的行为，所以应优先考虑这些措施，以进一步降低水耗。

政策和管理创新支持的创新技术

为了满足未来民用和非民用领域的用水需求，非传统水源有可能扮演越来越重要的角色。至2060年，新生水的产量预计将翻三番，满足需水量将由

2011 年的 30% 上升至 50% 。关于淡化水，公用事业局的目标是将产水能力增加 10 倍来满足 30% 的长期用水需求，主要是针对商业和工业用户。这些用户的用水量预计将从 2011 年的 40% 增加至 2060 年的 80% 。这一目标的实现需要应用创新、具有成本效益和高效率的技术以及研发投资，使过程更有效率且更重要的是减少能源密集度（Loh，2011a）。

作为一个成功的创新政策，事实证明，新生水的生产是极其重要的，因为它满足了商业和工业部门发展的用水需求。更重要的是，它为新加坡在不久的将来实现自给自足提供了可能。

2011 年，现有水厂的新生水产量约为 1.22 亿加仑/天：勿洛（1,800万加仑/天），兰芝（1,700万加仑/天），乌鲁班丹（3,200万加仑/天）和樟宜（5,000万加仑/天）。新生水用于商业和工业的不同生产过程中，其中用于晶片制造的新生水约为1,350万加仑/天，用于包括石化、化工和电子在内的制造业达1,980万加仑/天，用于商业建筑的达 430 万加仑/天，其他用途达 320 万加仑/天（Loh，2011b）。新生水也用于商业建筑的冷却塔、一般洗涤和冲厕等。

公用事业局的目标是满足 2060 年的预期用水需求 7.6 亿加仑/天。为了达到这个目标，该机构一直致力于制定一系列的战略以增加可循环水量，扩大非饮用水的使用范围，提供更多的饮用水。这些措施包括新技术的使用、基础设施的改善和发展、追求更高的回收率、提高工业效率且回收更多的水、尽可能使工业厂房的水不发生变化。最后一点包括减少水分蒸发损失以回收更多的水，特别是裕廊岛的产业（PUB，个人通信，2012）。

尽管取得了举世瞩目的成就，但相关的挑战是多方面的，它们不仅与高效的研发经济学有关，也与创新、成本效益和节能技术有关。这些挑战还涉及同样重要的社会经济环境方面。在社会方面，多年来公用事业局已制定了教育和宣传方案使公众参与许多行动，其中几项方案主要是关于节约用水方面的活动，重点在于鼓励公众感知和接受以直接饮用和间接饮用的方式使用新生水。

环境问题主要集中于减少对自然资源的依赖及采用具有经济效益的战略，注重以合理的价格供应清洁用水（PUB，个人通信，2012）。此外，还关注淡化水产能的扩大以及相关的环境问题，如以环保的方式使用能源和处理浓盐水等问题。2011 年，使用反渗透技术（RO）生产淡化水所需的能量仍高达约 3.5 千瓦时/立方米。公用事业局的目标是短期内将海水淡化的能耗从目前的

3.5 千瓦时/立方米降低至小于 1.5 千瓦时/立方米，例如，采用可变盐度工艺（能耗 1.7 千瓦时/立方米）、膜蒸馏（使用余热）（能耗达 1.0 千瓦时/立方米）以及电化学脱盐（能耗 1.5 千瓦时/立方米）。长期的目标是将能耗降低至 0.75 千瓦时/立方米，主要通过技术（Puah，2011）和管理的提升。

为了实现所有技术的突破，公用事业局对研发进行了大量投资。关于海水淡化工艺更加节能高效的研究包括使用电化学脱盐将能耗降低至低于目前使用的基于膜的脱盐方法的一半，以及尽可能提高膜的强度以有助于抵御高压脱盐环境。根据后一项研究，实验室开发的膜与商业苦咸水反渗透膜相比，其渗透性约提高 40%，这将使其能耗大大降低。对于苦咸水，性能上的差距在于这种膜的渗透性比典型的海水反渗透膜大一个数量级。虽然主要的限制是无法形成规模以在工业上得到应用，但据估计，它们将可能用于现有的海水淡化设备，在一到两年的时间内实现成本和能耗的降低。其他的研究集中在仿生天然海水淡化系统，如红树林植物和海洋鱼类（国家气候变化秘书处，2012；PUB，2012）。

通过环境和水行业项目办公室（EWI），公用事业局引领所有的研发工作。这是一个跨部门的机构，包括经济发展局（EDB）、新加坡国际企业发展局（IES）、致力于企业发展的机构、生产力与创新局（SPRING Singapore）以及新加坡国立大学、南洋理工大学和新加坡科技研究局（A * STAR）。通过跨部门和跨学科的方式来应对城市国家的挑战。同时，环境和水行业项目办公室通过对涉及水行业发展的所有机构进行政策和实施框架的整合，以执行政府战略（PUB，2012）。

除了上述措施，如果以上数据和信息可随时提供给大学和研究机构，整体水研究的投资将极大地受益。这将鼓励更广泛的课题研究，包括相关于水资源规划、决策和治理，以及具体的课题如经济手段的使用、社会和环境问题以及社会的看法和态度。

巴西就是一个很好的例子。十年前，巴西国家水务机构（ANA）将水相关的数据在互联网上公开，这有助于巴西的大学和研究机构在水资源研究领域的突破，最终有助于改善巴西的水资源管理实践。在新加坡，通过网络获得水的相关数据这一措施将在不同领域发动一波研究浪潮，这些研究将与公用事业局的研究相辅相成，并吸引了许多来自不同学科具有不同思维的学者。这将对这个城市国家的水资源所有领域知识的产生、合成和传播带来重要意义。

未来的思考

回首过去，新加坡面临的主要挑战是以有限的水资源满足历史上不同时期在民用、商业和工业领域上日益增长的实际和预估的用水需求。面对这一挑战，这个城市国家已将这一潜在的危机变为一个机会，从而引领了多渠道供应和需求管理策略的发展、实施、微调和改进。真正值得称道的是，即使水资源和土地资源稀缺，新加坡却没有限制城市、商业和工业部门的扩大。相反，新加坡下定决心生产足够的水，甚至通过不断寻找新的方法和机会来预测和规划未来用水需求。新加坡已经并将继续大力投资研发，以建立产水的必要专有技术和科技。这些投资结合务实的管理实践已推动新加坡走向实现基于人口和环境保护的整体发展、社会和经济增长、生活质量提高的坚定道路。

然而，除非合理的管理和使用，否则水的生产将远远不够，这一问题需要我们严肃思考并严格实施节水措施。不过无论从“四个水龙头”抽取了多少水，如果没有有效的使用，它们将永远无法满足需求。

最后，在达成供水自给自足的道路上，新加坡在应变力、决心、创造力、创新和根深蒂固的愿望方面，跳开明显的选择而寻找更好的替代品，并从中收获了许多。由于获得了最高领导以及优秀公务人员强大而一致的支持，这一切皆成为可能。正如本书所说，一切皆能改进。到目前为止，新加坡已创建了一个优秀的研究水资源公共政策及其实施的研究所。新加坡的政治领导层完全清楚高度的城市扩张和有限的自然资源所带来的挑战，已经开始超前思考、再次思考和跨越思考以解决全球范围内对稀缺资源的竞争和环境退化的威胁。考虑到该国遗留下的制度、结构和过去的表现，我们期待创新战略、政策和管理办法将不断得到开发与实施。然而，只有时间才能评价和评估新加坡水故事所蕴含的价值，也只有时间才能讲述新加坡及其人民决定选择什么样的道路，以继续努力争取更好的生活和自然环境。

注释

①Neo 和 Chen（2007）对这三个概念的定义如下。“超前思考是识别环境未来发展、理解其对重要社会经济目标的含义以及识别所需的战略投资和选择的能力，确保社会能够开拓新机遇并应对未来的潜在威胁”（第 30 页）。“重新思考是面对当前现有战略、政策和方案的表现的能力，进而通过重新设计实现更好质量和结果的能力”（第 35—36 页）。

“跨越思考是跨越传统边界和界限以学习别人经验的能力，因而可能采用和定制好的想法，以使创新的政策或方案进行实验并实现制度化”（第40页）。

②见新加坡统计数据，居民家庭的关键指标，http：//www. singstat. gov. sg/stats/themes/people/hhldincome. html，2012年9月27日。

参考文献

1. Loh, D. (2011a) *Singapore Water Management – Supply of New Water*, Asean Water Conference, Metropolitan Waterworks Authority of Thailand, Bangkok, 2 June.
2. Loh, D. (2011b) *Singapore's Experience in the Supply of NEWater through a Secondary Distribution System*, Public Utilities Board, Singapore.
3. Ministry of the Environment and Water Resources (MEWR) and Ministry of National Development (MND) (2009) *A Lively and Liveable Singapore: Strategies for Sustainable Growth*, MEWR and MND, Singapore.
4. National Climate Change Secretariat (2012) *National Climate Change Strategy* 2012, Prime Minister's Office, Singapore.
5. Neo, B. S. and Chen, G. (2007) *Dynamic Governance. Embedding Culture, Capabilities and Change in Singapore*, World Scientific Publishing Co. Pte. Ltd, Singapore.
6. Ng, K. H. (1998) "Overview of Water Conservation in Singapore", in: Economic & Social Commission for Asia & the Pacific, *Towards Efficient Water Use in Urban Areas in Asia and the Pacific*, United Nations, New York, pp. 32 - 37.
7. Puah, A. K. (2011) *Smart Water – Singapore Case Study*, *Smart Water Cluster Workshop*, IWA – ASPIRE Conference, Tokyo, 2 October. Public Utilities Board (PUB) (2012) *Innovation in Water Singapore*, PUB, Singapore.